适用于 Office 2016 版本

# 新手学 Office 办公应用全面精通

石蔚云 刘洁 主编

U0347150

北京日报出版社

图书在版编目（CIP）数据

新手学 Office 办公应用全面精通 / 石蔚云，刘洁主编.-- 北京 ：北京日报出版社，2017.5
ISBN 978-7-5477-2432-3

Ⅰ．①新… Ⅱ．①石… ②刘… Ⅲ．①办公自动化－应用软件 Ⅳ．①TP317.1

中国版本图书馆 CIP 数据核字(2017)第 016241 号

**新手学 Office 办公应用全面精通**

出版发行：北京日报出版社

地　　址：北京市东城区东单三条 8-16 号东方广场东配楼四层

邮　　编：100005

电　　话：发行部：（010）65255876
　　　　　总编室：（010）65252135

印　　刷：北京市燕山印刷厂

经　　销：各地新华书店

版　　次：2017 年 5 月第 1 版
　　　　　2017 年 5 月第 1 次印刷

开　　本：787 毫米×1092 毫米　1/16

印　　张：26

字　　数：539 千字

定　　价：68.00 元（随书赠送光盘 1 张）

# 前　言

## 软件简介

Office 2016是微软推出的针对Windows 10环境全新开发的套装应用软件。Office系列软件一直是各企业事业单位以及个人的首选办公软件，具有界面友好、功能强大、易于掌握、使用方便和体系结构开放等特点，被广泛应用于文字处理、电子表格制作和幻灯片制作等领域，深受广大电脑办公人员的青睐。

## 主要特色

完备的功能查询：工具、按钮、菜单、命令、快捷键、理论、实战演练等应有尽有，内容详细、具体，是一本自学手册。

丰富的案例实战：本书中安排了216个精辟范例，对Office 2016软件各功能进行了非常全面、细致的讲解，读者可以边学边用。

细致的操作讲解：170多个专家提醒放送，1300张图片全程图解，让读者可以掌握软件的核心功能与各种高效办公技巧。

超值的光盘资源：250多分钟所有实例操作重现的视频，430多款与书中同步的素材和效果文件。

## 细节特色

### 14章技术专题精解

本书体系完整，由浅入深对Office 2016进行了14章专题的软件技术讲解，包括Word基本操作、设置图文样式、表格格式与计算、预览与打印、Excel基本操作、公式与函数、排序筛选与汇总、PowerPoint基本操作、动画与切换等。

### 170多个专家提醒放送

作者在编写时将平时工作中总结的各方面软件的实战技巧与设计经验等毫无保留地奉献给读者，不仅大大丰富和提高了本书的含金量，更方便读者提升软件的实战技巧与经验，从而大大提高读者学习与工作效率，学有所成。

### 216个技能实例奉献

本书通过大量的技能实例来辅助讲解软件，共计216个，帮助读者在实战演练中逐步掌握软件的核心技能与操作技巧。与同类书相比，读者可以省去学无用理论的时间，更能掌握超出同类书的大量实用技能和案例，让学习更高效。

### 250多分钟语音视频演示

本书中的软件操作技能实例全部录制了带语音讲解的演示视频，时间长度为250多分钟（4个多小时），重现了书中所有实例的操作。读者可以结合书本，也可以独立地观看视频演示，像看电影一样进行学习，让学习变得更加轻松。

| 430多个素材效果奉献 | 1300多张图片全程图解 |
|---|---|
| 　　随书光盘中包含了220个素材文件，210个效果文件。其中素材涉及各类管理应用、财会数据、广告设计、生活百科、现代科技、文化艺术、生物、餐饮美食、自然景观、植物风景以及商业素材等，应有尽有，供读者使用。 | 　　本书采用1300多张图片，对软件的应用、实例的讲解、效果的展示等进行了全程式的图解，通过这些大量清晰的图片让实例的内容变得更通俗易懂，读者可以一目了然，快速领会，举一反三，从而制作出更专业的办公文件。 |

### 版权声明

编者

# 内容提要

　　本书全面、细致地讲解了Office 2016的操作方法与使用技巧，内容精华、学练结合、图文对照、实例丰富，可以帮助学习者轻松地掌握软件的所有操作并运用于实际工作中。

　　本书共分为14章，内容包括：办公软件入门：走进Office 2016世界；掌握简单文档创建：Word基本操作；熟悉文本内容编排：设置图文样式；第4章 掌握表格内容设计：格式与计算；玩转文档输出设置：预览与打印；探索数据表格制作：Excel基本操作；灵活应用运算符：公式与函数；全面剖析数据处理：排序、筛选与汇总；完美完成图表展示：创建与透视；认识PowerPoint设计：文稿基本操作；增强文稿对象效果：图片图形与多媒体；轻松呈现演示特效：动画与切换；优化成品演示文稿：放映、输出与打印；编排实践：办公文件综合实战案例。读者通过学习可以融会贯通、举一反三，制作出更多更加精彩、专业的办公文件。

　　本书结构清晰、语言简洁，特别适合Office的初、中级用户阅读，如文员、行政人员、财会人员等，有一定Office 使用经验的用户也可从中学到大量的高级技能，也可作为相关培训中心、高职高专院校等的学习用书和辅导教材。

# 目　录

## CHAPTER 1
## 办公软件入门：
## 走进Office 2016世界 .....................1

### 1.1 Office 2016情况概述 .....................2
1.1.1 Office 2016的软件介绍 .....................2
1.1.2 Office 2016的新型功能 .....................3

### 1.2 Office 2016主要组件 .....................4
1.2.1 认识Word 2016 .....................4
1.2.2 认识Excel 2016 .....................5
1.2.3 认识PowerPoint 2016 .....................7
1.2.4 认识Office 2016其他组件 .....................9

### 1.3 Office 2016运行操作 .....................10
1.3.1 Office 2016的启动操作 .....................10
1.3.2 Office 2016的退出操作 .....................10

### 1.4 Office 2016用户界面 .....................11
1.4.1 快速访问工具栏区域 .....................11
1.4.2 标题栏区域 .....................12
1.4.3 菜单栏和面板区域 .....................12
1.4.4 编辑区域 .....................12
1.4.5 状态栏和视图栏区域 .....................13

### 1.5 Office 2016视图展示 .....................13
1.5.1 查看草稿视图 .....................13
1.5.2 查看大纲视图 .....................14

1.5.3 查看Web版式视图 .....................14
1.5.4 查看阅读视图 .....................15
1.5.5 查看页面视图 .....................15
1.5.6 显示导航窗格 .....................16

### 1.6 Office 2016文档保护 .....................16
1.6.1 设置权限密码 .....................16
1.6.2 修改权限密码 .....................17
1.6.3 设置只读方式 .....................18

## CHAPTER 2
## 掌握简单文档创建：
## Word基本操作 .....................19

### 2.1 Word文档的基本操作 .....................20
2.1.1 新建空白文档 .....................20
2.1.2 打开文档对象 .....................21
2.1.3 手动保存操作 .....................22
2.1.4 另存备份操作 .....................22
2.1.5 关闭文档操作 .....................23

### 2.2 文本内容编辑操作 .....................24
2.2.1 输入内容 .....................24

　　　2.2.2 移动内容 ...................................24

　　　2.2.3 复制和粘贴内容 ......................26

　　　2.2.4 删除内容 ...............................27

　　　2.2.5 查找和替换内容 ....................27

　　2.3 文本文字样式编辑 .........................29

　　　2.3.1 设置字体样式 ........................29

　　　2.3.2 设置字号样式 ........................30

　　　2.3.3 设置字形样式 ........................31

　　　2.3.4 设置颜色样式 ........................32

　　2.4 文本段落样式编辑 .........................33

　　　2.4.1 设置水平对齐样式 ................33

　　　2.4.2 设置段落缩进样式 ................34

　　　2.4.3 设置段落间距样式 ................35

　　　2.4.4 设置段落行距样式 ................36

　　2.5 文本项目符号和编号编辑 ...............37

　　　2.5.1 设置项目符号 ........................37

　　　2.5.2 设置自定义符号 ....................38

　　　2.5.3 设置项目编号 ........................39

　　　2.5.4 设置自定义编号 ....................40

　　2.6 文本边框和底纹编辑 .....................40

　　　2.6.1 编辑文本边框 ........................40

　　　2.6.2 编辑文本底纹 ........................41

　　　2.6.3 编辑文本背景 ........................42

# CHAPTER 3
## 熟悉文本内容编排：
## 设置图文样式 ...................................44

　　3.1 进行图文混排 .................................45

　　　3.1.1 引用图片 ...............................45

　　　3.1.2 创建图形 ...............................46

　　　3.1.3 创建艺术字 ...........................47

　　　3.1.4 创建文本框 ...........................48

　　　3.1.5 插入SmartArt图形 ..................49

　　3.2 添加图形特效 .................................50

　　　3.2.1 编辑图片样式 ........................50

　　　3.2.2 创建艺术效果 ........................51

　　　3.2.3 创建阴影效果 ........................52

　　　3.2.4 创建三维效果 ........................53

　　　3.2.5 创建填充效果 ........................54

　　3.3 应用特殊格式 .................................55

　　　3.3.1 应用首字下沉 ........................56

　　　3.3.2 应用双行合一 ........................57

　　　3.3.3 应用拼音文字 ........................58

　　　3.3.4 应用分栏版式 ........................59

　　3.4 制作图表和数据表 .........................61

　　　3.4.1 引用图表数据 ........................61

　　　3.4.2 更改图表数据 ........................62

　　　3.4.3 制作数据表 ...........................63

　　　3.4.4 制作背景墙 ...........................64

　　　3.4.5 制作三维旋转 ........................65

　　　3.4.6 制作三维格式 ........................66

# CHAPTER 4
## 掌握表格内容设计：
## 格式与计算 ...................................68

　　4.1 创建和编辑表格操作 .....................69

　　　4.1.1 插入表格 ...............................69

　　　4.1.2 绘制表格 ...............................70

　　　4.1.3 拆分表格 ...............................72

　　　4.1.4 拆分单元格 ...........................73

　　　4.1.5 合并单元格 ...........................74

　　　4.1.6 插入单元格 ...........................75

4.1.7 删除单元格 .............................76

4.1.8 插入行 ....................................76

4.1.9 插入列 ....................................77

4.1.10 调整行和列 ...........................78

## 4.2 编辑表格内容和格式 .............79

4.2.1 选择表格文本 ........................79

4.2.2 移动表格文本 ........................80

4.2.3 复制表格文本内容 ................81

4.2.4 删除表格文本内容 ................82

4.2.5 编辑表格边框样式 ................83

4.2.6 编辑表格底纹样式 ................84

4.2.7 编辑表格对齐方式 ................85

4.2.8 设置表格套用格式 ................86

4.2.9 将表格转换为文本 ................88

## 4.3 数据排序和计算操作 .............89

4.3.1 了解排序方式与规则 ............89

4.3.2 对表格数据进行排序 ............90

4.3.3 计算表格数据 ........................91

# CHAPTER 5
## 玩转文档输出设置:
## 预览与打印 ...............................93

## 5.1 设置文本文档页面 ...............94

5.1.1 编辑纸张尺寸 ........................94

5.1.2 编辑页边距 ............................95

5.1.3 编辑页边框 ............................96

5.1.4 编辑页面方向 ........................97

5.1.5 编辑文档网格 ........................98

5.1.6 编辑页面属性 ........................99

## 5.2 设置文档页面版式 ............100

5.2.1 设置文档页码 ......................100

5.2.2 应用文档行号 ......................102

5.2.3 应用页眉效果 ......................103

5.2.4 添加页眉图片 ......................104

5.2.5 应用页脚效果 ......................106

5.2.6 应用分隔符效果 ..................106

5.2.7 插入目录 ..............................108

5.2.8 插入批注 ..............................109

5.2.9 应用水印效果 ......................111

## 5.3 预览与打印文档 ................111

5.3.1 预览打印内容 ......................111

5.3.2 设定打印范围 ......................112

5.3.3 设定打印参数 ......................113

5.3.4 进行打印操作 ......................114

5.3.5 设置放弃打印 ......................115

# CHAPTER 6
## 探索数据表格制作:
## Excel基本操作 .......................116

## 6.1 编辑工作簿 ........................117

6.1.1 应用创建工作簿 ..................117

6.1.2 应用保存工作簿 ..................118

6.1.3 应用另存为工作簿 ..............119

6.1.4 应用关闭工作簿 ..................121

6.1.5 应用工作簿密码 ..................121

## 6.2 编辑单元格 ........................123

6.2.1 应用插入单元格操作 ..........123

6.2.2 应用选择单元格操作 ..........124

6.2.3 应用复制单元格操作 ..........127

6.2.4 应用移动单元格操作 ..........128

6.2.5 应用删除单元格操作 .................. 128

6.2.6 应用清除单元格操作 .................. 129

6.2.7 应用套用单元格样式 .................. 130

6.2.8 应用合并和拆分操作 .................. 131

6.2.9 应用自动换行操作 .................. 133

6.3 编辑表格数据 .................. 134

6.3.1 编辑日期数据 .................. 134

6.3.2 编辑时间数据 .................. 136

6.3.3 更改单元格数据 .................. 137

6.3.4 应用自动填充 .................. 138

6.3.5 应用字体样式 .................. 139

6.3.6 应用文本颜色 .................. 140

6.3.7 创建边框和背景 .................. 142

6.4 美化数据表格操作 .................. 144

6.4.1 应用图形对象 .................. 144

6.4.2 应用图片对象 .................. 145

6.4.3 应用艺术字 .................. 147

6.4.4 应用页边距 .................. 149

6.4.5 应用页眉页脚 .................. 150

7.1.7 应用显示公式操作 .................. 163

7.2 表格数据计算操作 .................. 165

7.2.1 认识单元格引用方法 .................. 165

7.2.2 应用相对引用 .................. 165

7.2.3 应用绝对引用 .................. 166

7.2.4 应用混合引用 .................. 168

7.3 掌握常用函数 .................. 169

7.3.1 应用自动求和函数 .................. 169

7.3.2 应用平均值函数 .................. 170

7.3.3 应用最大值函数 .................. 172

7.3.4 应用最小值函数 .................. 173

7.3.5 应用条件函数 .................. 174

7.3.6 应用相乘函数 .................. 176

7.4 认识其他类别函数 .................. 177

7.4.1 应用日期和时间函数 .................. 177

7.4.2 应用统计函数 .................. 177

7.4.3 应用数学和三角函数 .................. 177

7.4.4 应用查找和引用函数 .................. 178

7.5 应用函数输入方法 .................. 178

7.5.1 应用手工输入法 .................. 178

7.5.2 应用向导输入法 .................. 179

# CHAPTER 7
## 灵活应用运算符：
## 公式与函数 .................. 153

7.1 编辑数据表格公式 .................. 154

7.1.1 了解运算符 .................. 154

7.1.2 应用输入公式操作 .................. 156

7.1.3 应用复制公式操作 .................. 157

7.1.4 应用自定义公式操作 .................. 159

7.1.5 应用更改公式操作 .................. 161

7.1.6 应用删除公式操作 .................. 162

# CHAPTER 8
## 全面剖析数据处理：
## 排序、筛选与汇总 .................. 182

8.1 表格数据排序与筛选操作 .................. 183

8.1.1 应用简单排序 .................. 183

8.1.2 应用高级排序 .................. 184

8.1.3 应用自定义排序 .................. 187

8.1.4 自动单条件筛选 ..............189

8.1.5 自动多条件筛选 ..............191

8.1.6 应用自定义筛选 ..............192

8.1.7 应用高级筛选 ................194

## 8.2 表格数据汇总操作 ................196

8.2.1 分类汇总简介 ................197

8.2.2 确定汇总数据列 ..............197

8.2.3 应用嵌套分类汇总 ............199

8.2.4 应用汇总分级显示 ............201

8.2.5 应用删除分类汇总 ............202

## 8.3 应用表格数据 ....................204

8.3.1 规定清单准则 ................204

8.3.2 管理数据清单 ................205

8.3.3 应用单变量求解 ..............206

8.3.4 应用双变量求解 ..............206

# CHAPTER 9
## 完美完成图表展示：
## 创建数据透视图表 ................208

## 9.1 编辑数据图表操作 ................209

9.1.1 应用创建图表操作 ............209

9.1.2 应用修改图表类型 ............211

9.1.3 应用移动图表操作 ............213

9.1.4 应用重设数据源操作 ..........214

9.1.5 应用新增数据标签操作 ........216

9.1.6 创建图表格式操作 ............217

## 9.2 新建透视表操作 ..................220

9.2.1 应用向导创建透视表 ..........220

9.2.2 应用分类筛选创建透视表 ......222

## 9.3 编辑透视表操作 ..................224

9.3.1 调整排序操作 ................224

9.3.2 修改布局操作 ................225

9.3.3 应用复制操作 ................227

9.3.4 应用删除操作 ................228

9.3.5 变换样式操作 ................230

## 9.4 新建透视图操作 ..................231

9.4.1 数据表格方法创建 ............231

9.4.2 透视表方法创建 ..............233

## 9.5 编辑透视图操作 ..................234

9.5.1 应用设置样式 ................234

9.5.2 重新设置操作 ................236

9.5.3 新增标题操作 ................238

9.5.4 修改类型操作 ................240

9.5.5 应用删除操作 ................241

# CHAPTER 10
## 认识PowerPoint设计：
## 文稿基本操作 ....................243

## 10.1 演示文稿的基本操作 ............244

10.1.1 新建空白文稿 ..............244

10.1.2 应用保存操作 ..............246

10.1.3 应用另存为操作 ............246

10.1.4 应用加密保存操作 ..........247

10.1.5 应用打开操作 ..............249

10.1.6 应用关闭操作 ..............251

## 10.2 编辑幻灯片基本操作 ............252

10.2.1 应用新建操作 ..............252

10.2.2 应用选择操作 ..............256

10.2.3 应用移动操作 ..............258

10.2.4 应用复制操作 ..............260

10.2.5 应用删除操作 ..................264

## 10.3 编辑文稿内容基本操作 ..........266

10.3.1 应用输入操作 ..................266

10.3.2 应用添加批注 ..................267

10.3.3 应用设置字体 ..................269

10.3.4 应用设置颜色 ..................270

10.3.5 应用设置上标 ..................271

10.3.6 应用创建删除线 ..............272

10.3.7 应用复制与粘贴操作 ......274

10.3.8 应用撤销和恢复操作 ......275

10.3.9 应用查找与替换操作 ......275

10.3.10 应用项目符号 ................277

10.3.11 应用自定义项目符号 ....279

# CHAPTER 11
## 增强文稿对象效果：
## 图片、图形与多媒体 ..........282

## 11.1 编辑图片与图形对象 ..........283

11.1.1 设置图片大小 ..................283

11.1.2 创建图片边框 ..................284

11.1.3 编辑剪贴画 ......................286

11.1.4 创建矩形图形对象 ..........289

11.1.5 实现图形翻转操作 ..........290

11.1.6 实现图形旋转操作 ..........290

11.1.7 实现次序调整操作 ..........292

## 11.2 编辑SmartArt图形 ..............293

11.2.1 创建关系图形对象 ..........293

11.2.2 创建列表图形对象 ..........294

11.2.3 创建矩阵图形对象 ..........296

11.2.4 修改图形布局操作 ..........297

## 11.3 编辑幻灯片样式 ..................298

11.3.1 拟定对象主题 ..................298

11.3.2 创建对象背景 ..................303

11.3.3 制作对象母版 ..................306

## 11.4 编辑幻灯片声音和视频 ......310

11.4.1 插入声音文件 ..................311

11.4.2 制作播放效果 ..................312

11.4.3 创建播放模式 ..................312

11.4.4 插入视频文件 ..................312

11.4.5 编辑视频样式 ..................313

11.4.6 编辑视频选项 ..................315

# CHAPTER 12
## 轻松呈现演示特效：
## 动画与切换 ..................318

## 12.1 新建与编辑演示文稿动画 ..........319

12.1.1 新建飞入动画 ..................319

12.1.2 新建十字形扩展动画 ......321

12.1.3 新建百叶窗动画 ..............323

12.1.4 编辑动画效果选项 ..........325

12.1.5 编辑动画计时操作 ..........326

12.1.6 新增动画声音操作 ..........328

## 12.2 应用切换效果 ..................329

12.2.1 应用淡出切换操作 ..........330

12.2.2 应用溶解切换操作 ..........331

12.2.3 应用摩天轮切换操作 ......332

12.2.4 应用蜂巢切换操作 ..........333

12.2.5 编辑切换效果选项 ..........334

## 12.3 设置演示文稿超链接 ..........335

12.3.1 应用插入超链接操作 ......335

12.3.2 应用删除超链接操作 ......337

12.3.3 应用插入动作按钮操作 ..........339

12.3.4 应用修改超链接操作 ............341

12.3.5 应用新建超链接格式 ............343

12.3.6 应用演示文稿跳转操作 ............345

12.3.7 设置跳转到电子邮件 ............346

12.3.8 应用跳转到网页操作 ............347

12.3.9 设置跳转到新建文档 ............347

# CHAPTER 13
**优化成品演示文稿：**
**放映、输出与打印** ............348

13.1 编辑文稿放映方式 ............349

13.1.1 应用演讲者放映方式 ............349

13.1.2 应用观众自行浏览方式 ............350

13.1.3 应用展台浏览放映方式 ............351

13.1.4 应用循环放映方式 ............352

13.1.5 设置手动放映换片方式 ............352

13.2 选择文稿放映方法 ............352

13.2.1 从头开始放映方法 ............353

13.2.2 从当前幻灯片开始
放映方法 ............354

13.2.3 自定义幻灯片放映方法 ............354

13.3 输出演示文稿操作 ............356

13.3.1 CD打包方式输出 ............356

13.3.2 作为图形文件输出 ............358

13.3.3 作为放映文件输出 ............360

13.4 编辑与打印演示文稿 ............361

13.4.1 编辑输出页面大小 ............361

13.4.2 编辑输出页面方向 ............362

13.4.3 编辑页面编号起始值 ............363

13.4.4 编辑页面宽度和高度 ............364

13.4.5 选择打印范围 ............364

13.4.6 编辑打印选项 ............366

13.4.7 应用边框设置 ............367

13.4.8 完成文稿打印 ............368

# CHAPTER 14
**编排实践：**
**办公文件综合实战案例** ............369

14.1 Word办公文件编辑 ............370

14.1.1 编辑会议通知 ............370

14.1.2 编写个人简历 ............373

14.2 Excel办公文件处理 ............381

14.2.1 销售情况数据处理 ............381

14.2.2 员工档案数据处理 ............387

14.3 PowerPoint办公文件制作 ............390

14.3.1 工作汇报文稿演示 ............391

14.3.2 公司业务流程演示 ............397

# CHAPTER

## 办公软件入门：
## 走进 Office 2016 世界

## 章前知识导读

　　Office 2016 是 Microsoft 公司推出的最新套装软件，它在原版本的基础上进行了更好的改进，是集众多功能于一身的办公软件。本章主要向读者介绍 Office 2016 主要组件、运行操作、用户界面、视图展示和文档保护等内容。

## 新手重点索引

- Office 2016 情况概述
- Office 2016 主要组件
- Office 2016 运行操作

- Office 2016 用户界面
- Office 2016 视图展示
- Office 2016 文档保护

# ▸ 1.1 Office 2016 情况概述

Office 2016 是一款继 Office 2013 后 Microsoft 公司官方发布的最新套装版本办公软件。它在以前版本的基础上进行了更好的改进，如组件运行逐渐实现智能化，在各功能界面上加入了新的主题。更重要的是，针对 Windows 10 操作系统环境设计出了相应的按钮，体现了其独特的设计风格。

本节主要介绍 Office 2016 的软件概况和新型功能，希望读者在阅读本节内容的时候能够对 Office 2016 有一个大概的了解。

## ◤ 1.1.1 Office 2016 的软件介绍

Office 系列软件一直是各机关企业、事业单位以及个人的首选办公软件，而且它的功能也在不断增强，版本也在不断更新。Office 2016 将 Office 整个大家族更好地整合到一起，并在智能化趋势下对软件做了相应的改进，使用户可以更快捷地创建专业水准的办公文件。

Office 2016 同以往版本一样，延续了 Microsoft Office 将各大应用程序集成在一个统一的程序套件中的传统，通过创建具有多用途的工具，在其工作界面中可以支撑一个现代企业或组织机构几乎所有的办公活动。因此，可以说 Office 2016 是一款名副其实的"办公能手级"的应用。

Office 2016 主要有 3 个版本，分别是 Office 2016 Pro Plus、Office 2016 Project 和 Office 2016 Visio，它们分别适用于不同的用户和领域，如图 1-1 所示。

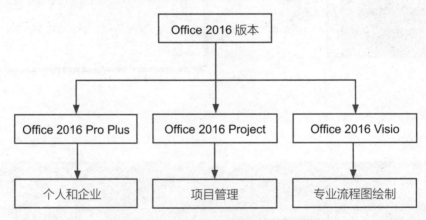

图 1-1 Office 2016 版本及其适用人群和领域

从其支持系统方面而言，Office 2016 支持 Mac、苹果的 ios 系统以及微软的 Windows 7、Windows 8、Windows 8.1、Windows 10 系统。

此外，Office 2016 的各个应用程序有着相似的命令、对话框和操作步骤。因此，只要学会了其中一个应用程序的用法，再学习其他应用程序也就非常容易了。值得指出的是，在使用 Office 2016 应用程序的时候，要特别注意程序间的协同工作。通过协同工作可以把 Word 文本、Excel 图表或 Access 数据库信息组成一个非常完美的文档。

另外，在性能方面，Office 2016 还是非常稳定的。只要用户所使用的电脑没有诸如 Office 2013 或 Office 365 等版本的 Office 系统存在，系统发生崩溃或闪退的情况还是极少出现的。

### 1.1.2  Office 2016 **的新型功能**

功能是构成一款软件的重要内容之一，离开了功能的支撑软件将失去它原有的意义。从这方面而言，Office 2016 是一款建立在新功能增加和旧功能优化基础上的软件应用。关于 Office 2016 的新型功能，具体内容如下：

#### 1．BI 应用

BI 的全称为 Business Intelligence，译为商业智能。这一概念的提出与 Microsoft Office 有着莫大的关系。特别是在 Excel 2016 中，其 BI 功能有了重要发现，如数据透视表自动关系检测的应用就是一个非常明显的例子。

对于 Office 2016 而言，其智能应用包含多个内容，如图 1-2 所示。

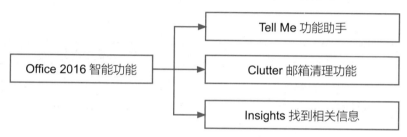

图 1-2  Office 2016 的智能功能举例

#### 2．搜索应用

在搜索方面，Office 2016 提供了全面的功能支撑，无论是针对软件内部的功能搜索，还是针对在线网络的信息搜索，Office 2016 都能便捷地为用户找到相关信息。

#### 3．数据分析应用

在 Excel 2016 中，可以通过系统内新增的数据分析和处理功能，对数据清单进行更便捷和明晰的拉取、分析和可视化处理，让数据一目了然。

#### 4．云服务应用

所谓"云服务"，简单说来即互联网资源的增加、应用和交付。在云服务这一概念范畴内，其中的资源是虚拟化的，它们基于互联网来实现不同地点、设备间的利用。在 Office 2016 中，云服务的功能应用有了很大加强。

例如，用户倘若将文档保存到云，即可在任何位置、任何设备访问保存的文档。如图 1-3 所示为保存到云的设置选项。

图 1-3  保存到云的设置选项

又如，在 Outlook 中，支持 OneDrive 附件以及提供保护功能的自动权限设置，更好地为用户提供服务。

### 5．IT 功能应用

在 Office 2016 中，其 IT 功能的应用主要表现在两个方面：一是用户可以利用其安全控制实现对文档内容的管理，在更安全的环境下完成办公文档的操作，举例如下：

* 数据丢失情况下的保护；

* 信息内容上的版权管理；

* Outlook 的多因素验证。

另一方面，用户还可以充分利用其 IT 功能对各种方案进行更灵活的部署和管理，以便实时调整方案。

## ▶ 1.2  Office 2016 主要组件

Office 2016 具有一整套的编写工具和易于使用的用户界面，其稳定安全的文件格式、无缝高效的沟通协作能力，受到广大电脑办公人员的追捧。本节主要向读者介绍 Office 2016 的组件类型。

### ◪ 1.2.1  认识 Word 2016

文字处理软件经过多年的发展和完善，已经成为目前应用最广泛的软件之一。而 Word 作为 Office 系列产品的重要组件之一，则是众多文字处理软件中的佼佼者。关于 Word 2016 这一组件概况，具体内容如下：

### 1．模板提供

Word 2016 的模板库和 Microsoft Office Online 官方网站上提供的个人简历、备忘录、传真、信函和证书奖状等各种模板，使用户可以方便地创建出具有专业水准的文档，如图 1-4 所示。

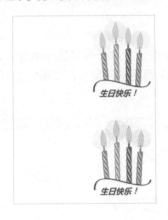

图 1-4  各种模板文档

### 2．样式设置

在 Word 2016 中，可以为段落、文本设置多种快速样式。用户在输入文本、绘制表格时，可以轻松地应用精美的样式，还可以在文档中插入图片、文本框和艺术字等对象，从而制作出图文并茂的各种办公文档，如图 1-5 所示。

图 1-5　创建图文并茂的文档

### 3．共享文档信息

在 Word 2016 中，将制作的文档保存在文档管理服务器中，还可以与朋友、同事共享，以及有效地收集反馈信息。

## 1.2.2　认识 Excel 2016

Excel 2016 提供了更专业的表格应用与格式设置，加强了数据处理的能力，主要体现在更强大的数据排序与筛选功能，新增了丰富的条件格式化功能，更容易使用的数据透视表、丰富的数据导入功能等，下面进行简单介绍。

### 1．制作电子表格

在 Excel 2016 中，用户可以方便地制作出各种电子表格，还可以套用模板中的各种表格格式，其中包括条件格式、套用表格格式等，如图 1-6 所示。

图 1-6　制作电子表格

### 2．进行数据筛选

数据筛选是指从工作表中筛选出满足条件的记录，是查找数据时常用的一种方法。对筛选出满足条件的记录，可以继续使用排序功能对其进行排序操作。

应用数据筛选功能可以只显示符合条件的数据记录，将不符合条件的数据隐藏起来，更便于在大型工作表中查看数据。

在 Excel 2016 中，用户可以对数据进行排序和筛选，便于进行数据的统计和分析等操作，如图 1-7 所示。

| 销售数据分析表 | | | | |
|---|---|---|---|---|
| | | | | 单位:万元 |
| 产品名称 销售目份 | 1月 | 2月 | 3月 | 总计 |
| 产品A | ¥2,100 | ¥1,000 | ¥2,300 | ¥5,400 |
| 产品B | ¥2,100 | ¥1,000 | ¥2,300 | ¥5,400 |
| 产品C | ¥2,100 | ¥1,000 | ¥2,300 | ¥5,400 |
| 产品D | ¥2,100 | ¥1,000 | ¥2,300 | ¥5,400 |
| 产品E | ¥2,100 | ¥1,000 | ¥2,300 | ¥5,400 |
| 产品F | ¥2,100 | ¥1,000 | ¥2,300 | ¥5,400 |
| 产品G | ¥2,100 | ¥1,000 | ¥2,300 | ¥5,400 |
| 产品H | ¥2,100 | ¥1,000 | ¥2,300 | ¥5,400 |
| 产品I | ¥2,100 | ¥1,000 | ¥2,300 | ¥5,400 |
| 产品J | ¥2,100 | ¥1,000 | ¥2,300 | ¥5,400 |

| B | C | D | E | F |
|---|---|---|---|---|
| 加班记录表 | | | | |
| 加班人 | 职务 | 开始时 | 结束时 | 加班时 |
| 向微 | 员工 | 19:00 | 21:30 | 2.5 |
| 黄义兰 | 主管 | 18:00 | 21:00 | 3 |
| 罗金林 | 主管 | 19:00 | 22:00 | 3 |
| 田友 | 副主管 | 20:45 | 23:00 | 2.25 |
| 蒯延辉 | 员工 | 18:30 | 20:30 | 2 |
| 张瑞玉 | 主管 | 20:30 | 22:00 | 1.5 |
| 黄卫 | 副主管 | 20:00 | 22:30 | 2.5 |
| 肖坤湘 | 员工 | 20:30 | 22:00 | 1.5 |
| 叶洁 | 员工 | 20:00 | 22:30 | 2.5 |

图 1-7 统计和分析表格数据

### 3．实现图表转换

在 Excel 2016 中，用户可以将数据转换为各种形式的可视性图表，并显示或打印出来，如图 1-8 所示。

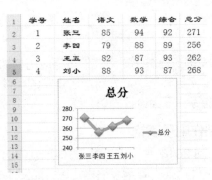

图 1-8 转换 Excel 图表

### 4．完成数据运算

在 Excel 2016 中，用户可以对表格中的数据进行各种运算，包括简单的加、减、乘、除，同时也包括复杂的各种函数运算，如图 1-9 所示。

| 项目 | 4-6月 | 7-9月 | 10-12月 | 1-3月 | 总计 |
|---|---|---|---|---|---|
| 销售收入 | 24000 | 28000 | 20000 | 25000 | 97000 |
| 成本支出 | | | | | 0 |
| 工资费用 | 2000 | 2000 | 2000 | 2000 | 8000 |
| 利息费用 | 1200 | 1400 | 1600 | 1800 | 6000 |
| 房屋费用 | 700 | 700 | 700 | 700 | 2800 |
| 广告费用 | 2500 | 1000 | 2000 | 1500 | 7000 |
| 购货支出 | 6000 | 4300 | 4500 | 5000 | 19800 |
| 合计 | 12400 | 9400 | 10800 | 11000 | 43600 |
| 损益 | | | | | |
| 季损益 | 11600 | 18600 | 9200 | 14000 | 53400 |
| 年度损益 | 11600 | 30200 | 39400 | 53400 | 106800 |

图 1-9 表格数据运算

### 1.2.3 认识 PowerPoint 2016

PowerPoint 2016 具有全新的外观，使用起来也更加简捷。下面介绍 PowerPoint 2016 的一些基本特点和功能，帮助读者从整体上认识 PowerPoint 2016 组件。

#### 1．模板应用

PowerPoint 2016 提供了多种方式来使用模板、主题、最近的演示文稿、较旧的演示文稿或空白演示文稿。通过上述方式都可以启动下一个演示文稿，而不是直接打开空白演示文稿，如图 1-10 所示。

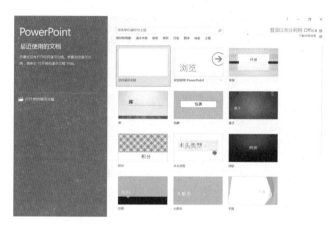

图 1-10 PowerPoint 2016 中的模板

#### 2．设置演示者视图

在 PowerPoint 2016 中，只需连接监视器，PowerPoint 将自动设置演示者视图。在演示者视图中，用户可以在演示时看到幻灯片本身的备注，而观众只能看到幻灯片，如图 1-11 所示。

图 1-11 演示者视图展示

**专家指点**

如果在一台监视器上使用 PowerPoint，并且想显示演示者视图，需要切换至"幻灯片放映"面板，在"监视者"选项区中选中"显示演示者视图"复选框。

### 3．宽屏显示

世界上的许多电视和视频都采用了宽屏和高清格式，PowerPoint 也是如此。它具有 16：9 的版式，新主题旨在尽可能地利用宽屏，如图 1-12 所示。

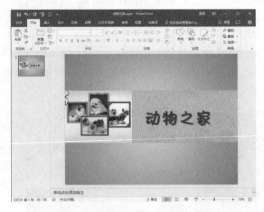

图 1-12 PowerPoint 的宽屏显示

### 4．主题样式

主题提供了不同的样式显示，如不同的调色板和字体系列。此外，PowerPoint 2016 提供了新的宽屏主题以及标准大小，从启动屏幕或"设计"面板中选择一个主题，并对其进行样式设置，如图 1-13 所示。

图 1-13 PowerPoint 的主题及其样式应用

### 5．对象均匀分布

在 PowerPoint 2016 中，无需目测幻灯片上的对象，以查看它们是否已对齐。当使用的对象（如图片、形状等）距离较近且均匀时，智能参考线会自动显示，并均匀显示对象的间隔，如图 1-14 所示。

### 6．文件共享

在 PowerPoint 2016 中，用户可以将演示文稿保存到 Microsoft Sky Drive，以便在云服务中更轻松地访问、存储和共享文件。

### 7．协同操作

在 PowerPoint 2016 中，用户可以使用 PowerPoint 的桌面或联机版本处理同一演示文稿，并查看彼此所做的更改。

图 1-14 PowerPoint 对象均匀显示

### 1.2.4 认识 Office 2016 其他组件

除了 Word 2016、Excel 2016、PowerPoint 2016 三大核心组件外，Office 2016 还有其他组件，下面分别进行简单的介绍。

#### 1．Outlook 2016 组件

Outlook 2016 是一款功能强大的桌面信息管理软件，可用于组织和共享桌面信息，并可与他人通信。Outlook 2016 最基础的信息分类是项目，各种信息都以项目为基本单位存储在各个文件夹中。

#### 2．Access 2016 组件

Access 2016 作为数据库管理软件，相对于 SQL Server 的复杂操作，它大大简化了繁琐的数据管理，让数据库外行人操作起来更方便。运用 Access 2016 可以制作的数据库包括办公数据库、网站后台数据库、公司产品销售数据库和人力资源管理数据库等，还可以与其他 Office 组件交流数据。

#### 3．Publisher 2016 组件

Publisher 2016 作为提供企业发布和营销材料解决方案的软件，它能够帮助企业与客户保持联络并进行沟通，这一功能对任何企业都非常重要。使用 Publisher2016 软件，可以在企业内部比以往更轻松地设计、创建和发布专业的营销和沟通材料。

> **专家指点**
>
> Microsoft Office Publisher 是 Publisher 的全称，是微软公司发行的桌面出版应用软件，它不仅可以对文字进行处理，还可以输出为 PDF 格式文件。

#### 4．InfoPath 2016 组件

InfoPath 是企业级搜索信息和制作表单的工具，为企业开发表单搜集系统提供了极大的方便。InfoPath 2016 支持在线填写表单。

InfoPath 文件的后缀名是 .xml，可见 InfoPath 是基于 XML 技术的。作为一个数据存储中间层的技术，InfoPath 拥有大量常用的控件，如 Date Picker、文本框、重复节等，同时提供很多表格的页面设计工具。IT 开发人员可以为每个空间设置相应的数据有效性规则或数据公式。

如果 InfoPath 仅能做到上述功能，那么用户是可以用 Excel 做的表单代替 InfoPath 的。InfoPath 最重要的功能是它可以提供与数据库和 Web 服务之间的链接。用户可以将需要搜集的数据字段和表之间的关系在数据库中定义好，可以使用 SQL Server 和 Access 进行设计。

### 5．OneNote 2016 组件

通俗地说，OneNote 2016 就是一个用电脑文字涂鸦的软件。利用它还可以与 Office 2016 的其他组件进行整合，相互引用，快速查找信息。

> **专家指点**
>
> Office OneNote 2016 就可将用户所需的信息保留在某一个位置，并可减少在电子邮件、书面笔记本以及文件夹中搜索信息的时间，从而有助于提高工作效率。

# ▶ 1.3 Office 2016 运行操作

在使用 Office 2016 组件之前，首先需要启动 Office 2016 应用程序。本节主要介绍启动与退出 Office 2016 的操作方法。

## 1.3.1 Office 2016 的启动操作

启动 Office 2016 的方法有很多种，如从"开始"菜单启动、从桌面程序的快捷方式启动，以及从软件的安装目录中启动等。

在桌面上单击"开始"｜Word 2016 命令，如图 1-15 所示。执行操作后，即可进入 Word 2016 工作界面，完成 Office 2016 的启动，如图 1-16 所示。

图 1-15　单击 Word 2016 命令

图 1-16　启动 Word 2016

## 1.3.2 Office 2016 的退出操作

退出 Office 2016 的方法非常简单，下面以退出 PowerPoint 2016 为例进行简单介绍。

单击工作界面左上方的"文件"标签，在弹出的面板中单击"关闭"命令，如图 1-17 所示。执行上述操作后，即可退出 Office 2016 应用程序。

若在工作界面中进行了部分操作，之前也未保存，在退出该软件时将会弹出提示信息框，如图 1-18 所示。

图 1-17 单击"关闭"命令

图 1-18 提示信息框

单击"保存"按钮,将文件保存后退出;单击"不保存"按钮,将不保存文件直接退出;单击"取消"按钮,将不退出 Office 2016 应用程序。

## ▶ 1.4 Office 2016 用户界面

在 Office 2016 中,各组件工作界面的基本组成是相同的,主要包括快速访问工具栏、标题栏、菜单栏、编辑区、状态栏、视图栏、面板等部分,如图 1-19 所示。

图 1-19 Office 2016 用户界面

### 📝 1.4.1 快速访问工具栏区域

快速访问工具栏中包括了"保存" 🔲 、"撤销键入" 🔙 、"无法重复" 🔃 等按钮。单击相应按钮,可以执行相应的操作。单击快速访问工具栏右侧的"自定义快速访问工具栏"下拉按钮 🔽 ,即可出现可供选择的自定义快速访问工具栏选项,如图 1-20 所示。

自定义快速访问工具栏中各按钮的含义如下:

* "保存" 🔳 按钮:将新建文档保存,快捷键为【Ctrl + S】。

* "撤销键入" 🔙 按钮:返回上一步操作,快捷键为【Ctrl + Z】。

* "关闭" ❎ 按钮:单击一次即可关闭一个 Word 文档。

图 1-20 自定义快速访问工具栏选项

* "打开"按钮：打开一个已保存的 Word 文档，快捷键为【Ctrl + O】。

* "快速打印"按钮：单击即可打印当前文档。

* "电子邮件"按钮：单击即可把当前文档作为邮件附件发出，主题名即为当前文档名称。

* "绘制表格"按钮：单击即可绘制一个无内容的表格。

### 1.4.2 标题栏区域

标题栏位于窗口最上方、快速访问工具栏的右侧，如图 1-21 所示。在 Word 2016 中，标题栏由 5 个小部分组成：文档名称 文档3、程序名称 Word、"登录"按钮 登录、"功能区显示选项"按钮、"最小化"按钮、"最大化"按钮（或"向下还原"按钮）和"关闭"按钮。

图 1-21 标题栏区域

### 1.4.3 菜单栏和面板区域

菜单栏在标题栏的下方，包括"文件"、"开始"、"插入"、"设计"、"布局"、"引用"、"邮件"、"审阅"和"视图"等标签，每个标签都有相应的一个面板。

随着 Word 功能的不断增强，其菜单中的命令也越来越庞大。为了便于用户快速找到所需的命令，Word 2016 提供了一种智能化的管理机制，也就是程序会自动记录操作，只在菜单中显示最常用的命令。当需要显示某个菜单中的全部命令时，只需单击相应的标签，即可显示该菜单中的所有命令，如图 1-22 所示。

图 1-22 菜单栏及其面板

### 1.4.4 编辑区域

编辑区也称为工作区，是 Word 2016 工作界面中最大的区域，位于工作界面的中央，用户可以在编辑区中进行输入文字、编辑文字或图片等操作。查看文档的宽度和设置制表符的位置可以

通过标尺来操作。当页面内容较多时，页面右侧和底部会显示滚动条。拖动滚动条可以浏览编辑区中的文档内容，也可通过滚动鼠标来实现。

### 1.4.5 状态栏和视图栏区域

　　状态栏位于工作界面底端的左半部分，用来显示当前 Word 文档的相关信息，如当前文档的页码、总页数、字数、当前光标在文档中的位置等内容。

　　状态栏的右侧是视图栏，包括视图按钮组、调节页面缩放比例滑块和当前显示比例等。

## ▶ 1.5 Office 2016 视图展示

　　视图是用户进行文档编辑时查看文档结构的屏幕显示方式。选择适当的视图模式不仅有利于查看文档的结构，还可以查看文档的编辑结果，从而便于文档的输入和排版。在 Word 2016 中提供了 6 种视图，分别为草稿视图、大纲视图、Web 版式视图、阅读版式视图、页面视图以及导航窗口。

　　本节主要介绍查看草稿视图、大纲视图、Web 视图、阅读视图和页面视图以及显示导航窗格的操作方法。

### 1.5.1 查看草稿视图

　　草稿视图的优点是响应速度快，能够最大限度地缩短视图显示的等待时间，以提高工作效率。但草稿视图的缺点也非常明显，它无法显示文档排版的真实情况，在多栏排版时不能并排显示，而是显示成连续的栏位；当使用文本框时，文本框中的内容将无法显示；图文框中的内容虽然能够显示出来，但无法显示到设定的位置上。

　　切换至草稿视图的方法十分简单，只需切换至"视图"面板，如图 1-23 所示，在"视图"选项板中单击"草稿"按钮，如图 1-24 所示。执行操作后，即可切换至草稿视图。

图 1-23 单击"视图"标签

图 1-24 单击"草稿"按钮

## 1.5.2 查看大纲视图

大纲视图是一种通过缩进文档标题方式来表示它们在文档中级别的显示方式。通过该视图可以方便地在文档中进行页面跳转、修改标题、移动标题以及重新安排文本等操作，是进行文档结构重组操作的最佳视图方式。

切换至大纲视图的方法很简单，只需切换至"视图"面板，在"视图"选项板中单击"大纲视图"按钮，如图 1-25 所示。执行操作后，即可切换至大纲视图，如图 1-26 所示。

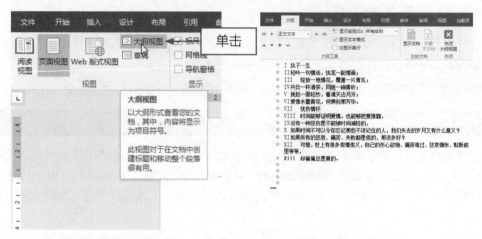

图 1-25 单击"大纲视图"按钮　　　　　　　　　　图 1-26 大纲视图

## 1.5.3 查看 Web 版式视图

Web 版式视图主要用于编辑 Web 页面，用户可以在其中编辑文档，并把文档储存为 HTML文件。在 Web 版式视图下，编辑窗口中显示文档的 Web 布局视图。

切换至 Web 视图的方法很简单，只需切换至"视图"面板，在"视图"选项板中单击"Web版式视图"按钮，如图 1-27 所示。执行操作后，即可切换至 Web 版式视图，如图 1-28 所示。

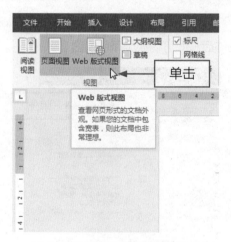

图 1-27 单击"Web 版式视图"按钮　　　　　　　　图 1-28 Web 版式视图

### 1.5.4 查看阅读视图

阅读视图是在使用 Word 软件阅读文章时经常使用的视图。在阅读视图中，可以进行批注，用颜色标记文本和查找参考文本等操作，使得阅读起来比较贴近自然习惯，让用户从疲劳的阅读习惯中解脱出来。

切换至阅读视图的方法很简单，切换至"视图"面板，在"视图"选项板中单击"视图"按钮，如图 1-29 所示。执行操作后，即可切换至阅读视图，如图 1-30 所示。

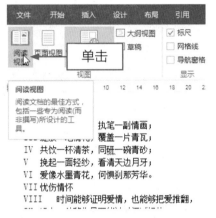

图 1-29 单击"阅读视图"按钮

图 1-30 阅读视图

### 1.5.5 查看页面视图

页面视图是 Word 文档中最常见的视图方式，也是 Word 文档默认的视图方式。由于页面视图可以很好地显示排版的格式，因此常被用来对文本、格式、版面或文档的外观进行修改等操作。在页面视图下，能够显示水平标尺和垂直标尺，可以用鼠标移动图形和表格等在页面上的位置，并且可以对页眉和页脚进行修改。

切换至页面视图的方法很简单，切换至"视图"面板，在"视图"选项板中单击"页面视图"按钮，如图 1-31 所示，即可切换至页面视图，如图 1-32 所示。

图 1-31 单击"页面视图"按钮

图 1-32 页面视图

### ◢ 1.5.6 显示导航窗格

导航窗格是一个独立的窗口，位于文档窗口的左侧，用来显示文档的标题列表。通过导航窗格可以对整个文档结构进行浏览，还可以跟踪光标在文档中的位置。

显示导航窗格的方法很简单，切换至"视图"面板，在"显示"选项板中选中"导航窗格"复选框，如图 1-33 所示。执行操作后，即可打开导航窗格，如图 1-34 所示。

图 1-33 选中"导航窗格"复选框

图 1-34 打开导航窗格

## ▶ 1.6 Office 2016 文档保护

如果与其他用户共享文件或电脑，有时为了阻止其他用户打开或修改某些文档，可以给文档设置一个密码。本节主要介绍快速设置文档权限密码，修改文档权限密码，以及设置文档为只读的操作方法。

### ◢ 1.6.1 设置权限密码

如果有重要的个人信息或公司资料不想让其他用户知道，可以对这些文件设置密码，进行加密保护，方法如下：

在打开的一个 Word 文档中单击"文件"｜"另存为"｜"浏览"命令，弹出"另存为"对话框。在该对话框中的合适位置单击"工具"右侧的下拉按钮，在弹出的下拉列表中选择"常规选项"选项，如图 1-35 所示。弹出"常规选项"对话框，在"打开文件时的密码"和"修改文件时的密码"文本框中输入密码（123456789），如图 1-36 所示，单击"确定"按钮。

图 1-35 选择"常规选项"选项　　　　　　图 1-36 输入密码

弹出"确认密码"对话框,再次输入打开文件时的密码,如图 1-37 所示。单击"确定"按钮,再次弹出"确认密码"对话框,在文本框中输入修改文件时的密码,如图 1-38 所示。

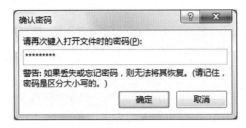

图 1-37 确认密码

图 1-38 再次确认密码

依次单击"确定"按钮和"保存"按钮,即可完成打开文档权限密码的设置。

## 1.6.2 修改权限密码

为了防止其他用户打开文档后对该文档进行修改,此时可以设置文档的修改权限密码,方法如下:

在打开的一个 Word 文档中单击"文件"|"另存为"|"浏览"命令,弹出"另存为"对话框。在该对话框中的合适位置单击"工具"右侧的下拉按钮,在弹出的下拉列表中选择"常规选项"选项,如图 1-39 所示。执行操作后,弹出"常规选项"对话框,如图 1-40 所示。

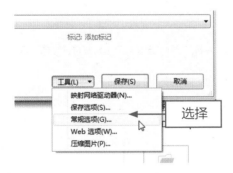

图 1-39 选择"常规选项"选项

图 1-40 "常规选项"对话框

在"修改文件时的密码"文本框中输入修改文件时需要的密码,如图 1-41 所示。单击"确定"按钮,弹出"确认密码"对话框,在"请再次键入修改文件时的密码"文本框中输入修改文件时的密码,如图 1-42 所示。

图 1-41 输入密码

图 1-42 确认密码

依次单击"确定"按钮和"保存"按钮，即可修改文档权限密码。

### 1.6.3 设置只读方式

在 Word 2016 中，可以设置在打开文件时以只读方式打开，打开后用户不能进行任何操作，只能阅读文档。如果要选择以只读方式打开文档并对其进行修改，必须将文件进行另存。将文档设置为只读后，再打开时系统会提示文档已设为只读模式。

在打开的一个 Word 文档中单击"文件"｜"另存为"｜"浏览"命令，弹出"另存为"对话框。在该对话框中的合适位置单击"工具"右侧的下拉按钮，在弹出的下拉列表中选择"常规选项"选项，如图 1-43 所示，弹出"常规选项"对话框。在该对话框中，选中"建议以只读方式打开文档"复选框，如图 1-44 所示。

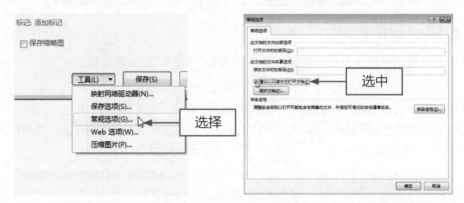

图 1-43 选择"常规选项"选项　　　　图 1-44 选中"建议以只读方式打开文档"复选框

依次单击"确定"和"保存"按钮，即可将文档设置为只读。

# CHAPTER 2

## 掌握简单文档创建：
## Word 基本操作

### 会议记录表

| 会议名称： | | 开会地点： | |
|---|---|---|---|
| 开会时间： | | 主持人： | |
| 参与人员： | | | |
| 缺席人员： | | | |
| 会议内容： | | | |
| 主要讨论事项： | | | |

名门房产

## 名 门 房 产

刘　悦

市场部
经　理

地址：长沙市岳麓区 220 号　　　邮政编码：410000
电话：0731-6585400000　　　手机：158000066650

## 章前知识导读

　　Word 2016 是 Office 2016 套装软件中专门为文本编辑、排版以及打印而设计的软件，具有强大的文字输入和处理功能。本章主要向读者介绍 Word 2016 的基本操作。

## 新手重点索引

- ／ Word 文档的基本操作
- ／ 文本内容编辑操作
- ／ 文本文字样式编辑
- ／ 文本段落样式设置
- ／ 文本项目结构编辑
- ／ 文本边框和底纹编辑

# ▸ 2.1 Word 文档的基本操作

Word 文档是文本等对象的载体,在文档中进行输入文本和插入图片等编辑操作之前,首先需要新建文档。新建的文档可以是空白文档,也可以是包含一定文本内容和格式的文档,或者是博客和字帖等。本节主要介绍新建、打开、保存和关闭文档等操作方法。

## ◢ 2.1.1 新建空白文档

启动 Word 2016 后,系统将自动新建一个名为"文档 1"的空白文档,可直接进行编辑,也可另外新建其他空白文档或根据 Word 提供的模板新建带有格式和内容的文档,以提高工作效率。下面介绍新建空白文档的操作方法。

| | | |
|---|---|---|
| | 素材文件 | 无 |
| | 效果文件 | 无 |
| | 视频文件 | 光盘 \ 视频 \ 第 2 章 \2.1.1 新建空白文档 .mp4 |

【操练 + 视频】——新建空白文档

**STEP 01** 在打开的 Word 文档中单击"文件"│"新建"命令,如图 2-1 所示。

**STEP 02** 在相应的选项区中选择"空白文档"选项,如图 2-2 所示。

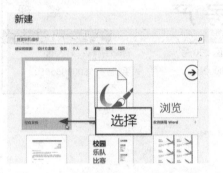

图 2-1 单击"文件"│"新建"命令              图 2-2 选择"空白文档"选项

**STEP 03** 执行操作后,即可创建一个空白文档,如图 2-3 所示。

图 2-3 创建空白文档

**专家指点**

在 Word 2016 中，还可以使用以下 3 种方法创建空白文档：

* 快捷键 1：按【Crtl + N】组合键；

* 快捷键 2：依次按【Alt】、【F】、【N】和【L】键；

* 按钮：单击快速访问工具栏中的"新建"按钮 。

## 2.1.2 打开文档对象

在编辑一个文档之前，首先需要打开文档，Word 2016 提供了多种打开文档的方法。另外，它除了可以打开自身创建的文档外，还可以打开由其他软件创建的文档。下面介绍打开文档对象的操作方法。

| 素材文件 | 光盘 \ 素材 \ 第 2 章 \2.1.2.docx |
|---|---|
| 效果文件 | 无 |
| 视频文件 | 光盘 \ 视频 \ 第 2 章 \2.1.2 打开文档对象 .mp4 |

**【操练 + 视频】——打开文档对象**

STEP 01 在 Word 2016 工作界面中单击"文件"｜"打开"命令，如图 2-4 所示。

STEP 02 在"打开"选项区中单击"浏览"按钮，弹出"打开"对话框，选择文本文档，如图 2-5 所示。

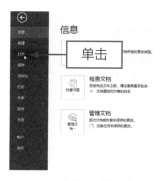

图 2-4 单击"打开"命令

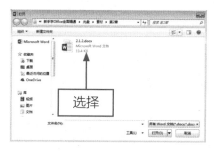

图 2-5 选择文本文档

STEP 03 单击"打开"按钮，即可打开一个 Word 文档，如图 2-6 所示。

图 2-6 打开 Word 文档

除了可以运用上述方法打开 Word 文档外，还有以下两种方法：

\* 快捷键：按【Ctrl + O】组合键。

\* 按钮：单击快速访问工具栏上的"打开"按钮 。

## 2.1.3 手动保存操作

在处理文档的过程中，保存文档是一项非常重要的操作，也是用户需要养成的工作习惯。只有及时地保存文档，才能避免因断电或计算机系统发生意外而导致无法正常退出 Word 2016 情况下的文件丢失。

在 Word 2016 中，手动保存文档有以下几种方法：

\* 命令：单击"文件"|"保存"命令，如图 2-7 所示，即可保存文档。

图 2-7 单击"保存"命令

\* 按钮：单击快速访问工具栏上的"保存"按钮 。

\* 快捷键 1：按【Ctrl + S】组合键。

## 2.1.4 另存备份操作

编辑过后的 Word 文档应该保存在计算机中，以免遗失。保存文档分为两种情况，一种是原文档的保存，另一种是另存备份。

在原文档上保存是一种会覆盖之前文档的操作，因此使用该方法保存时首先应该对原有文档另行保存。下面介绍另存备份文档的操作方法。

| 素材文件 | 光盘 \ 素材 \ 第 2 章 \2.1.4.docx |
|---|---|
| 效果文件 | 光盘 \ 效果 \ 第 2 章 \2.1.4.docx |
| 视频文件 | 光盘 \ 视频 \ 第 2 章 \2.1.4 另存备份操作 .mp4 |

【操练 + 视频】——另存备份操作

STEP 01 在 Word 2016 工作界面中单击"文件"|"打开"命令，打开一个 Word 文档，如图 2-8 所示。

STEP 02 单击"文件"标签，在弹出的面板中单击"另存为"命令，如图 2-9 所示，在"另存为"

选项区中单击"浏览"按钮。

图 2-8 打开文本文档

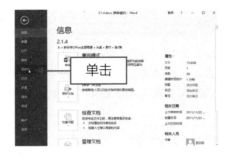

图 2-9 单击"另存为"命令

**STEP 03** 弹出"另存为"对话框，设置保存路径和文件名，如图 2-10 所示，单击"保存"按钮，即可另存为 Word 文档。

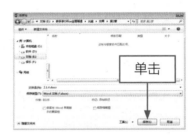

图 2-10 "另存为"对话框

**专家指点**

除了运用上述方法另存文档外，还有以下两种方法：

❋ 快捷键：按【Shift + F12】组合键。

❋ 快捷键：按【F12】键。

## 2.1.5 关闭文档操作

在 Word 2016 中，关闭文档和关闭应用程序窗口的操作方法有相同之处，但关闭文档不一定要退出应用程序，可以使用下列任意一种方法来关闭文档。

❋ 命令：单击"文件"标签，在弹出的面板中单击"关闭"命令，如图 2-11 所示。

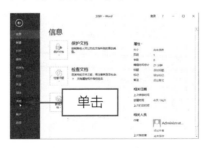

图 2-11 单击"关闭"命令

❋ 按钮：单击文档右上角的"关闭窗口"按钮 ✕ 。

\* 快捷键：按【Alt + F4】组合键。

# ▶ 2.2 文本内容编辑操作

在 Word 2016 中，文本内容的基本操作包括文本的输入、选择、移动、删除、复制、查找及替换等。只有熟练掌握这些文本的基本操作方法和编辑技巧，才能实现灵活自如地处理文档。本节主要介绍输入文本内容、移动文本内容、复制和粘贴文本内容，以及查找和替换文本内容的操作方法。

## ◢ 2.2.1 输入内容

新建一个 Word 文档后，通常编辑文档的第一步就是在文本插入点处输入文本内容。下面介绍在文本中输入内容的操作方法。

| | 素材文件 | 无 |
|---|---|---|
| | 效果文件 | 光盘 \ 效果 \ 第 2 章 \2.2.1.docx |
| | 视频文件 | 光盘 \ 视频 \ 第 2 章 \2.2.1 输入内容 .mp4 |

◤ 【操练 + 视频】——输入内容

STEP 01 新建一个 Word 文档，将光标定位在文档中输入文本，如图 2-12 所示。

STEP 02 按【Enter】键，光标将移至第 2 行，如图 2-13 所示。

图 2-12 输入文本

图 2-13 移动光标

STEP 03 在第 2 行输入相应的内容，即可完成对文本的输入，如图 2-14 所示。

图 2-14 完成文本输入

## ◢ 2.2.2 移动内容

在编辑文档时，在工作界面中将文本内容从一个位置移动到另一个位置是一种常见的操作。

Word 2016 为用户提供了很多方便的移动操作方法。下面介绍在文本中移动内容的操作方法。

| | 素材文件 | 光盘 \ 素材 \ 第 2 章 \2.2.2.docx |
|---|---|---|
| | 效果文件 | 光盘 \ 效果 \ 第 2 章 \2.2.2.docx |
| | 视频文件 | 光盘 \ 视频 \ 第 2 章 \2.2.2 移动内容 .mp4 |

**【操练 + 视频】——移动内容**

**STEP 01** 在 Word 2016 工作界面中单击"文件"|"打开"命令，打开一个 Word 文档，如图 2-15 所示。

**STEP 02** 在编辑区中拖曳鼠标，选择需要移动的文本，如图 2-16 所示。

图 2-15 打开文本文档

图 2-16 选择文本内容

**专家指点**

在文档内容选择操作上，可利用鼠标的不同操作实现不同的选择效果，具体如下：

* 拖曳鼠标选择：在要选择文本的开始处单击鼠标左键并拖曳，拖至合适位置处释放鼠标，文本中显示的浅灰区域就是所选文本内容。

* 三击选择：将鼠标指针定位到文档左侧空白处，当指针呈 ⤢ 形状时，连续三次快速单击鼠标左键，即可选中文档中所有内容。

* 单击选择：这是一种适合选择行文本的方法。将鼠标指针定位到所要选择行的左侧空白处，当指针呈 ⤢ 形状时单击鼠标左键，即可选择该行文本。

* 双击选择：这是一种适合选择段落文本的方法。将鼠标指针定位到文本编辑区左侧，当指针呈 ⤢ 形状时双击鼠标左键，即可选定该段文本。

**STEP 03** 在文本上单击鼠标左键并向右上方相应位置拖曳，拖至指定的位置后将会出现一条竖线，表示文本将要被放置在该位置，如图 2-17 所示。

**STEP 04** 释放鼠标左键，即可移动文本内容，效果如图 2-18 所示。

图 2-17 拖曳鼠标

图 2-18 移动文本内容

## 2.2.3 复制和粘贴内容

复制是简化文档输入的有效方式之一。当编辑文档过程中有与上文相同的部分时,就可以使用复制和粘贴功能来避免重复的编辑工作,以节省时间。下面介绍在文本中复制和粘贴内容的操作方法。

| 素材文件 | 光盘 \ 素材 \ 第 2 章 \2.2.3.docx |
|---|---|
| 效果文件 | 光盘 \ 效果 \ 第 2 章 \2.2.3.docx |
| 视频文件 | 光盘 \ 视频 \ 第 2 章 \2.2.3 复制和粘贴内容 .mp4 |

【操练+视频】——复制和粘贴内容

STEP 01 在 Word 2016 工作界面中单击"文件"|"打开"命令,打开一个 Word 文档,如图 2-19 所示。

STEP 02 在编辑区中选择需要复制的文本内容并单击鼠标右键,在弹出的快捷菜单中选择"复制"选项,如图 2-20 所示。

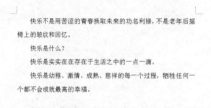

图 2-19 打开文本文档

图 2-20 选择"复制"选项

STEP 03 将光标定位在要粘贴文本内容的位置后单击鼠标右键,在弹出的快捷菜单中选择"保留源格式"选项,如图 2-21 所示。

STEP 04 执行操作后,即可对复制的文本内容进行粘贴操作,如图 2-22 所示。

图 2-21 选择"保留源格式"选项

图 2-22 粘贴文本内容

专家指点

在 Word 2016 工作界面中,按【Ctrl + C】组合键,可以复制文本内容;按【Ctrl + V】组合键,可以粘贴文本内容。

复制与剪切的功能差不多,不同的是复制只将选定的部分复制到剪贴板,而剪切是在复制到剪贴板的同时将选中的部分从原位置删除。

## 2.2.4 删除内容

在 Word 2016 中，如果要删除大段文字或多个段落，用【Backspace】或【Delete】键太麻烦，此时菜单命令提供了便捷的删除文本内容的方法。下面介绍在文本中删除内容的操作方法。

| 素材文件 | 光盘 \ 素材 \ 第 2 章 \2.2.4.docx |
|---|---|
| 效果文件 | 光盘 \ 效果 \ 第 2 章 \2.2.4.docx |
| 视频文件 | 光盘 \ 视频 \ 第 2 章 \2.2.4 删除内容 .mp4 |

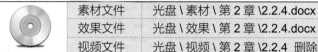

【操练 + 视频】——删除内容

**STEP 01** 在 Word 2016 工作界面中单击"文件"|"打开"命令，打开一个 Word 文档，如图 2-23 所示。

**STEP 02** 在编辑区中选择需要删除的文本内容并单击鼠标右键，在弹出的快捷菜单中选择"剪切"选项，如图 2-24 所示，即可删除文本内容。

图 2-23 打开文本文档　　　　　　图 2-24 选择"剪切"选项

**专家指点**

一般在输入文本的过程中，可以使用【Backspace】键来删除光标左侧的文本，使用【Delete】键删除光标右侧的文本。

## 2.2.5 查找和替换内容

查找与替换是在编辑文档过程中经常要用到的操作。使用 Word 2016 中的查找与替换功能，可以轻松地解决大篇幅文档中的文字查找和替换问题。

\* "查找"功能：查找文档中的文本、格式、段落标记、分页符和其他项目。

\* "替换"功能：将指定的文本进行相应的替换。

下面介绍在文本中查找和替换内容的操作方法。

| 素材文件 | 光盘 \ 素材 \ 第 2 章 \2.2.5.docx |
|---|---|
| 效果文件 | 光盘 \ 效果 \ 第 2 章 \2.2.5.docx |
| 视频文件 | 光盘 \ 视频 \ 第 2 章 \2.2.5 查找和替换内容 .mp4 |

【操练 + 视频】——查找和替换内容

**STEP 01** 在 Word 2016 工作界面中单击"文件"|"打开"命令，打开一个 Word 文档，如图 2-25

所示。

**STEP 02** 切换至"开始"面板,在"编辑"选项板中单击"查找"下拉按钮,在弹出的下拉列表中选择"查找"选项,如图 2-26 所示。

图 2-25 打开文本文档　　　　　　　图 2-26 选择"查找"选项

**STEP 03** 此时将自动打开"导航"窗格,输入要查找的内容,编辑区中将自动以黄色突出显示查找效果,如图 2-27 所示。

**STEP 04** 单击搜索文本框右侧的下拉按钮,在弹出的下拉列表中选择"替换"选项,如图 2-28 所示。

图 2-27 显示查找效果　　　　　　　图 2-28 选择"替换"选项

**STEP 05** 弹出"查找和替换"对话框,在"替换为"下拉列表框中输入相应的内容,如图 2-29 所示。

**STEP 06** 单击"全部替换"按钮,弹出提示信息框,单击"确定"按钮,如图 2-30 所示,即可替换文本。单击"关闭"按钮,即可完成查找和替换操作。

 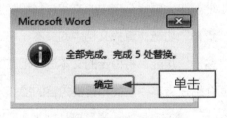

图 2-29 "查找和替换"对话框　　　　图 2-30 单击"确定"按钮

**专家指点**

在 Word 2016 工作界面中,按【 Ctrl + H 】组合键,也可以弹出"查找和替换"对话框。

另外,需要注意的是,"查找和替换"对话框是一种"无模式"窗口,可以在不关闭

"查找和替换"对话框的情况下继续对 Word 文本进行其他的编辑操作。

# ▶ 2.3 文本文字样式编辑

设置文档中的文字样式,主要包括对文字的字体、字号、字形、字符间距及字体效果等方面的设置。在 Word 2016 中,设置文字样式可以通过"字体"选项区和对话框两种方式进行设置。

## ◤ 2.3.1 设置字体样式

在 Word 中所能使用的字体本身只是 Windows 系统的一部分,而不属于 Word 程序。因此,在 Word 中可以使用的字体类型取决于用户在 Windows 系统中安装的字体。如果要在 Word 中使用更多的字体,就必须在系统中进行添加。

在 Word 2016 文本中,默认的文字"字体"为"宋体",用户可以根据自己的需要设置文本的字体样式。下面介绍设置字体样式的操作方法。

| 素材文件 | 光盘 \ 素材 \ 第 2 章 \2.3.1.docx |
|---|---|
| 效果文件 | 光盘 \ 效果 \ 第 2 章 \2.3.1.docx |
| 视频文件 | 光盘 \ 视频 \ 第 2 章 \2.3.1 设置字体样式 .mp4 |

**【操练 + 视频】——设置字体样式**

**STEP 01** 在 Word 2016 工作界面中单击"文件"|"打开"命令,打开一个 Word 文档,在编辑区中选择需要设置字体的文本内容,如图 2-31 所示。

**STEP 02** 切换至"开始"面板,在"字体"选项板中单击"字体"右侧的下拉按钮,在弹出的下拉列表中选择"黑体"选项,如图 2-32 所示。

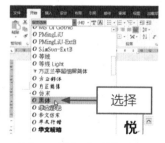

图 2-31 选择文本内容      图 2-32 选择"黑体"选项

**STEP 03** 执行上述操作后,即可设置文本字体效果,如图 2-33 所示。

图 2-33 设置字体样式后的效果

有些文本中既包含汉字又包含英文字母，系统默认状态下，当用户选择一种西文字体并改变其字体时，只改变选定文本中的西文字符；选择一种中文字体改变字体后，则中文文本和英文都会发生改变。

## 2.3.2 设置字号样式

文本的字号就是指文本的字体大小。在文档的不同文本中使用不同的字号，可以将不同层次的文本清晰地区分开来，当用户阅读时，就可以清晰地分辨出文档的布局和结构。因此，在编辑文本对象时可以根据内容和排版的需要设置文本的字号大小。下面介绍设置字号样式的操作方法。

| 素材文件 | 光盘 \ 素材 \ 第 2 章 \2.3.2.docx |
| --- | --- |
| 效果文件 | 光盘 \ 效果 \ 第 2 章 \2.3.2.docx |
| 视频文件 | 光盘 \ 视频 \ 第 2 章 \2.3.2 设置字号样式 .mp4 |

【操练 + 视频】——设置字号样式

**STEP 01** 在 Word 2016 工作界面中单击"文件"｜"打开"命令，打开一个 Word 文档，在编辑区中选择需要设置字号的文本内容，如图 2-34 所示。

**STEP 02** 切换至"开始"面板，在"字体"选项板中单击"字号"右侧的下拉按钮，在弹出的下拉列表中选择"二号"选项，如图 2-35 所示。

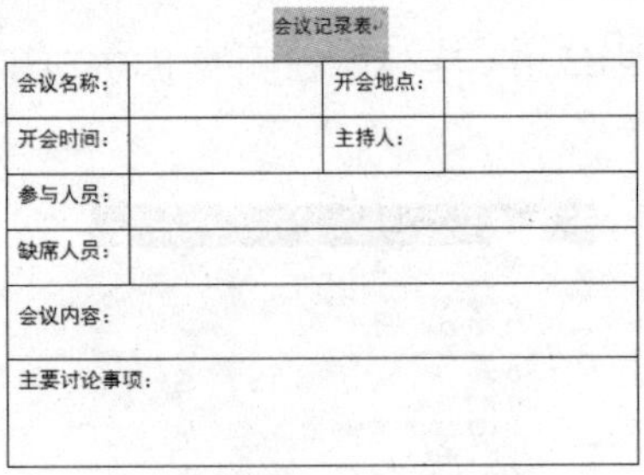

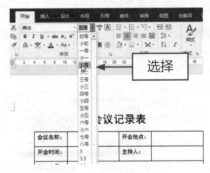

图 2-34 选择文本内容　　　　　　　图 2-35 选择"二号"选项

**STEP 03** 执行上述操作后，即可设置文本字号效果，如图 2-36 所示。

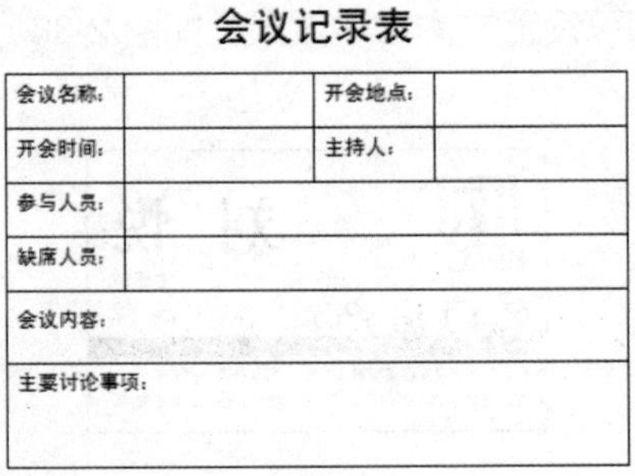

**会议记录表**

| 会议名称： | | 开会地点： | |
| --- | --- | --- | --- |
| 开会时间： | | 主持人： | |
| 参与人员： | | | |
| 缺席人员： | | | |
| 会议内容： | | | |
| 主要讨论事项： | | | |

图 2-36 设置字号后的效果

**专家指点**

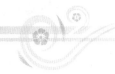

在 Word 2016 中，字号采用“号”和“磅”两种量度单位来度量文字的大小，其中“号”是中国的习惯用语，而“磅”则是西方的习惯用语，用户可以根据自身的习惯进行设置。

## 2.3.3 设置字形样式

字形是符合格式的附加属性，改变文档中某些文字的字形可以起到突出显示这些文本的作用。在 Word 2016 中，可以通过加粗字符、倾斜字符或者同时使用两种格式来更改文本的字形。下面介绍设置字形样式的操作方法。

| | | |
|---|---|---|
| | 素材文件 | 光盘 \ 素材 \ 第 2 章 \2.3.3.docx |
| | 效果文件 | 光盘 \ 效果 \ 第 2 章 \2.3.3.docx |
| | 视频文件 | 光盘 \ 视频 \ 第 2 章 \2.3.3 设置字形样式 .mp4 |

**【操练 + 视频】——设置字形样式**

STEP 01 在 Word 2016 工作界面中单击“文件” | “打开”命令，打开一个 Word 文档，在编辑区中选择需要设置字形的文本内容，如图 2-37 所示。

STEP 02 切换至“开始”面板，在“字体”选项板中单击“加粗”按钮 **B**，如图 2-38 所示。

工作证明

王 总：

兹证明 李 程 是我公司员工，在销售部门任 销售总监 职务。至今为止，一年以来总收入约为 500000 元。特此证明。本证明仅用于证明我公司员工的工作及在我公司的工资收入，不作为我公司对该员工任何形势的担保文件。

盖 章：

日 期：2017 年 12 月 18 日

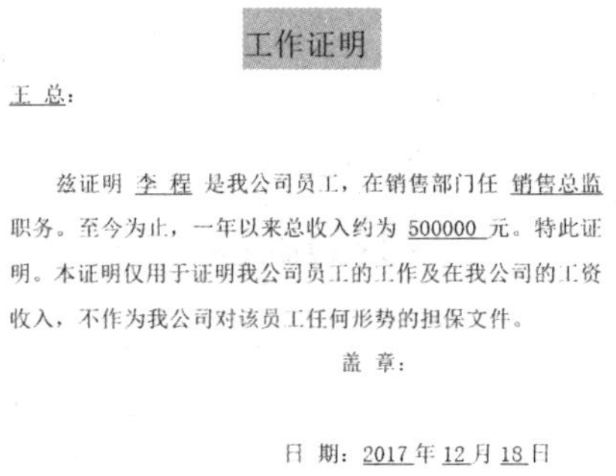

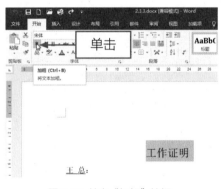

图 2-37 选择文本内容

图 2-38 单击“加粗”按钮

STEP 03 执行上述操作后，即可设置文本加粗效果，如图 2-39 所示。

**工作证明**

王 总：

兹证明 李 程 是我公司员工，在销售部门任 销售总监 职务。至今为止，一年以来总收入约为 500000 元。特此证明。本证明仅用于证明我公司员工的工作及在我公司的工资收入，不作为我公司对该员工任何形势的担保文件。

盖 章：

日 期：2017 年 12 月 18 日

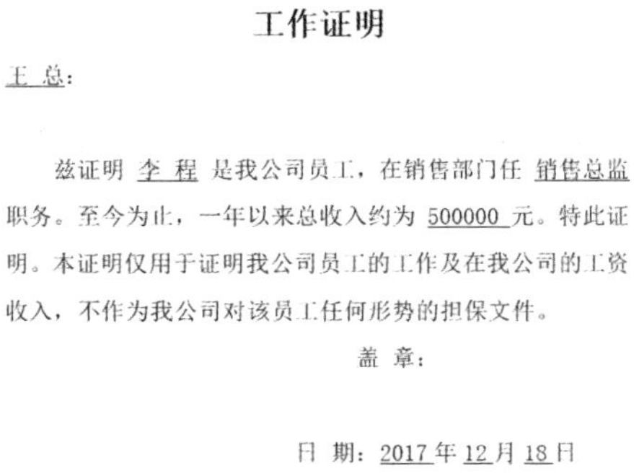

图 2-39 设置文本加粗效果

在"开始"面板的"字体"选项板中单击"倾斜"按钮 $I$ ，即可设置文本倾斜效果。

## 2.3.4 设置颜色样式

在 Word 2016 中，设置字体颜色不仅可以标记重点，方便识别，还可以使文档中的文本效果更具观赏性和美观性，用户可根据需要设置文本的字体颜色。下面介绍设置颜色样式的操作方法。

| 素材文件 | 光盘 \ 素材 \ 第 2 章 \2.3.4.docx |
| --- | --- |
| 效果文件 | 光盘 \ 效果 \ 第 2 章 \2.3.4.docx |
| 视频文件 | 光盘 \ 视频 \ 第 2 章 \2.3.4 设置颜色样式 .mp4 |

【操练 + 视频】——设置颜色样式

STEP 01 在 Word 2016 工作界面中单击"文件"｜"打开"命令，打开一个 Word 文档，在编辑区中选择需要设置颜色的文本内容，如图 2-40 所示。

STEP 02 切换至"开始"面板，在"字体"选项板中单击"字体颜色"右侧的下拉按钮，在弹出的颜色面板中选择"蓝色"，如图 2-41 所示。

图 2-40 选择文本内容

图 2-41 选择"蓝色"

STEP 03 执行上述操作后，即可设置文本颜色效果，如图 2-42 所示。

图 2-42 设置文本颜色后的效果

在"字体颜色"面板中选择"其他颜色"选项，在弹出的"颜色"对话框中可以选择更多的字体颜色。

# ▶ 2.4 文本段落样式编辑

段落是构成整个文档的骨架，它是由正文、图表和图形等加上一个段落标记构成的。段落的格式包括段落对齐、段落缩进、段落间距和行距等。本节主要向读者介绍设置文本段落样式的操作方法，帮助读者快速掌握段落文档样式的设置技巧。

## 2.4.1 设置水平对齐样式

水平对齐样式可以决定段落边缘的外观和方向，它有左对齐、右对齐、分散对齐、居中对齐和两端对齐等 5 种样式供用户选择，具体含义如下：

* 左对齐：按钮为≡，将选定的段落沿着页的左边距对齐，快捷键为【Ctrl + L】组合键。

* 右对齐：按钮为≡，将选定的段落沿着页的右边距对齐，快捷键为【Ctrl + R】组合键。

* 居中对齐：按钮为≡，在段落中将所有行文本的左右两端分别按文档的左右边界向中间对齐，快捷键为【Ctrl + E】组合键。

* 两端对齐：按钮为≡，在段落中，除最后一行外，将其他行文本的左右两端分别按文档的左右边界向两端对齐，快捷键为【Ctrl + J】组合键。

* 分散对齐：按钮为≡，将段落中的所有行文本的左右两端分别按文档的左右边界向两端对齐，快捷键为【Ctrl + Shift + J】组合键。

下面介绍设置水平对齐样式的操作方法。

| | | |
|---|---|---|
| 素材文件 | 光盘 \ 素材 \ 第 2 章 \2.4.1.docx | |
| 效果文件 | 光盘 \ 效果 \ 第 2 章 \2.4.1.docx | |
| 视频文件 | 光盘 \ 视频 \ 第 2 章 \2.4.1 设置水平对齐样式 .mp4 | |

◆◆ 【操练 + 视频】——设置水平对齐样式

`STEP 01` 在 Word 2016 工作界面中单击"文件"｜"打开"命令，打开一个 Word 文档，在编辑区中选择需要设置水平对齐的文本内容，如图 2-43 所示。

`STEP 02` 切换至"开始"面板，在"段落"选项板中单击"居中"按钮≡，如图 2-44 所示。

图 2-43 选择文本内容　　　　　　图 2-44 单击"居中"按钮

**STEP 03** 执行上述操作后，即可设置文本水平居中对齐效果，如图 2-45 所示。

**成功商务**

一、餐桌上的礼仪

在用餐的时候，餐巾应铺在膝上，如果餐巾较大，应双叠在腿上，如果较小，可以全部打开。

餐巾可以围在颈上会系在胸前，但是，这样会显得不大方。不要用餐巾擦拭餐具，进餐时身体要坐正，不要把两臂放在餐桌上，以免碰到旁边的客人。

不要用叉子去叉面包，取黄油要用黄油刀，吃沙拉只能用叉子。

图 2-45　设置文本水平居中对齐后的效果

## 2.4.2　设置段落缩进样式

　　段落缩进的样式设置有首行缩进、左缩进、右缩进和悬挂缩进等 4 种。下面介绍设置段落缩进样式的操作方法。

| 素材文件 | 光盘 \ 素材 \ 第 2 章 \2.4.2.docx |
|---|---|
| 效果文件 | 光盘 \ 效果 \ 第 2 章 \2.4.2.docx |
| 视频文件 | 光盘 \ 视频 \ 第 2 章 \2.4.2 设置段落缩进样式 .mp4 |

**【操练 + 视频】——设置段落缩进样式**

　　**STEP 01** 在 Word 2016 工作界面中单击"文件"｜"打开"命令，打开一个 Word 文档，在编辑区中选择需要设置段落缩进的文本内容，如图 2-46 所示。

　　**STEP 02** 切换至"开始"面板，单击"段落"选项板右侧的"段落"属性按钮 ，弹出"段落"对话框，在"缩进"选项区中设置"特殊格式"为"首行缩进"，如图 2-47 所示。

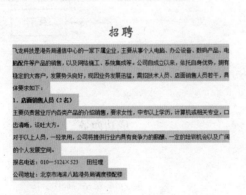

招聘

飞龙科技是港务局通信中心的一家下属企业，主要从事个人电脑、办公设备、数码产品、电脑配件等产品的销售，以及网络施工、系统集成等。公司自成立以来，依托自身优势，拥有稳定的大客户，发展势头良好，现因业务发展迅猛，需招技术人员、店面销售人员若干，具体要求如下：

1. 店面销售人员（2 名）

主要负责营业厅内各类产品的介绍销售，要求女性，中专以上学历，计算机或相关专业，口齿清晰，谈吐大方。

对于以上人员，一经录用，公司将提供行业内具有竞争力的薪酬、一定的培训机会以及广阔的个人发展空间。

报名电话：010—5124×523　田经理

公司地址：北京市海淀八路港务局调度慷配楼

图 2-46　选择文本内容

图 2-47　设置特殊格式

**STEP|03** 单击"确定"按钮，即可设置文本段落缩进效果，如图 2-48 所示。

招 聘

飞龙科技是港务局通信中心的一家下属企业，主要从事个人电脑、办公设备、数码产品、
电脑配件等产品的销售，以及网络施工、系统集成等。公司自成立以来，依托自身优势，拥
有稳定的大客户，发展势头良好，现因业务发展迅速，需短技术人员、店面销售人员若干，
具体要求如下：

**1. 店面销售人员（2 名）**
主要负责营业厅内各类产品的介绍销售，要求女性，中专以上学历，计算机或相关专业，
口齿清晰，识过大方。

对于以上人员，一经录用，公司将提供行业内具有竞争力的薪酬、一定的销训机会以及
广阔的个人发展空间。

报名电话：010−5124×523　田经理

公司地址：北京市海淀八路港务局调度楼配楼

图 2-48　设置文本段落缩进后的效果

　　单击"段落"选项板中的"增加缩进量"按钮 ≣ 和"减少缩进量"按钮 ≣，也可以
快速修改段落的左缩进。在 Word 2016 中，文本的缩进一般可以用编辑区上方的标尺来
设置，通过移动标尺位置来设置缩进，也可以在段落文本前按【Tab】键来实现。

## 2.4.3　设置段落间距样式

　　在 Word 中，段间距分为两种，段前间距和段后间距。段前间距是指本段与上一段之间的距离；
段后间距是指本段与下一段之间的距离。如果相邻的两个段落段前和段后间距不同，以数值大的
为准。

　　段落间距决定段落前后空白距离的大小，按【Enter】键重新开始一段时，光标会跨过段间距
直接到下一段的位置，可以为每一段更改间距设置。要更改少量的段前或段后间距，最简捷的方
法就是将插入点定位到该段的段前或段后，然后一次或多次按【Enter】键产生空行。下面介绍设
置段落间距样式的操作方法。

| 素材文件 | 光盘 \ 素材 \ 第 2 章 \2.4.3.docx |
| --- | --- |
| 效果文件 | 光盘 \ 效果 \ 第 2 章 \2.4.3.docx |
| 视频文件 | 光盘 \ 视频 \ 第 2 章 \2.4.3 设置段落间距样式 .mp4 |

**【操练＋视频】——设置段落间距样式**

**STEP|01** 在 Word 2016 工作界面中单击"文件"｜"打开"命令，打开一个 Word 文档，在编
辑区中选择需要设置段落间距的文本内容，如图 2-49 所示。

掌握常用视频格式

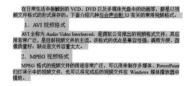

在日常生活中接触到的 VCD、DVD 以及多媒体光盘中的动画等，都是以视
频文件格式的形式保存的。下面介绍几种与会声会影 X3 有关的常用视频格式。

**1. AVI 视频格式**
AVI 全称为 Audio Video Interleaved，是微软公司推出的视频格式文件，其应
用非常广泛。是目前视频文件的主流。该格式的优点是兼容性强、调用方便，图
像质量好，缺点是文件容量太大。

**2. MPEG 视频格式**
MPEG 格式的视频文件的用途非常广泛，可以用来制作多媒体、PowerPoint
打包演示中的视频文件，也可以将完成后的视频文件在 Windows 媒体播放器中
播放。

图 2-49　选择文本内容

**STEP|02** 切换至"开始"面板，单击"段落"选项板右侧的"段落"属性按钮 ⌐，弹出"段落"

对话框，在"间距"选项区中设置"段前"、"段后"分别为"0.5行"，如图 2-50 所示。

STEP 03 单击"确定"按钮，即可设置文本段落间距效果，如图 2-51 所示。

掌握常用视频格式

在日常生活中接触到的 VCD、DVD 以及多媒体光盘中的动画等，都是以视频文件格式的形式保存的。下面介绍几种与会声会影 X3 有关的常用视频格式。

1. AVI 视频格式

AVI 全称为 Audio Video Interleaved，是微软公司推出的视频格式文件，其应用非常广泛，是目前视频文件的主流。该格式的优点是兼容性强、调用方便、图像质量好；缺点是文件容量过大。

2. MPEG 视频格式

MPEG 格式的视频文件的用途非常广泛，可以用来制作多媒体、PowerPoint 幻灯演示中的视频文件，也可以将完成后的视频文件在 Windows 媒体播放器中播放。

| 图 2-50 "段落"对话框 | 图 2-51 设置文本段落间距效果 |

专家指点

除了以上方法外，还可以在"段落"选项板中单击"行和段落间距"按钮，在弹出的下拉列表中选择需要的间距即可。

## ◤ 2.4.4 设置段落行距样式

如果某行包含大字符、图形或公式，Word 将增加该行的行距。如果要均匀分隔各行，就必须使用额外间距，并指定足够大的间距以适应所在行的大字符或图形。如果出现项目显示不完整的情况，可以增加行距。

行间距决定段落中各行文本之间的距离，系统默认的行距为 1.0，用户可以根据自己的需要进行调整。下面介绍设置段落行距样式的操作方法。

| 素材文件 | 光盘 \ 素材 \ 第 2 章 \2.4.4.docx |
| 效果文件 | 光盘 \ 效果 \ 第 2 章 \2.4.4.docx |
| 视频文件 | 光盘 \ 视频 \ 第 2 章 \2.4.4 设置段落行距样式 .mp4 |

【操练 + 视频】——设置段落行距样式

STEP 01 在 Word 2016 工作界面中单击"文件"｜"打开"命令，打开一个 Word 文档，在编辑区中选择需要设置段落行距的文本内容，如图 2-52 所示。

STEP 02 切换至"开始"面板，单击"段落"选项板右侧的"段落"属性按钮，弹出"段落"对话框，在"间距"选项区中设置"行距"为"1.5 倍行距"，如图 2-53 所示。

STEP 03 单击"确定"按钮，即可设置文本段落行距效果，如图 2-54 所示。

专家指点

在段落样式编辑过程中，利用快捷键也可以进行段落行距样式设置，如按【Ctrl + 1】组合键设置单倍行距，按【Ctrl + 2】组合键设置 2 倍行距，按【Ctrl + 5】组合键设置 1.5 倍行距，按【Ctrl + 0】组合键在段前增加或删除一行。

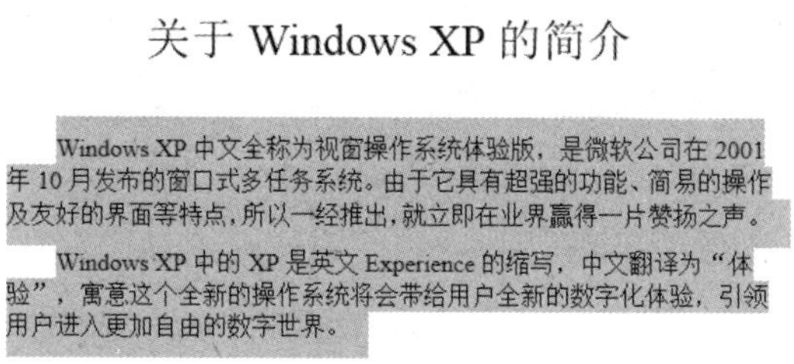

关于 Windows XP 的简介

Windows XP 中文全称为视窗操作系统体验版，是微软公司在 2001 年 10 月发布的窗口式多任务系统。由于它具有超强的功能、简易的操作及友好的界面等特点，所以一经推出，就立即在业界赢得一片赞扬之声。

Windows XP 中的 XP 是英文 Experience 的缩写，中文翻译为"体验"，寓意这个全新的操作系统将会带给用户全新的数字化体验，引领用户进入更加自由的数字世界。

设置

图 2-52　选择文本内容　　　　　　　　　图 2-53　"段落"对话框

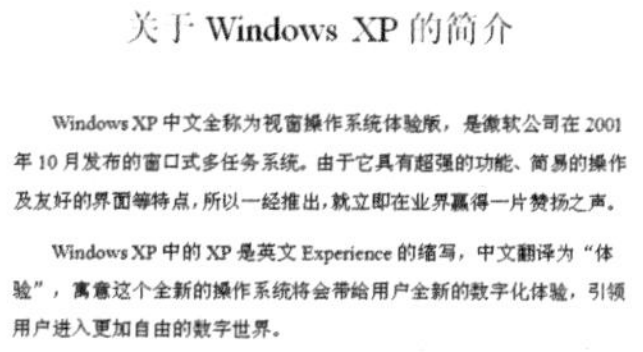

关于 Windows XP 的简介

Windows XP 中文全称为视窗操作系统体验版，是微软公司在 2001 年 10 月发布的窗口式多任务系统。由于它具有超强的功能、简易的操作及友好的界面等特点，所以一经推出，就立即在业界赢得一片赞扬之声。

Windows XP 中的 XP 是英文 Experience 的缩写，中文翻译为"体验"，寓意这个全新的操作系统将会带给用户全新的数字化体验，引领用户进入更加自由的数字世界。

图 2-54　设置文本段落行距后的效果

**专家指点**

在段落对话框的"间距"选项区中，"行距"下拉列表框中各选项的含义如下：

＊ 单倍行距、1.5 倍行距、2 倍行距：行间距为该行最大字体的 1 倍、1.5 倍或 2 倍，另外加上一点额外的间距。额外间距值取决于所用的字体，单倍行距比按回车键换行生成的行间距稍窄。

＊ 最小值：选择该选项后，在对应的"设置值"数值框中设置最小的行距数值。

＊ 固定值：以"设置值"数值框中设置的值（以"磅"为单位）为固定行距，在这种情况下当前段落中所有行间的行间距都是相等的。

＊ 多倍行距：选择该选项后，文本内容以"设置值"数值框中设置的值（以"行"为单位，可以为小数）为行间距。

# ▶▶2.5　文本项目符号和编号编辑

使用项目符号和编号列表可以对文档中并列的项目进行组织，或将顺序的内容进行编号，以使这些项目的层次结构更清晰、更有条理。Word 2016 提供了多种标准的项目符号和编号，还可以根据需要自定义项目符号和编号。

## 2.5.1　设置项目符号

项目符号一般在表述并列意思的情况下使用，添加项目符号后能使文档结构更加清晰，便于阅读。下面介绍设置项目符号的操作方法。

| 素材文件 | 光盘 \ 素材 \ 第 2 章 \2.5.1.docx |
|---|---|
| 效果文件 | 光盘 \ 效果 \ 第 2 章 \2.5.1.docx |
| 视频文件 | 光盘 \ 视频 \ 第 2 章 \2.5.1 设置项目符号 .mp4 |

◆◆ 【操练 + 视频】——设置项目符号

**STEP 01** 在 Word 2016 工作界面中单击"文件"｜"打开"命令，打开一个 Word 文档，在编辑区中选择需要设置项目符号的文本内容，如图 2-55 所示。

**STEP 02** 切换至"开始"面板，在"段落"选项板中单击"项目符号"下拉按钮 ，在弹出的下拉列表中选择相应的项目符号样式，如图 2-56 所示。

图 2-55 选择文本内容

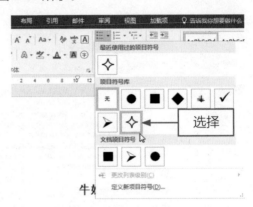

图 2-56 选择项目符号样式

**STEP 03** 执行操作后，即可为文本内容设置项目符号，如图 2-57 所示。

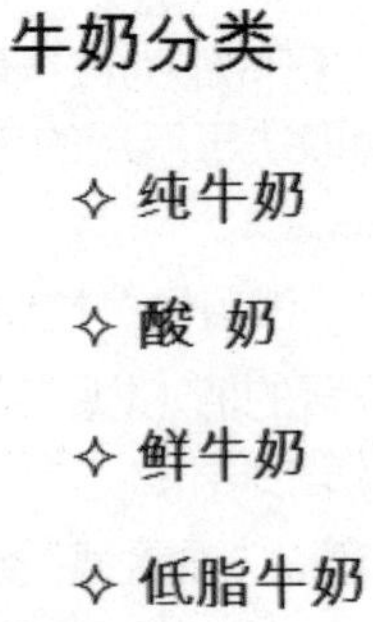

## 牛奶分类

◇ 纯牛奶

◇ 酸 奶

◇ 鲜牛奶

◇ 低脂牛奶

图 2-57 设置项目符号效果

专家指点

在新起一个段落后，切换至"开始"面板，在"段落"选项板中单击"项目符号"下拉按钮 ，在弹出的下拉列表中选择所需的项目符号，即可为本段添加项目符号。输入文字按【Enter】键后，下一段继续保持项目符号。

## 2.5.2 设置自定义符号

如果需要设定特殊的项目符号，可以单击"项目符号"下拉按钮 ，在弹出的下拉列表中选

择"定义新项目符号"选项，弹出"定义新项目符号"对话框，如图 2-58 所示。

图 2-58 "定义新项目符号"对话框

在该对话框中，用户可根据编辑需要定义其他图片或图形为项目符号样式，并可以设置相应的对齐方式。

## 2.5.3 设置项目编号

编号列表经常用来创建由低到高有一定顺序的项目。默认状态下，运用 Word 2016 进行编辑时，在文档中输入"（1）"、"1."等后跟一个空格或制表位，然后输入文本，按【Enter】键新的一段会自动进行编号。下面介绍设置项目编号的操作方法。

| 素材文件 | 光盘 \ 素材 \ 第 2 章 \2.5.3.docx |
|---|---|
| 效果文件 | 光盘 \ 效果 \ 第 2 章 \2.5.3.docx |
| 视频文件 | 光盘 \ 视频 \ 第 2 章 \2.5.3 设置项目编号 .mp4 |

【操练+视频】——设置项目编号

STEP 01 在 Word 2016 工作界面中单击"文件"｜"打开"命令，打开一个 Word 文档，在编辑区中选择需要设置项目编号的文本内容，如图 2-59 所示。

STEP 02 切换至"开始"面板，在"段落"选项板中单击"编号"下拉按钮，在弹出的下拉列表中选择相应的编号样式，如图 2-60 所示。

图 2-59 选择文本内容　　　　图 2-60 选择编号样式

**STEP 03** 执行操作后，即可为文本内容设置编号样式，如图 2-61 所示。

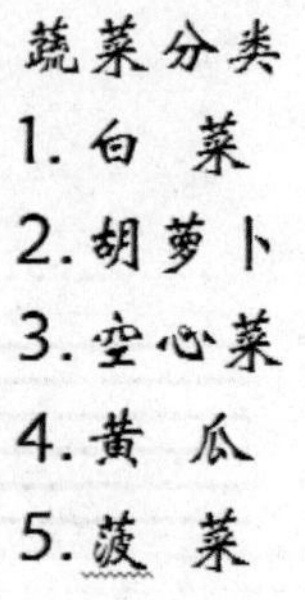

蔬菜分类
1. 白 菜
2. 胡萝卜
3. 空心菜
4. 黄 瓜
5. 菠 菜

图 2-61 设置编号样式效果

### 2.5.4 设置自定义编号

如果需要自定义编号列表，可以单击"编号"下拉按钮 ，在弹出的下拉列表中选择"定义新编号格式"选项，弹出"定义新编号格式"对话框，如图 2-62 所示。

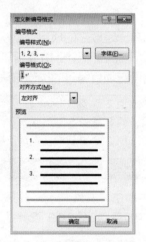

图 2-62 "定义新编号格式"对话框

在该对话框中，用户可根据需要定义相应的编号格式，并预览其效果。

## ▶ 2.6 文本边框和底纹编辑

在 Word 2016 工作界面中输入一篇文档后，除了可以对文字和段落的格式进行设置，以达到美化文档的作用外，还可以设置文本的边框或底纹，以突出重点，使文档更有层次。本节主要介绍添加文本边框、底纹和背景等操作。

### 2.6.1 编辑文本边框

在 Word 2016 中，可以根据需要为文本对象编辑边框效果，其目的是将自己认为重要的文本用边框围起来着重显示。下面介绍编辑文本边框的操作方法。

| 素材文件 | 光盘 \ 素材 \ 第 2 章 \2.6.1.docx |
|---|---|
| 效果文件 | 光盘 \ 效果 \ 第 2 章 \2.6.1.docx |
| 视频文件 | 光盘 \ 视频 \ 第 2 章 \2.6.1 编辑文本边框 .mp4 |

【操练＋视频】——编辑文本边框

**STEP 01** 在 Word 2016 工作界面中单击"文件"｜"打开"命令，打开一个 Word 文档，在编辑区中选择需要添加边框的文本内容，如图 2-63 所示。

**STEP 02** 切换至"开始"面板，在"字体"选项板中单击"字符边框"按钮 Ⓐ，如图 2-64 所示。

图 2-63 选择文本内容

图 2-64 单击"字符边框"按钮

**STEP 03** 执行操作后，即可为文本内容设置边框效果，如图 2-65 所示。

图 2-65 设置文本边框效果

专家指点

单击"边框"按钮，可以给选定的文字加上各种单线框；而单击"字符边框"按钮 Ⓐ，只能给所选择的文本内容加上系统设定的边框，以突出显示文本。

## 2.6.2 编辑文本底纹

与编辑边框一样，为文本内容编辑底纹也可以使文档内容更加突出。但在编辑底纹的过程中应该注意：对于一般的文档如果没有特别要求，应该设置相对简单的淡色底纹，以免画蛇添足，给用户阅读带来不便。通过"边框和底纹"对话框可以给选定的文本添加合适的底纹。下面介绍编辑文本底纹的操作方法。

| 素材文件 | 光盘 \ 素材 \ 第 2 章 \2.6.2.docx |
| 效果文件 | 光盘 \ 效果 \ 第 2 章 \2.6.2.docx |
| 视频文件 | 光盘 \ 视频 \ 第 2 章 \2.6.2 编辑文本底纹 .mp4 |

**【操练 + 视频】——编辑文本底纹**

STEP 01 在 Word 2016 工作界面中单击"文件"｜"打开"命令，打开一个 Word 文档，在编辑区中选择需要添加底纹的文本内容，如图 2-66 所示。

STEP 02 切换至"开始"面板，在"字体"选项板中单击"字符底纹"按钮 A，如图 2-67 所示。

图 2-66 选择文本内容

图 2-67 单击"字符底纹"按钮

STEP 03 执行操作后，即可为文本内容设置底纹效果，如图 2-68 所示。

图 2-68 设置文本底纹效果

**专家指点**

在"底纹"颜色面板中，若选择"无颜色"选项，将清除字符或其他对象的底纹效果。

## 2.6.3 编辑文本背景

背景在打印文档时是不会被打印出来的，只有在 Web 版式视图中背景才是可见的。在创建用于联机阅读的 Word 文档时，添加背景可以增强文本的视觉效果。

在 Word 2016 中，可以用某种颜色或过渡颜色、Word 附带的图案甚至一幅图片作为背景，

对文本对象进行美化设置。下面介绍编辑文本背景的操作方法。

| 素材文件 | 光盘\素材\第2章\2.6.3.docx |
|---|---|
| 效果文件 | 光盘\效果\第2章\2.6.3.docx |
| 视频文件 | 光盘\视频\第2章\2.6.3 编辑文本背景.mp4 |

**【操练+视频】——编辑文本背景**

**STEP 01** 在 Word 2016 工作界面中单击"文件"|"打开"命令，打开一个 Word 文档，如图 2-69 所示。

**STEP 02** 切换至"设计"面板，在"页面背景"选项板中单击"页面颜色"按钮 ，在弹出的下拉列表中选择"浅绿"选项，如图 2-70 所示。

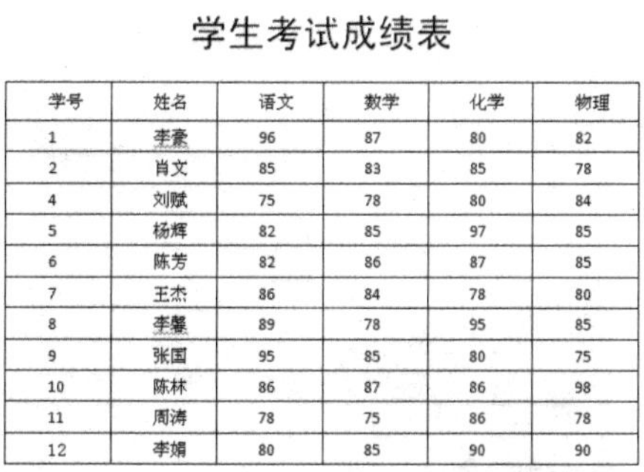

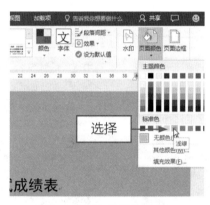

图 2-69 打开文本文档                 图 2-70 选择"浅绿"选项

**专家指点**

单击"页面颜色"按钮 ，在弹出的下拉列表中选择"其他颜色"选项，弹出"颜色"对话框，在其中可以为页面背景选择更多的颜色。

**STEP 03** 执行操作后，即可设置文本页面背景为浅绿色，如图 2-71 所示。

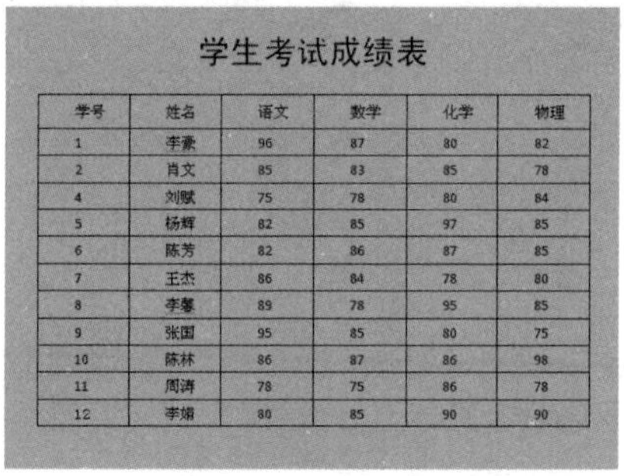

图 2-71 设置文本背景效果

**专家指点**

如果需要清除页面背景颜色，可以单击"页面颜色"按钮，在弹出的下拉列表中选择"无颜色"选项。

# CHAPTER

## 熟悉文本内容编排：
## 设置图文样式

# 3

## 章前知识导读

　　当使用 Word 编辑文档时加入图片或图形，在增加文档可读性的同时还能让文档更加美观。本章主要介绍设置图文混排、图形特效、特殊格式和数据表等的操作方法。

## 新手重点索引

　　／　进行图文混排
　　／　添加图形特效
　　／　应用特殊格式
　　／　制作图表和数据表

# ▶ 3.1 进行图文混排

一篇文档如果只有文字，阅读起来会令人感到十分单调。如果在文档中插入各种形式的图片，不仅可以增强文档的可读性，还能提高文档的感染力。本节主要介绍插入图片、图形、艺术字、文本框，以及创建 SmartArt 图形的操作方法。

## 3.1.1 引用图片

在文档中插入图片时，既可以插入来自文件的图片，也可以插入很多种不同格式的图片，如JPEG、CDR、MBP 和 TIFF 等格式。下面介绍引用图片的操作方法。

| | 素材文件 | 光盘 \ 素材 \ 第 3 章 \3.1.1.docx、3.1.1.jpg |
|---|---|---|
| | 效果文件 | 光盘 \ 效果 \ 第 3 章 \3.1.1.docx |
| | 视频文件 | 光盘 \ 视频 \ 第 3 章 \3.1.1 引用图片 .mp4 |

### ◤【操练 + 视频】——引用图片

STEP 01 打开一个 Word 文档，将光标定位于要插入图片的位置，如图 3-1 所示。

STEP 02 切换至"插入"面板，在"插图"选项板中单击"图片"按钮，如图 3-2 所示。

图 3-1 定位光标　　　　　　　　　　图 3-2 单击"图片"按钮

STEP 03 弹出"插入图片"对话框，在其中选择需要插入的图片，如图 3-3 所示。

STEP 04 单击"插入"按钮，即可将图片插入到 Word 文档中。适当拖曳图片四周的控制柄调整大小，效果如图 3-4 所示。

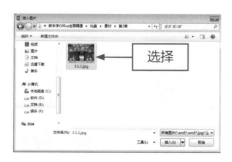

图 3-3 选择图片　　　　　　　　　　图 3-4 插入图片后的效果

还可以从扫描仪或数码相机中插入图片。要直接从扫描仪或数码相机中插入图片，首先必须确认设备是 TWAIN 或 WIA 兼容的设备，并且与计算机是正常连接的。

## 3.1.2 创建图形

在 Word 2016 中不但可以插入图片，还可以创建和绘制各种图形。Word 2016 提供了丰富的绘图工具，包括线条、基本形状、箭头总汇以及流程图等多种类型，通过使用这些工具可以绘制出需要的图形。下面介绍创建图形的操作方法。

| | | |
|---|---|---|
| 素材文件 | 光盘 \ 素材 \ 第 3 章 \3.1.2.docx | |
| 效果文件 | 光盘 \ 效果 \ 第 3 章 \3.1.2.docx | |
| 视频文件 | 光盘 \ 视频 \ 第 3 章 \3.1.2 创建图形 .mp4 | |

【操练 + 视频】——创建图形

STEP 01 在 Word 2016 工作界面中单击"文件"｜"打开"命令，打开一个 Word 文档，如图 3-5 所示。

STEP 02 切换至"插入"面板，在"插图"选项板中单击"形状"按钮，在弹出的下拉列表中选择"矩形"选项，如图 3-6 所示。

图 3-5 打开文档

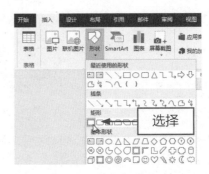

图 3-6 选择"矩形"选项

STEP 03 在图片的合适位置单击鼠标左键并拖曳，拖至合适大小后释放鼠标，即可绘制一个矩形形状。在文档空白处单击鼠标左键，即可完成操作，效果如图 3-7 所示。

图 3-7 创建矩形

　　图片插入到文档后，如果其大小、位置不能满足需求，这时还可以使用图形编辑功能对这些图形进行适当的处理，使文档更加美观。

## 3.1.3 创建艺术字

　　在 Word 2016 中，使用艺术字功能可以方便地为文档中的文本创建艺术字效果。由于 Word 2016 是将艺术字作为图形对象来处理的，所以可以通过"格式"面板来设置艺术字的文字环绕、填充色、阴影和三维等效果。下面介绍创建艺术字的操作方法。

| 素材文件 | 无 |
| --- | --- |
| 效果文件 | 光盘 \ 效果 \ 第 3 章 \3.1.3.docx |
| 视频文件 | 光盘 \ 视频 \ 第 3 章 \3.1.3 创建艺术字 .mp4 |

【操练 + 视频】——创建艺术字

STEP 01 新建一个 Word 文档，切换至"插入"面板，在"文本"选项板中单击"艺术字"下拉按钮，在弹出的下拉列表中选择相应的艺术字样式，如图 3-8 所示。

STEP 02 此时文档中将显示提示信息"请在此放置您的文字"，如图 3-9 所示。

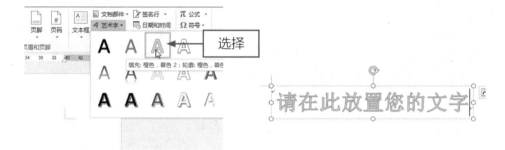

图 3-8 选择艺术字样式　　　　　　　　　　图 3-9 显示提示信息

STEP 03 在文本框中选择提示文字，按【Delete】键将其删除，然后输入相应的文字。在编辑区的空白位置单击鼠标左键，即可完成艺术字的创建，效果如图 3-10 所示。

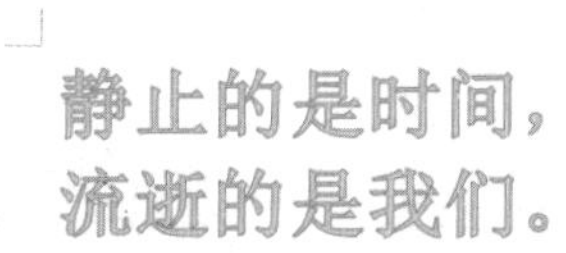

静止的是时间，
流逝的是我们。

图 3-10 创建艺术字

　　插入艺术字后，还可以更改艺术字属性，包括风格、样式、格式、形状和旋转等。Word 2016 提供了多种选择，让用户可以尽情地发挥想象力。

### 3.1.4 创建文本框

文本框实际是一种可移动的、大小可调整的文字或图形容器，使用文本框可以实现多个文本混排的效果。下面介绍创建文本框的操作方法。

| | | |
|---|---|---|
| 素材文件 | 光盘 \ 素材 \ 第 3 章 \3.1.4.docx | |
| 效果文件 | 光盘 \ 效果 \ 第 3 章 \3.1.4.docx | |
| 视频文件 | 光盘 \ 视频 \ 第 3 章 \3.1.4 创建文本框 .mp4 | |

**【操练 + 视频】——创建文本框**

**STEP 01** 在 Word 2016 工作界面中单击"文件"｜"打开"命令，打开一个 Word 文档，如图 3-11 所示。

**STEP 02** 切换至"插入"面板，在"文本"选项板中单击"文本框"按钮，在弹出的下拉列表中选择"绘制文本框"选项，如图 3-12 所示。

图 3-11 打开文档

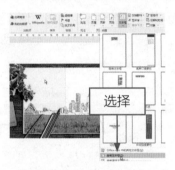
图 3-12 选择"绘制文本框"选项

**STEP 03** 在图片中的合适位置单击鼠标左键并拖曳，绘制文本框，如图 3-13 所示。

**STEP 04** 在文本框中输入并选择文字，如图 3-14 所示。

图 3-13 绘制文本框

图 3-14 输入并选择文字

**STEP 05** 在"开始"面板的"字体"选项板中，设置"字体"为"楷体"、"字号"为"小初"、"字体颜色"为"绿色"，在"段落"选项板中设置"对齐方式"为"居中"，如图 3-15 所示。在"绘图工具"中的"格式"面板中，设置"无填充"、"无轮廓"参数。

**STEP 06** 执行操作后，在空白位置单击鼠标左键，调整其位置，即可绘制横排文本框，如图 3-16

所示。

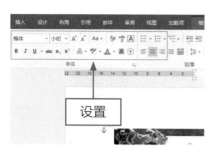

设置

图 3-15 设置参数

图 3-16 横排文本框编辑效果

## 3.1.5 插入 SmartArt 图形

　　在 Word 2016 中，为了使文字之间的关联表示得更加清晰，常常使用配有文字的插图，而使用 SmartArt 图形可以制作出具有专业水准的插图。下面介绍插入 SmartArt 图形的操作方法。

| 素材文件 | 无 |
| --- | --- |
| 效果文件 | 光盘 \ 效果 \ 第 3 章 \3.1.5.docx |
| 视频文件 | 光盘 \ 视频 \ 第 3 章 \3.1.5 插入 SmartArt 图形 .mp4 |

**【操练 + 视频】——插入 SmartArt 图形**

**STEP 01** 新建一个 Word 文档，切换至"插入"面板，在"插图"选项板中单击 SmartArt 按钮，如图 3-17 所示。

**STEP 02** 弹出"选择 SmartArt 图形"对话框，在左侧列表中选择"关系"选项，在中间窗格选择需要的图形样式，如图 3-18 所示。

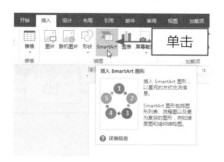

单击

图 3-17 单击 SmartArt 按钮

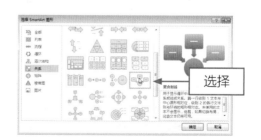

选择

图 3-18 选择图形样式

**STEP 03** 单击"确定"按钮，即可在文档中插入相应的 SmartArt 图形，如图 3-19 所示。

**STEP 04** 在图形中的"文本"处单击鼠标左键，输入相应的文字，效果如图 3-20 所示。

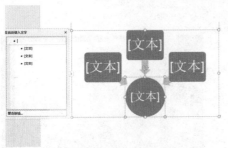
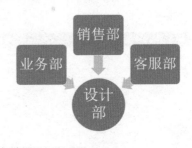

图 3-19 插入图形       图 3-20 输入文字

  插入 SmartArt 图形后，将激活 SmartArt 工具的"设计"和"格式"面板，在其中可以对 SmartArt 图形的布局、颜色和样式等属性进行编辑和修改。

# ▶ 3.2 添加图形特效

  在 Word 2016 中，为了使绘制的图形更加美观，可以给图形添加图形特效，包括填充效果、艺术效果、阴影效果和三维效果等。本节主要介绍编辑图片样式、设置填充效果，以及设置三维效果的操作方法。

## ◢ 3.2.1 编辑图片样式

  在 Word 2016 中，为了使图片更加美观，可以给图片添加各种样式，而操作起来也比其他专业的图片处理软件更简单。下面介绍编辑图片样式的操作方法。

| | | |
|---|---|---|
| 素材文件 | 光盘 \ 素材 \ 第 3 章 \3.2.1.docx | |
| 效果文件 | 光盘 \ 效果 \ 第 3 章 \3.2.1.docx | |
| 视频文件 | 光盘 \ 视频 \ 第 3 章 \3.2.1 编辑图片样式 .mp4 | |

【操练 + 视频】——插入 SmartArt 图形

**STEP|01** 打开一个 Word 文档，选择需要添加样式的图片，如图 3-21 所示。

**STEP|02** 切换至"图片工具"中的"格式"面板，在"图片样式"选项板中选择需要的图片样式，如图 3-22 所示。

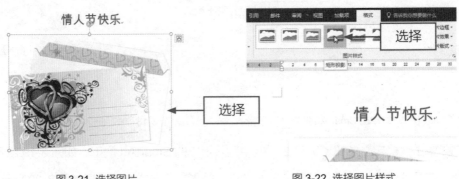

图 3-21 选择图片      图 3-22 选择图片样式

STEP 03 执行操作后,即可为图片添加相应的样式,如图 3-23 所示。

图 3-23 添加图片样式

专家指点

在"图片样式"选项板中单击"图片边框"按钮,在弹出的下拉列表中选择相应的选项,也可为图片添加相应的边框样式。

### 3.2.2 创建艺术效果

在 Word 2016 中,可以给插入的图片添加和设置各种艺术效果。例如,给图片添加铅笔素描、粉笔素描、纹理化等效果,使图片更像草图或油画。下面介绍创建艺术效果的操作方法。

| 素材文件 | 光盘 \ 素材 \ 第 3 章 \3.2.2.docx |
|---|---|
| 效果文件 | 光盘 \ 效果 \ 第 3 章 \3.2.2.docx |
| 视频文件 | 光盘 \ 视频 \ 第 3 章 \3.2.2 创建艺术效果 .mp4 |

【操练 + 视频】——创建艺术效果

STEP 01 在 Word 2016 工作界面中单击"文件"|"打开"命令,打开一个 Word 文档,如图 3-24 所示。

STEP 02 选择图片,切换至"图片工具"中的"格式"面板,在"调整"选项板中单击"艺术效果"按钮，如图 3-25 所示。

图 3-24 打开文档

图 3-25 单击"艺术效果"按钮

STEP 03 在弹出的下拉列表中选择"影印"选项,如图 3-26 所示。

STEP 04 执行操作后,在空白位置单击鼠标左键,即可将图片的艺术效果设置为影印,如图 3-27 所示。

图 3-26 选择"影印"选项        图 3-27 设置"影印"艺术效果

专家指点

    在"艺术效果"下拉列表中选择"艺术效果选项"选项,弹出"设置图片格式"对话框,可以根据需要对图片的艺术效果进行其他操作,如设置图片艺术效果的透明度等。

### 3.2.3 创建阴影效果

    在 Word 2016 中,可以为文档中的图形添加阴影效果,并且可以改变阴影的方向和颜色。在改变阴影颜色时,只会改变阴影部分,而不会改变图形对象本身。下面介绍创建阴影效果的操作方法。

| | | |
|---|---|---|
| 素材文件 | 光盘 \ 素材 \ 第 3 章 \3.2.3.docx | |
| 效果文件 | 光盘 \ 效果 \ 第 3 章 \3.2.3.docx | |
| 视频文件 | 光盘 \ 视频 \ 第 3 章 \3.2.3 创建阴影效果 .mp4 | |

【操练 + 视频】——创建阴影效果

**STEP 01** 在 Word 2016 工作界面中单击"文件"|"打开"命令,打开一个 Word 文档,如图 3-28 所示。

**STEP 02** 选择图片,切换至"图片工具"中的"格式"面板,在"图片样式"选项板中单击"图片效果"下拉按钮,如图 3-29 所示。

图 3-28 打开文档        图 3-29 单击"图片效果"按钮

**STEP 03** 在弹出的下拉列表中选择相应的"阴影"选项,如图 3-30 所示。

**STEP 04** 执行操作后,在空白位置单击鼠标左键,即可将图片的形状效果设置为阴影,如图 3-31 所示。

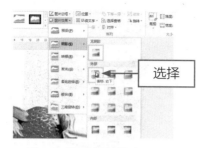

图 3-30 选择"阴影"选项

图 3-31 设置"阴影"形状效果

专家指点

　　单击"形状效果"下拉按钮,在弹出的下拉列表中选择"阴影"选项,在弹出的子菜单中如果对列出的阴影样式都不满意,可选择"阴影选项",在弹出的对话框中可以设置相关的阴影参数。

## ▨ 3.2.4 创建三维效果

　　在 Word 2016 中,还可以给绘制的线条、自选图形、任意多边形、艺术字和图片添加三维效果,并且允许自定义延伸深度、照明颜色、旋转度和方向等。在改变三维效果的颜色时,只会影响对象的三维效果,而不会影响对象本身。下面介绍创建三维效果的操作方法。

| | 素材文件 | 光盘 \ 素材 \ 第 3 章 \3.2.4.docx |
|---|---|---|
| | 效果文件 | 光盘 \ 效果 \ 第 3 章 \3.2.4.docx |
| | 视频文件 | 光盘 \ 视频 \ 第 3 章 \3.2.4 创建三维效果 .mp4 |

【操练 + 视频】——创建三维效果

　**STEP 01** 在 Word 2016 工作界面中单击"文件"|"打开"命令,打开一个 Word 文档,如图 3-32 所示。

　**STEP 02** 选择图片,切换至"图片工具"中的"格式"面板,在"图片样式"选项板中单击"图片效果"下拉按钮,如图 3-33 所示。

图 3-32 打开文档

图 3-33 单击"图片效果"按钮

　**STEP 03** 在弹出的下拉列表中选择"预设"选项,在"预设"子菜单中选择需要的三维样式,如图 3-34 所示。

　**STEP 04** 执行操作后,在空白位置单击鼠标左键,即可设置图片的三维样式效果,如图 3-35

所示。

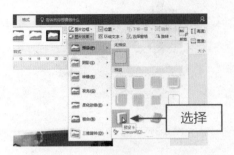

图 3-34 选择图片样式

图 3-35 设置"三维"样式效果

## 3.2.5 创建填充效果

在 Word 2016 中，不仅可以给图形图像设置相应的艺术、阴影以及三维效果，还可以为绘制的图形添加相应的填充效果，以便更好地显示图形。更重要的是，还可以在图形中添加自己需要的各种格式的图片，如 JPEG、BNP 格式等。下面介绍创建填充效果的操作方法。

| 素材文件 | 光盘 \ 素材 \ 第 3 章 \3.2.5.jpg |
|---|---|
| 效果文件 | 光盘 \ 效果 \ 第 3 章 \3.2.5.docx |
| 视频文件 | 光盘 \ 视频 \ 第 3 章 \3.2.5 创建填充效果 .mp4 |

【操练 + 视频】——创建填充效果

STEP 01 新建一个 Word 文档，切换至"插入"面板，单击"插图"选项板中的"形状"下拉按钮，如图 3-36 所示。

STEP 02 在弹出的下拉列表中选择"矩形"选项区中的"矩形"选项，如图 3-37 所示。

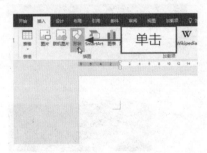

图 3-36 单击"形状"下拉按钮

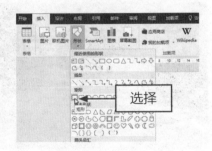

图 3-37 选择"矩形"选项

STEP 03 执行操作后，在文档中绘制一个矩形形状，如图 3-38 所示。

STEP 04 选择绘制的图形对象，切换至"绘图工具"中的"格式"面板，在"形状样式"选项板中单击"形状填充"下拉按钮，在弹出的下拉列表中选择"图片"选项，如图 3-39 所示。

图 3-38 绘制形状

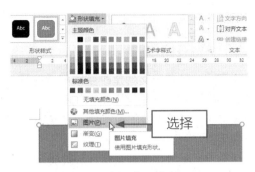
图 3-39 选择"图片"选项

**STEP 05** 弹出相应的窗格，单击"来自文件"右侧的"浏览"按钮，如图 3-40 所示。

**STEP 06** 弹出"插入图片"对话框，在其中选择需要插入的素材图片，如图 3-41 所示。

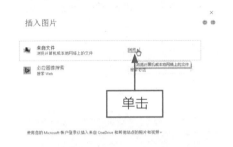
图 3-40 单击"浏览"按钮

图 3-41 选择素材图片

**STEP 07** 单击"插入"按钮，即可将图片插入至图形中，如图 3-42 所示。

图 3-42 在图形中插入图片

**专家指点**

切换至"绘图工具"中的"格式"面板，在"形状样式"选项板中的"形状填充"下拉列表中还可以选择纹理和渐变填充，用户可根据需要进行适当的设置。

# ▶ 3.3 应用特殊格式

为了使文档使用者产生深刻印象，可以设置特殊的效果，例如，文字排版中常用的首字下沉和分栏排版都可以很好地突出主题。另外，在报纸上我们也会常常看到多变的排版形式，这些排版方式都会使文档更加生动、形象。本节主要介绍应用首字下沉、合并字符、拼音文字以及分栏版式等的操作方法。

##  3.3.1 应用首字下沉

首字下沉，顾名思义就是改变段落中的第一个字或若干个字母的字号，并以下沉或悬挂的方式改变文档的版式，一般用于文档的开头。简单地说，首字下沉就是将文章开始的第一个字或几个字放大数倍，增强文章的可读性。在 Word 2016 中，可以根据需要在文档中设置首字下沉。下面介绍应用首字下沉的操作方法。

| | 素材文件 | 光盘 \ 素材 \ 第 3 章 \3.3.1. docx |
|---|---|---|
| | 效果文件 | 光盘 \ 效果 \ 第 3 章 \3.3.1.docx |
| | 视频文件 | 光盘 \ 视频 \ 第 3 章 \3.3.1 应用首字下沉 .mp4 |

**【操练 + 视频】——应用首字下沉**

**STEP 01** 在 Word 2016 工作界面中单击"文件"｜"打开"命令，打开一个 Word 文档，如图 3-43 所示。

**STEP 02** 在编辑区中选择需要应用首字下沉的文本内容，如图 3-44 所示。

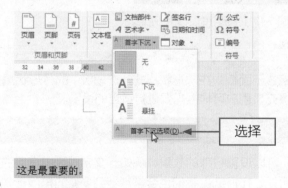

图 3-43 打开文档　　　　图 3-44 选择文本内容

**STEP 03** 切换至"插入"面板，在"文本"选项板中单击"首字下沉"下拉按钮，在弹出的下拉列表中选择"首字下沉选项"选项，如图 3-45 所示。

**STEP 04** 执行操作后，弹出"首字下沉"对话框，如图 3-46 所示。

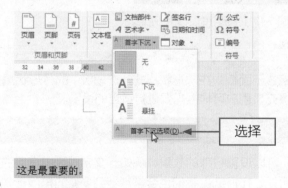

图 3-45 选择"首字下沉选项"选项　　　　图 3-46 "首字下沉"对话框

**STEP 05** 在"位置"选项区中选择"下沉"选项，在"选项"选项区中设置"下沉行数"为 2，如图 3-47 所示。

**STEP 06** 单击"确定"按钮，即可为文档中的内容应用首字下沉样式，如图 3-48 所示。

图 3-47 设置相应选项

**健 康 饮 水**

每天按时喝好 3 杯水——第一杯水是清早一杯，这是最重要的。早上吃早餐前，一定要记得喝杯白水、淡蜂蜜水或添加了纤维素的水，能够加速肠胃的蠕动，把前一夜体内垃圾、代谢物排出体外。

第二杯水是饭前。餐前喝杯水，能够减轻饥饿感，减少食物的摄入量，同时可以补充身体需要的水分，加速新陈代谢。

第三杯水下午喝，下午茶时，正是人觉得疲惫、倦怠的时候，可以喝一杯花草茶来驱散这种因为情绪而想吃东西的欲望，也算是为只吃七分饱的晚餐打下了埋伏。

图 3-48 首字下沉样式效果

**专家指点**

在"首字下沉"对话框中，还可以设置首字下沉的"字体"、"下沉行数"和"距正文"等参数。

## 3.3.2 应用双行合一

在 Word 2016 中使用双行合一排版方式可以将文字显示在同一行的空间中，制作出特殊的文本排列效果，从而让文档版式显得更加丰富。下面介绍应用双行合一的操作方法。

| 素材文件 | 光盘 \ 素材 \ 第 3 章 \3.3.2. docx |
|---|---|
| 效果文件 | 光盘 \ 效果 \ 第 3 章 \3.3.2.docx |
| 视频文件 | 光盘 \ 视频 \ 第 3 章 \3.3.2 应用双行合一 .mp4 |

**【操练 + 视频】——应用双行合一**

**STEP 01** 在 Word 2016 工作界面中单击"文件"|"打开"命令，打开一个 Word 文档，如图 3-49 所示。

**STEP 02** 在编辑区中选择需要应用双行合一的文本内容，如图 3-50 所示。

**寓言故事**

树就是我们的父母，当我们年幼的时候，我们愿意和爸爸妈妈玩，当我们长大成人，我们就离开了父母，只有我们需要一些东西或者遇到什么麻烦时，才会回来，不论怎样，父母总是支持我们，竭尽全力给我们每一样能让我们高兴的东西。

对于等待的人，时间过得太慢，对于恐惧的人，时间过得太快，对于悲伤的人，时间总是太长，对于享受的人，时间总是太短。但是，对于那些在爱的人，时间却是永恒的。

图 3-49 打开文档

**寓言故事**

树就是我们的父母，当我们年幼的时候，我们愿意和爸爸妈妈玩，当我们长大成人，我们就离开了父母，只有我们需要一些东西或者遇到什么麻烦时，才会回来，不论怎样，父母总是支持我们，竭尽全力给我们每一样能让我们高兴的东西。

对于等待的人，时间过得太慢，对于恐惧的人，时间过得太快，对于悲伤的人，时间总是太长，对于享受的人，时间总是太短。但是，对于那些在爱的人，时间却是永恒的。

图 3-50 选择文本内容

**专家指点**

应用"双行合一"功能时，对文本的字数没有任何限制，但文本内容必须同时在一行中才能进行操作。

STEP 03 单击"段落"选项区中的"中文版式"下拉按钮 ✕·，在弹出的下拉列表中选择"双行合一"选项，如图 3-51 所示。

STEP 04 弹出"双行合一"对话框，"预览"选项区中显示双行合一的文本效果，如图 3-52 所示。

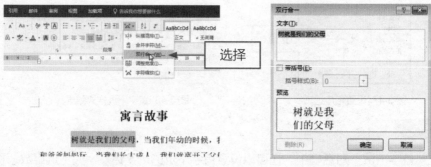

图 3-51 选择"双行合一"选项　　　　　　　　图 3-52 "双行合一"对话框

STEP 05 在其中选中"带括号"复选框，单击"括号样式"下拉按钮，在弹出的下拉列表中选择一种括号样式，如图 3-53 所示。

STEP 06 单击"确定"按钮，选择的文本内容即可以双行合一显示，效果如图 3-54 所示。

寓言故事

　　(树就是我们的父母)，当我们年幼的时候，我们愿意和爸爸妈妈玩，当我们长大成人，我们就离开了父母，只有我们需要一些东西或者遇到什么麻烦时，才会回来，不论怎样，父母总是支持我们，竭尽全力给我们每一样能让我们高兴的东西。

　　对于等待的人，时间过得太慢，对于恐惧的人，时间过得太快，对于悲伤的人，时间总是太长，对于享受的人，时间总是太短。但是，对于那些在爱的人，时间却是永恒的。

图 3-53 选择括号样式　　　　　　　　图 3-54 应用"双行合一"效果

专家指点

　　选中设置双行合一的文本，打开"双行合一"对话框，单击"删除"按钮，再单击"确定"按钮，即可取消双行合一格式，恢复文本原来的格式。

## 3.3.3 应用拼音文字

在 Word 2016 中，可以方便地在文档内应用"拼音指南"功能，设置拼音文字效果，使文档格式更加丰富。

拼音指南是指应用该功能可以给汉字注音。使用拼音指南的方法很简单，只需选择需要添加拼音指南的字符，在"开始"面板的"字体"选项板中单击"拼音指南"按钮 ，弹出"拼音指南"对话框，如图 3-55 所示。

图 3-55 "拼音指南"对话框

用户可以根据需要在对话框中设置字符的字体、字号和对齐方式，具体设置选项的含义如下：

\* 基准文字：在"基准文字"文本框中已经显示了文档中选定的文字，也可以在文本框中输入其他文字，以更改基准文字。

\* 拼音文字：在"拼音文字"文本框中已经显示了与基准文字对应的拼音文字，可以重新输入拼音文字，以更改对应的基准文字的拼音指南。

\* 偏移量：在"偏移量"数值框中输入或设置一个数值，该值以"磅"为单位指定基准文字上方的拼音文字距基准文字的距离。

\* 字体：单击"字体"下拉按钮，在弹出的下拉列表中选择要用于拼音文字的字体。

\* 字号：单击"字号"下拉按钮或输入一个数值，该值以"磅"为单位设定要用于拼音文字的字符大小。

\* 组合：单击"默认读音"按钮，将拼音文字还原成输入法 IME 所提供的值，前提是该输入法必须存在。

## 3.3.4 应用分栏版式

在处理比较长的文档时，有时为了版面的需要，要对文档进行分栏操作。用户可以通过创建新闻稿样式的分栏或链接的文本框在新闻稿、小册子和海报中布置文字，以使文档易于阅读。下面介绍应用分栏版式的操作方法。

| 素材文件 | 光盘 \ 素材 \ 第 3 章 \3.3.4. docx |
|---|---|
| 效果文件 | 光盘 \ 效果 \ 第 3 章 \3.3.4.docx |
| 视频文件 | 光盘 \ 视频 \ 第 3 章 \3.3.4 应用分栏版式 .mp4 |

【操练＋视频】——应用分栏版式

STEP 01 在 Word 2016 工作界面中单击"文件"｜"打开"命令，打开一个 Word 文档，如图 3-56 所示。

STEP 02 在打开的 Word 文档中，拖动鼠标框选所有的文本内容为分栏排版内容，如图 3-57 所示。

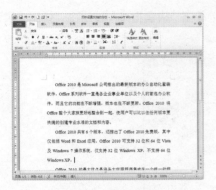

图 3-56 打开文档

图 3-57 选择文本内容

**STEP 03** 切换至"布局"面板,在"页面设置"选项板中单击"分栏"按钮▤,在弹出的下拉列表中选择"两栏"选项,如图 3-58 所示。

**STEP 04** 执行操作后,即可查看文档的分栏效果,如图 3-59 所示。

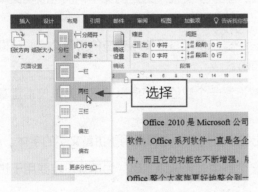

图 3-58 选择"两栏"选项

图 3-59 文档分栏效果

在分栏版式的应用中,还可以在选中文档内容的前提下单击"分栏"按钮▤,在弹出的下拉列表中选择"更多分栏"选项,弹出"分栏"对话框,如图 3-60 所示。

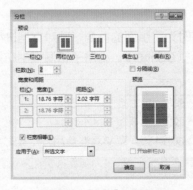

图 3-60 "分栏"对话框

选中"分隔线"复选框,在"宽度和间距"选项区中设置相应的选项,单击"确定"按钮,即可快速调整栏宽和添加分隔线,方便读者更好地阅读。把这一操作应用在上述文档中,其效果如图 3-61 所示。

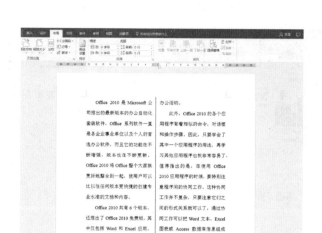

图 3-61 栏宽和分割线的设置效果

# ▶ 3.4 制作图表和数据表

Word 2016 具有强大的创建与设置数据功能，不仅可以插入和引用图表、制作图表数据和数据表，还可以制作背景墙。通过对本节知识的学习，使读者不仅能熟练掌握图表知识，还能熟练地创建和设置数据图表。

## ▨ 3.4.1 引用图表数据

Word 2016 能够很方便地在已有表格的数据上插入图表，通过图表表示表格中的数据。在文档中添加相应的图表说明，会使叙述的内容更加形象，更有说服力。在很多情况下，图表比单纯的数据更有说服力。如果能根据表格绘制一幅简洁的统计表，会使数据的表示更加直观，分析起来也更加方便。下面介绍引用图表数据的操作方法。

| 素材文件 | 无 |
| --- | --- |
| 效果文件 | 光盘 \ 效果 \ 第 3 章 \3.4.1.docx |
| 视频文件 | 光盘 \ 视频 \ 第 3 章 \3.4.1 引用图表数据 .mp4 |

### 【操练 + 视频】——引用图表数据

STEP 01 新建一个 Word 文档，切换至"插入"面板，在"插图"选项板中单击"图表"按钮，如图 3-62 所示。

STEP 02 执行操作后，弹出"插入图表"对话框，在右侧窗格中选择需要的图表样式，如图 3-63 所示。

STEP 03 单击"确定"按钮，即可在 Word 文档中插入图表样式，同时系统会自动启动 Excel 2016 应用程序，其中显示了图表数据，如图 3-64 所示。

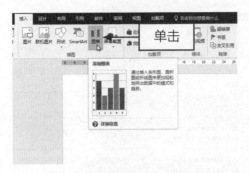

图 3-62 单击"图表"按钮

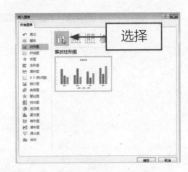

图 3-63 选择图表样式

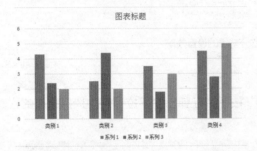

图 3-64 插入图表样式

## 3.4.2 更改图表数据

在 Word 2016 中，如果对图表中的数据不满意，可以在 Excel 中对数据进行更改。下面介绍更改图表数据的操作方法。

| 素材文件 | 光盘 \ 素材 \ 第 3 章 \3.4.2.docx |
| --- | --- |
| 效果文件 | 光盘 \ 效果 \ 第 3 章 \3.4.2.docx |
| 视频文件 | 光盘 \ 视频 \ 第 3 章 \3.4.2 更改图表数据 .mp4 |

**【操练 + 视频】——更改图表数据**

**STEP 01** 在 Word 2016 工作界面中单击"文件"｜"打开"命令，打开一个 Word 文档，如图 3-65 所示。

**STEP 02** 选择需要更改数据的图表，切换至"图表工具"中的"设计"面板，在"数据"选项板中单击"编辑数据"按钮📊，在弹出的下拉列表中选择"编辑数据"选项，如图 3-66 所示。

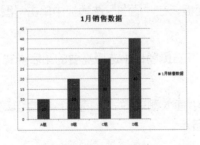

图 3-65 打开文档

图 3-66 选择"编辑数据"选项

**STEP 03** 执行操作后，系统自动启动 Excel 应用程序，在其中根据需要更改相应的数据，并按【Enter】键确认，如图 3-67 所示。

**STEP 04** 返回 Word 工作界面，图表中的相应参数将发生变化，如图 3-68 所示。

图 3-67 修改数据

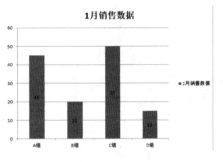

图 3-68 图表效果

专家指点

　　选择需要更改数据的图表并单击鼠标右键，在弹出的快捷菜单中选择"编辑数据"选项，也可以启动 Excel 应用程序来修改数据。

### 3.4.3 制作数据表

　　图表的主要元素是表格数据，因此首先要将数据输入到数据表中。只有将数据表中的数据具体化，并且配合适当的图片示例，才能更好地将所要说明的例子表述清楚。下面介绍制作数据表的操作方法。

| 素材文件 | 无 |
| --- | --- |
| 效果文件 | 光盘 \ 效果 \ 第 3 章 \3.4.3.docx |
| 视频文件 | 光盘 \ 视频 \ 第 3 章 \3.4.3 制作数据表 .mp4 |

【操练＋视频】——制作数据表

**STEP 01** 新建一个 Word 文档，切换至"插入"面板，在"文本"选项板中单击"对象"下拉按钮，在弹出的下拉列表中选择"对象"选项，如图 3-69 所示。

**STEP 02** 弹出"对象"对话框，在"对象类型"下拉列表框中选择 Microsoft Graph Chart 选项，如图 3-70 所示。

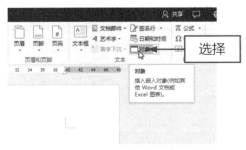

图 3-69 选择"对象"选项

图 3-70 选择对象类型

STEP 03 单击"确定"按钮，即可在 Word 文档中插入数据表，如图 3-71 所示。

STEP 04 将鼠标指针移至图表四周的控制柄上单击鼠标左键并拖曳，可以调整图表的大小，效果如图 3-72 所示。

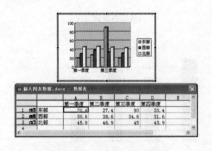

图 3-71 插入数据表

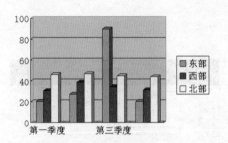

图 3-72 调整数据表

专家指点

当插入数据表后，在编辑区内的空白位置上单击鼠标左键，数据表就会自动退出编辑区。

### 3.4.4 制作背景墙

为了使数据图表更加美观，可以为数据图表添加背景边框，并且可以指定边框的样式，还可以对背景应用各种填充效果。下面介绍制作背景墙的操作方法。

| 素材文件 | 无 |
| --- | --- |
| 效果文件 | 光盘 \ 效果 \ 第 3 章 \3.4.4.docx |
| 视频文件 | 光盘 \ 视频 \ 第 3 章 \3.4.4 制作背景墙 .mp4 |

【操练 + 视频】——制作背景墙

STEP 01 新建一个 Word 文档，切换至"插入"面板，单击"插图"选项板中的"图表"按钮 ，在弹出的"插入图表"对话框中选择相应的选项，单击"确定"按钮，插入图表，如图 3-73 所示。

STEP 02 双击图表，弹出"设置图表区格式"窗格，单击"图表选项"下拉按钮，在弹出的下拉列表中选择"背景墙"选项，如图 3-74 所示。

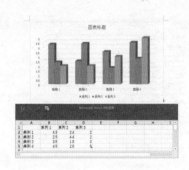

图 3-73 插入图表

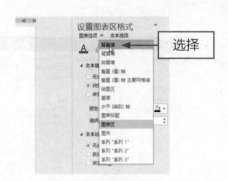

图 3-74 选择"背景墙"选项

在弹出的下拉列表中选择"无"选项，可以清除所有背景墙的填充效果。

**STEP 03** 切换至"设置背景墙格式"窗格，在"填充"选项区中选中"渐变填充"单选按钮，如图 3-75 所示。

**STEP 04** 关闭"设置背景墙格式"窗格，即可设置图表的背景效果，如图 3-76 所示。

图 3-75 选中"渐变填充"单选框

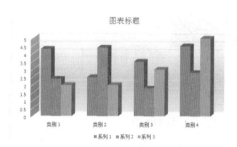

图 3-76 设置背景墙效果

## 3.4.5 制作三维旋转

在文档中添加的图表可以用三维视图的格式显示出来，这样制作的图表示例具有三维效果，而且可以对三维图表进行调整，以满足各种需要。下面介绍制作三维旋转的操作方法。

| 素材文件 | 无 |
| --- | --- |
| 效果文件 | 光盘 \ 效果 \ 第 3 章 \3.4.5.docx |
| 视频文件 | 光盘 \ 视频 \ 第 3 章 \3.4.5 制作三维旋转 .mp4 |

**【操练 + 视频】——制作三维旋转**

**STEP 01** 新建一个 Word 文档，切换至"插入"面板，单击"插图"选项板中的"图表"按钮，在弹出的"插入图表"对话框中选择相应的选项，单击"确定"按钮，插入图表，如图 3-77 所示。

**STEP 02** 选择图表，切换至"图表工具"中的"格式"面板，在"形状样式"选项板中单击"形状效果"下拉按钮，如图 3-78 所示。

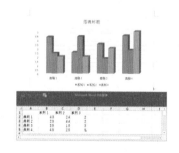

图 3-77 插入图表

图 3-78 单击"形状效果"下拉按钮

**STEP 03** 在弹出的下拉列表中选择"三维旋转"选项，并在"三维样式"下拉列表框中选择相应的旋转样式，如图 3-79 所示。

**STEP 04** 单击"关闭"按钮，即可设置三维旋转效果，如图 3-80 所示。

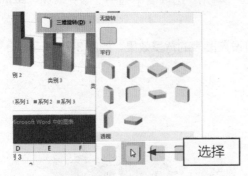

图 3-79 选择三维旋转样式

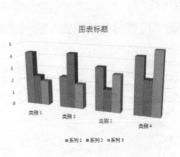

图 3-80 三维旋转效果

## 🖋 3.4.6 制作三维格式

在 Word 中设计完图表后，如果对图表不满意，还可以为图表设置三维格式。下面介绍制作三维格式的操作方法。

| | 素材文件 | 无 |
|---|---|---|
| | 效果文件 | 光盘 \ 效果 \ 第 3 章 \3.4.6.docx |
| | 视频文件 | 光盘 \ 视频 \ 第 3 章 \3.4.6 制作三维格式 .mp4 |

◥ 【操练 + 视频】——制作三维格式

**STEP 01** 新建一个 Word 文档，切换至"插入"面板，单击"插图"选项板中的"图表"按钮 📊，在弹出的"插入图表"对话框中选择相应的选项，单击"确定"按钮，插入图表，如图 3-81 所示。

**STEP 02** 双击图表，弹出"设置数据系列格式"窗格，单击"效果"下拉按钮，在弹出的下拉列表中选择"三维格式"选项，切换至"三维格式"选项卡，在其中设置相应参数，如图 3-82 所示。

图 3-81 插入图表

图 3-82 设置参数

**STEP 03** 关闭"设置数据系列格式"窗格，即可查看图表的三维格式效果，如图 3-83 所示。

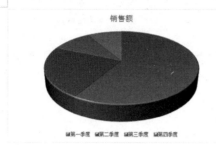

图 3-83 三维格式设置效果

# CHAPTER

## 掌握表格内容设计：
## 格式与计算

# 4

| 78 班花名册 | | |
|---|---|---|
| 章键 | 文芳 | 韩文 |
| 李浩 | 刘也 | 邝奇 |
| 李昊 | 张康 | 戴军 |
| 彭文 | 姚林 | 周文涛 |
| 范勇 | 段峰 | 李娟 |

| 78 班花名册 | | |
|---|---|---|
| 章键 | 文芳 | 韩文 |
| 李浩 | 刘也 | 邝奇 |
| 李昊 | 张康 | 戴军 |
| 彭文 | 姚林 | 周文涛 |
| 范勇 | 段峰 | 李娟 |

## 章前知识导读

　　表格是一种简明扼要的表达方式，它以行和列的形式组织信息，结构严谨、效果直观、信息量大，Word 2016 提供了强大的表格功能。本章主要向读者介绍有关表格内容编辑和设计的操作方法。

## 新手重点索引

　　✎ 创建和编辑表格操作
　　✎ 编辑表格内容和格式
　　✎ 数据排序和计算操作

# ▶4.1 创建和编辑表格操作

表格是按行和列的方式由多个矩形小方框组合而成的，在其中不但可以输入文本、数字，还可以插入图片等。创建表格的方法有很多种，既可以利用 Word 自带的命令插入表格，也可以绘制表格，还可以几种方法混合使用，用户可以根据需要选定不同的方法。本节主要介绍插入、绘制、拆分、合并表格和单元格，以及其他一些表格编辑方面的基本操作方法。

## ◢ 4.1.1 插入表格

在使用表格前，首先需要插入和创建表格。Word 2016 的表格以单元格为中心来组织信息，一张表是由多个单元格组成的。下面介绍插入表格的操作方法。

| | 素材文件 | 无 |
|---|---|---|
| | 效果文件 | 光盘 \ 效果 \ 第 4 章 \4.1.1.docx |
| | 视频文件 | 光盘 \ 视频 \ 第 4 章 \4.1.1 插入表格 .mp4 |

◤【操练 + 视频】——插入表格

**STEP 01** 新建一个 Word 文档，切换至"插入"面板，在"表格"选项板中单击"表格"按钮 ▦，如图 4-1 所示。

**STEP 02** 此时弹出的下拉面板中有一个由 8 行 10 列方格组成的虚拟表格，将鼠标指针指向此虚拟表格中，虚拟表格会以红色显示出用户选择的行和列，如图 4-2 所示，同时会在页面中显示出来。

图 4-1 单击"表格"按钮

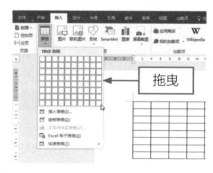

图 4-2 选择行和列

**STEP 03** 移动鼠标指针，当虚拟表格中的行和列满足需要时单击鼠标左键，即可在页面中创建一个空白表格，如图 4-3 所示。

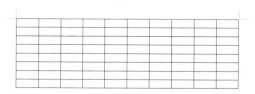

图 4-3 创建空白表格

单击"表格"按钮▦，在弹出的下拉列表中选择"插入表格"选项，在弹出的"插入表格"对话框中设置行和列，也可以创建一个空白表格，如图4-4所示。

图4-4 插入和创建表格

利用此种方法可以创建固定行宽的表格，为用户提供了精确的表格制作条件。

## 4.1.2 绘制表格

对于简单的表格和固定格式的表格，可以用上节讲述的方法创建，但在实际工作中常常需要创建一些复杂的表格，如包含不同高度的单元格或者每行不同列数的表格。下面介绍绘制表格的操作方法。

| 素材文件 | 无 |
| --- | --- |
| 效果文件 | 光盘 \ 效果 \ 第 4 章 \4.1.2.docx |
| 视频文件 | 光盘 \ 视频 \ 第 4 章 \4.1.2 绘制表格 .mp4 |

【操练 + 视频】——绘制表格

STEP 01 新建一个 Word 文档，切换至"插入"面板，在"表格"选项板中单击"表格"按钮▦，在弹出的下拉列表中选择"绘制表格"选项，如图4-5所示。

STEP 02 此时鼠标指针呈 形状，在文档编辑窗口的合适位置单击鼠标左键并拖曳，在文档编辑窗口中绘制一个虚线框，如图4-6所示。

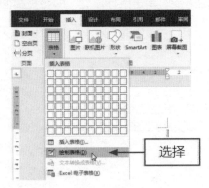

图4-5 选择"绘制表格"选项　　　　　　　图4-6 拖曳鼠标绘制虚线框

**STEP 03** 拖至文档中的合适位置后释放鼠标左键，即可绘制一个表格的边框，效果如图4-7所示。

**STEP 04** 在表格边框内部单击鼠标左键并拖曳，即可出现一条水平虚线，如图4-8所示。

图 4-7 绘制表格外框

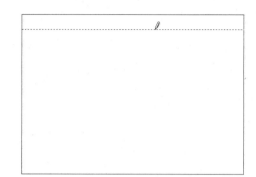

图 4-8 拖曳水平虚线

**STEP 05** 释放鼠标左键，即可在表格中绘制行，如图4-9所示。

**STEP 06** 采用同样的方法，在表格中绘制列，如图4-10所示。

图 4-9 绘制行

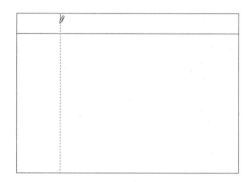

图 4-10 绘制列

**STEP 07** 采用同样的方法，依次在相应的位置绘制表格线，即可完成表格的绘制，效果如图4-11所示。

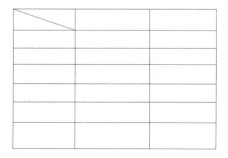

图 4-11 最终效果

在完成表格绘制后，如果没有按【Esc】键退出，则还可以继续绘制表格线条。

 ## 4.1.3 拆分表格

拆分表格是指将一个表格拆分成两个表格的操作，选中的行将成为新表格的第一行。下面介绍拆分表格的操作方法。

| 素材文件 | 光盘 \ 素材 \ 第 4 章 \4.1.3.docx |
| --- | --- |
| 效果文件 | 光盘 \ 效果 \ 第 4 章 \4.1.3.docx |
| 视频文件 | 光盘 \ 视频 \ 第 4 章 \4.1.3 拆分表格 .mp4 |

【操练 + 视频】——拆分表格

STEP 01 单击"文件"｜"打开"命令，打开一个 Word 文档，将光标定位于要拆分的表格内，如图 4-12 所示。

STEP 02 单击"布局"标签，切换至"布局"面板，在"合并"选项板中单击"拆分表格"按钮，如图 4-13 所示。

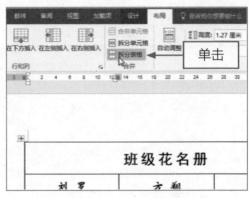

图 4-12 定位光标　　　　　　　　　　图 4-13 单击"拆分表格"按钮

STEP 03 执行上述操作后，即可拆分表格，效果如图 4-14 所示。

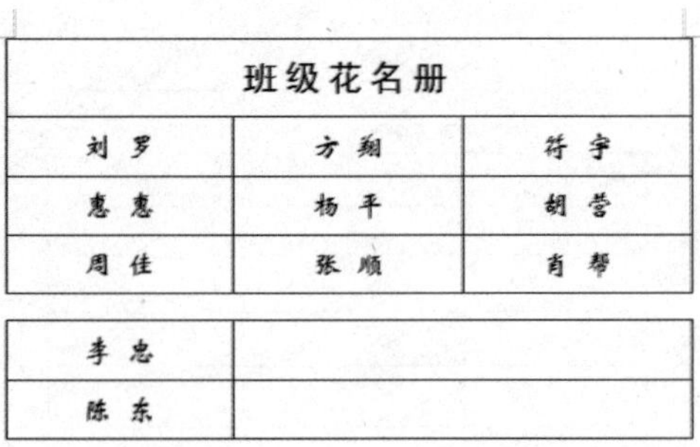

图 4-14 拆分表格效果

**专家指点**

如果要将拆分的表格放在相邻的不同页面上，首先要将光标定位在两个表格中间的空行上，再按【Ctrl + Enter】组合键，这样表格就会被分隔成两部分出现在相邻的两页上，并且不会改变表格的边界和排版信息。

## 4.1.4 拆分单元格

除了使用拆分表格功能把一个表格拆分为两个表格外，Word 2016 中还提供了一个"拆分单元格"选项，允许用户把一个单元格拆分为多个单元格，这样就能达到增加行数和列数的目的。下面介绍拆分单元格的操作方法。

| 素材文件 | 光盘 \ 素材 \ 第 4 章 \4.1.4.docx |
| --- | --- |
| 效果文件 | 光盘 \ 效果 \ 第 4 章 \4.1.4.docx |
| 视频文件 | 光盘 \ 视频 \ 第 4 章 \4.1.4 拆分单元格 .mp4 |

【操练 + 视频】——拆分单元格

STEP 01 单击"文件"｜"打开"命令，打开一个 Word 文档，将光标定位于要拆分的单元格内，如图 4-15 所示。

STEP 02 切换至"布局"面板，在"合并"选项板中单击"拆分单元格"按钮 ⊞，如图 4-16 所示。

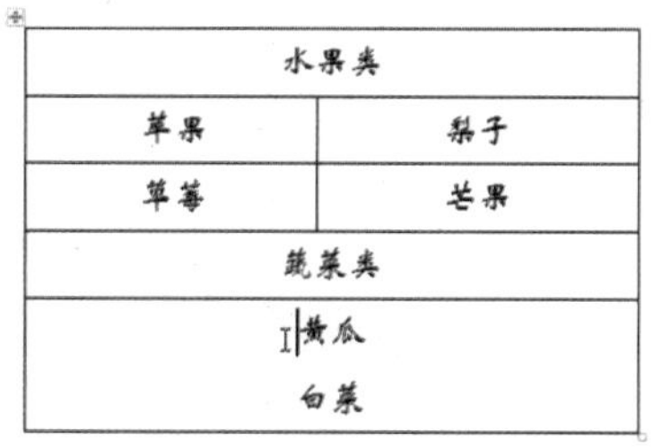

图 4-15 定位光标

图 4-16 单击"拆分单元格"按钮

STEP 03 弹出"拆分单元格"对话框，在其中设置"列数"为 2、"行数"为 1，如图 4-17 所示。

STEP 04 单击"确定"按钮，即可拆分单元格，效果如图 4-18 所示。

图 4-17 "拆分单元格"对话框

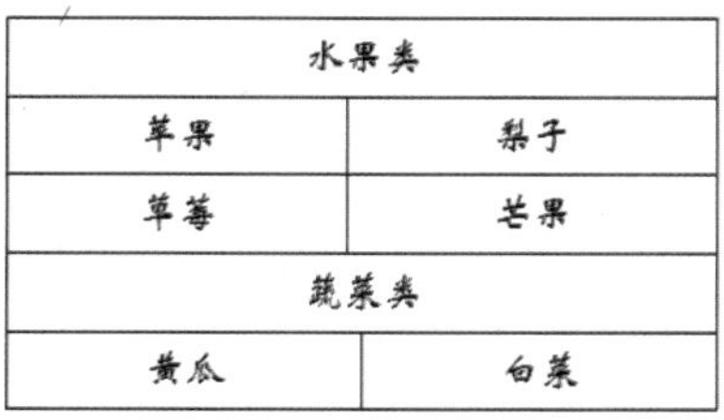

图 4-18 拆分单元格效果

## 专家指点

选择需要拆分的单元格并单击鼠标右键，在弹出的快捷菜单中选择“拆分单元格”选项，也可以拆分单元格。

### 4.1.5 合并单元格

有时为了方便编辑表格中的数据，可以将多个单元格合并成一个单元格。下面介绍合并单元格的操作方法。

| | |
|---|---|
| 素材文件 | 光盘 \ 素材 \ 第 4 章 \4.1.5.docx |
| 效果文件 | 光盘 \ 效果 \ 第 4 章 \4.1.5.docx |
| 视频文件 | 光盘 \ 视频 \ 第 4 章 \4.1.5  合并单元格 .mp4 |

**【操练 + 视频】——合并单元格**

STEP 01 单击“文件” | “打开”命令，打开一个 Word 文档，在表格中选择需要合并的单元格，如图 4-19 所示。

STEP 02 切换至“表格工具”中的“布局”面板，在“合并”选项板中单击“合并单元格”按钮，如图 4-20 所示。

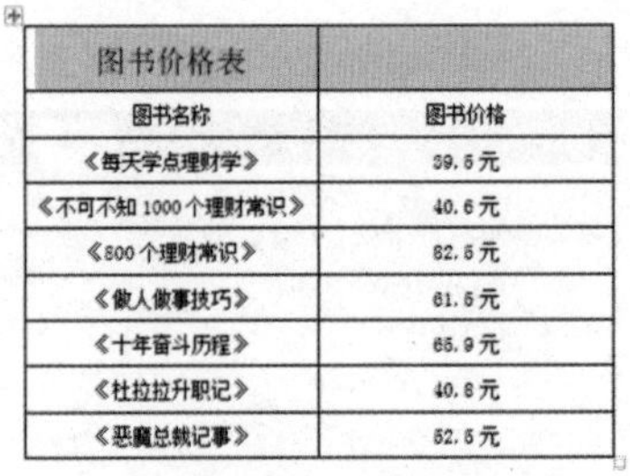

| 图书价格表 | |
|---|---|
| 图书名称 | 图书价格 |
| 《每天学点理财学》 | 39.5 元 |
| 《不可不知 1000 个理财常识》 | 40.6 元 |
| 《800 个理财常识》 | 82.5 元 |
| 《做人做事技巧》 | 61.5 元 |
| 《十年奋斗历程》 | 65.9 元 |
| 《杜拉拉升职记》 | 40.8 元 |
| 《恶魔总裁记事》 | 52.5 元 |

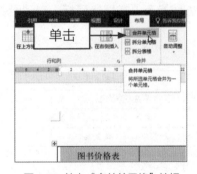

图 4-19 选择需要合并的单元格

图 4-20 单击“合并单元格”按钮

STEP 03 执行上述操作后，即可合并单元格，效果如图 4-21 所示。

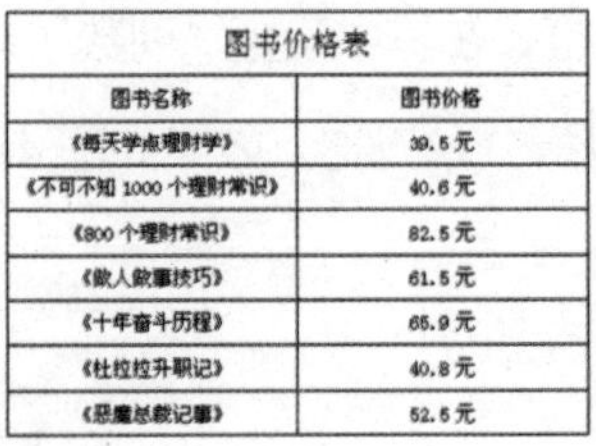

| 图书价格表 | |
|---|---|
| 图书名称 | 图书价格 |
| 《每天学点理财学》 | 39.5 元 |
| 《不可不知 1000 个理财常识》 | 40.6 元 |
| 《800 个理财常识》 | 82.5 元 |
| 《做人做事技巧》 | 61.5 元 |
| 《十年奋斗历程》 | 65.9 元 |
| 《杜拉拉升职记》 | 40.8 元 |
| 《恶魔总裁记事》 | 52.5 元 |

图 4-21 合并单元格效果

## 专家指点

选择需要合并的单元格并单击鼠标右键，在弹出的快捷菜单中选择“合并单元格”选项，也可合并单元格。

## 4.1.6 插入单元格

在 Word 2016 中，除了应用绘制表格的方式来创建复杂表格外，还可以通过插入单元格的形式来创建。下面介绍插入单元格的操作方法。

| 素材文件 | 光盘 \ 素材 \ 第 4 章 \4.1.6.docx |
|---|---|
| 效果文件 | 光盘 \ 效果 \ 第 4 章 \4.1.6.docx |
| 视频文件 | 光盘 \ 视频 \ 第 4 章 \4.1.6 插入单元格 .mp4 |

**【操练 + 视频】——插入单元格**

**STEP 01** 单击"文件"｜"打开"命令，打开一个 Word 文档，将光标定位在需要插入单元格的位置，如图 4-22 所示。

**STEP 02** 单击鼠标右键，在弹出的快捷菜单中选择"插入"｜"插入单元格"选项，如图 4-23 所示。

图 4-22 定位光标　　　　　　　图 4-23 选择"插入单元格"选项

**STEP 03** 弹出"插入单元格"对话框，选中"整列插入"单选按钮，如图 4-24 所示。

**STEP 04** 单击"确定"按钮，即可插入整列单元格，效果如图 4-25 所示。

图 4-24 选中"整列插入"单选按钮　　　　　　　图 4-25 插入单元格效果

**专家指点**

在"插入单元格"对话框中选中"整行插入"单选按钮，则在表格中插入一行。

### 4.1.7 删除单元格

创建表格或在表格中输入文本后，有时可能会有多余的单元格或不需要的文本内容，这时就需要将多余的部分删除。

删除单元格的方法很简单，只需在表格中选择要删除的单元格，切换至"布局"面板，在"行和列"选项板中单击"删除"按钮，在弹出的下拉列表中选择"删除单元格"选项，弹出"删除单元格"对话框，如图 4-26 所示。

图 4-26 "删除单元格"对话框

在该对话框中，选中"右侧单元格左移"单选按钮，则删除选定单元格后右侧的单元格向左移动到选定单元格位置。

选中"下方单元格上移"单选按钮，则删除选定单元格后下方的单元格向上移动到选定单元格位置。

**专家指点**

选中要删除的单元格并单击鼠标右键，在弹出的快捷菜单中选择"删除单元格"选项，也可以弹出"删除单元格"对话框。

### 4.1.8 插入行

使用表格时经常会出现行数不够用的情况，运用 Word 2016 提供的表格行列添加工具能很方便地完成添加行的操作。下面介绍插入行的操作方法。

| 素材文件 | 光盘 \ 素材 \ 第 4 章 \4.1.8.docx |
|---|---|
| 效果文件 | 光盘 \ 效果 \ 第 4 章 \4.1.8.docx |
| 视频文件 | 光盘 \ 视频 \ 第 4 章 \4.1.8 插入行 .mp4 |

**【操练 + 视频】——插入行**

STEP 01 单击"文件"｜"打开"命令，打开一个 Word 文档，将光标定位于需要插入行的前一行末尾，如图 4-27 所示。

STEP 02 切换至"布局"面板，在"行和列"选项板中单击"在下方插入"按钮，如图 4-28 所示。

员工工资表

| 编号 | 姓名 | 部门 | 基本工资 | 职务工资 |
|---|---|---|---|---|
| 1 | 李杉 | 销售部 | 1300 | 400 |
| 2 | 王柳 | 人事部 | 1100 | 200 |
| 3 | 李飞 | 财务部 | 1200 | 200 |
| 4 | 王方 | 企划部 | 1500 | 500 |
| 5 | 郑素 | 销售部 | 1300 | 400 |
| 6 | 刘青 | 人事部 | 1100 | 200 |

图 4-27 打开文档

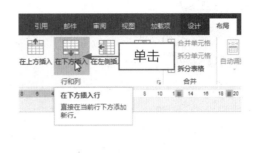

图 4-28 单击"在下方插入"按钮

**STEP 03** 执行上述操作后，即可在表格下方插入一行，效果如图 4-29 所示。

员工工资表

| 编号 | 姓名 | 部门 | 基本工资 | 职务工资 |
|---|---|---|---|---|
| 1 | 李杉 | 销售部 | 1300 | 400 |
| 2 | 王柳 | 人事部 | 1100 | 200 |
| 3 | 李飞 | 财务部 | 1200 | 200 |
| 4 | 王方 | 企划部 | 1500 | 500 |
| 5 | 郑素 | 销售部 | 1300 | 400 |
| 6 | 刘青 | 人事部 | 1100 | 200 |
|  |  |  |  |  |

图 4-29 插入行效果

**专家指点**

将光标定位于表格中要插入行的前一行末尾的结束箭头处后按【Enter】键，也可以插入新行。

## 4.1.9 插入列

插入列的方法和插入行的方法基本类似，只要熟练掌握了插入行的方法，插入列也就非常简单了。以上一例素材为例，在"基本工资"的右侧再插入一列，可用以下几种方法来完成：

＊将光标定位于"基本工资"所在列的任意位置，切换至"布局"面板，在"行和列"选项区中，单击"在右侧插入"按钮💹，即可在"基本工资"所在列的右侧插入一列。

＊将光标定位于"职务工资"所在列的任意位置，切换至"布局"面板，在"行和列"选项区中，单击"在左侧插入"按钮💹，即可在"基本工资"所在列的左侧插入一列。

＊将光标定位于"基本工资"所在列的任意位置，单击鼠标右键，在弹出的快捷菜单中，选择"插入"｜"在右侧插入列"选项，即可在"基本工资"所在列的右侧插入一列。

＊将光标定位于"职务工资"所在列的任意位置，单击鼠标右键，在弹出的快捷菜单中，选择"插入"｜"在左侧插入列"选项，也可在"基本工资"所在列的左侧插入一列。

**专家指点**

在插入列时，需要将光标定位于要插入列所在单元格的左侧或右侧。

## 4.1.10 调整行和列

在初步创建表格时，表格中每一个单元格的高度和宽度都是一样的，在表格中输入内容时，Word 文档会自动调整行高以显示输入的内容，也可以根据需要对行高和列宽进行调整。下面介绍调整行和列的操作方法。

| | |
|---|---|
| 素材文件 | 光盘 \ 素材 \ 第 4 章 \4.1.10.docx |
| 效果文件 | 光盘 \ 效果 \ 第 4 章 \4.1.10.docx |
| 视频文件 | 光盘 \ 视频 \ 第 4 章 \4.1.10 调整行和列 .mp4 |

**【操练 + 视频】——调整行和列**

STEP 01 单击“文件” | “打开”命令，打开一个 Word 文档，如图 4-30 所示。

STEP 02 将鼠标指针移至需要调整行高的行线上，此时指针呈双向箭头形状 ，如图 4-31 所示。

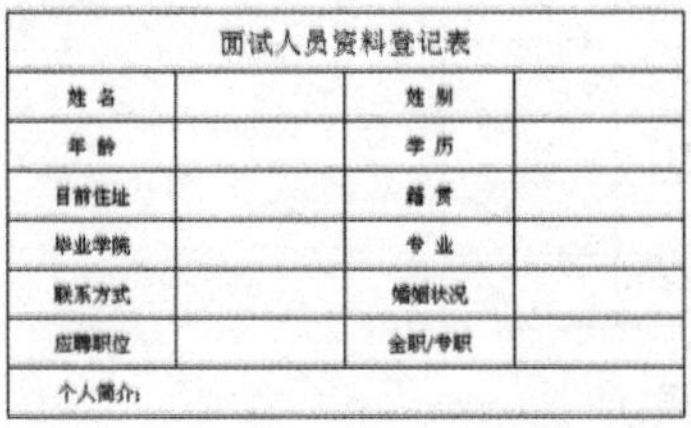


图 4-30 打开文档

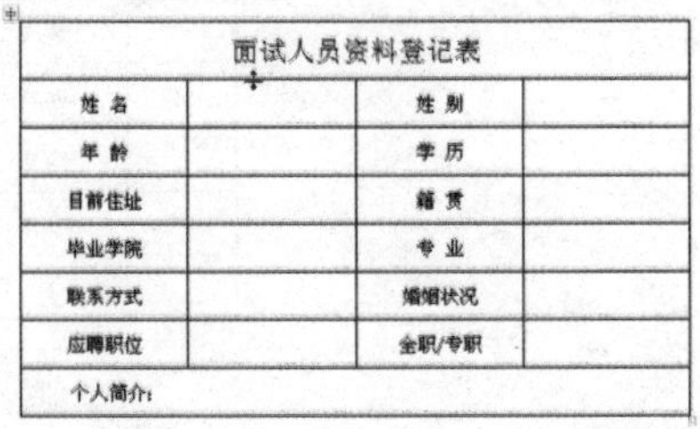


图 4-31 移动鼠标到行线上

STEP 03 单击鼠标左键并向下拖曳，此时表格行线呈虚线显示，如图 4-32 所示。

STEP 04 拖曳至合适位置后释放鼠标左键，即可调整表格行高，如图 4-33 所示。

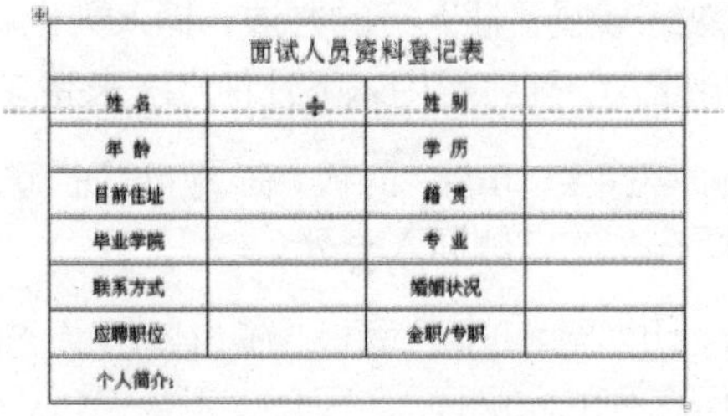


图 4-32 拖曳鼠标

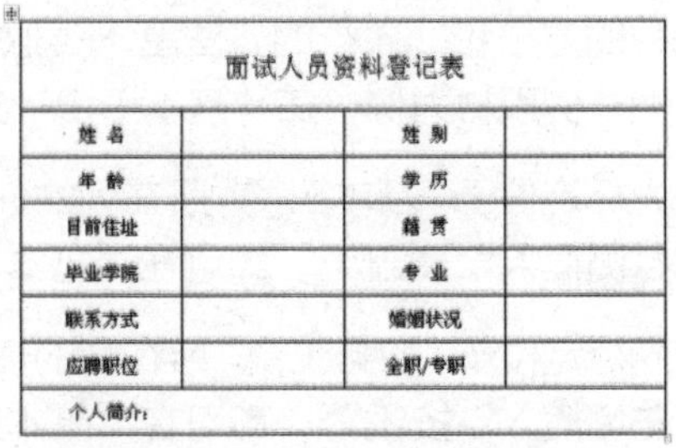


图 4-33 调整行高效果

**专家指点**

将鼠标指针移至编辑区上方标尺上的“移动表格列”滑块上单击鼠标左键拖曳，也可调整表格的列宽。

STEP 05 将鼠标指针移至需要调整列宽的列线上，此时指针呈双向箭头形状 ┅┅，单击鼠标左键并向右拖曳，此时表格列线呈虚线显示，如图 4-34 所示。

STEP 06 拖曳鼠标至合适位置后释放鼠标左键，即可调整文档中表格的列宽，效果如图 4-35 所示。

图 4-34 拖曳鼠标 　　　　　　　　　　图 4-35 调整列宽效果

# ▶ 4.2 编辑表格内容和格式

要真正完成一个表格，还需要在表格中添加内容。在表格中处理文本的方法与在普通文档中处理文本略有不同，这是因为在表格中每个单元格就是一个独立的单位，在输入的过程中 Word 2016 会根据内容的多少自动调整单元格的大小。本节主要介绍选择和移动表格文本、复制和删除表格内容、编辑边框和底纹样式，以及编辑对齐方式等内容的操作方法。

## 4.2.1 选择表格文本

对表格中的内容进行编辑之前，首先要选择编辑的对象。在表格中选择文本，多数情况下与在文档中的其他位置选择文本的方法相同，但由于表格的特殊性，在 Word 2016 中还提供了多种选择表格文本的方法。

在 Word 2016 中，可以使用快捷键对表格中的内容进行快速选取。

\* 按【Tab】键，可选定下一个单元格的内容。

\* 按【Shift + Tab】组合键，可选定上一个单元格的内容。

\* 按【Ctrl + Tab】组合键，可在单元格中插入制表符。

\* 按住【Shift】键的同时重复按键盘中的向上、向下、向左和向右方向键，可将所选内容扩展到相邻单元格。

下面介绍选择表格文本的操作方法。

| 素材文件 | 光盘 \ 素材 \ 第 4 章 \4.2.1.docx |
| --- | --- |
| 效果文件 | 无 |
| 视频文件 | 光盘 \ 视频 \ 第 4 章 \4.2.1 选择表格文本 .mp4 |

【操练 + 视频】——选择表格文本

**STEP 01** 单击"文件"｜"打开"命令，打开一个 Word 文档，将鼠标指针移至表格前，此时指针呈 ⇗ 形状，如图 4-36 所示。

**STEP 02** 单击鼠标左键并向下拖曳，拖至合适位置后释放鼠标，即可选择多行表格文本，如图 4-37 所示。

| 期末考试成绩单 | | |
|---|---|---|
| 姓 名 | 语 文 | 数 学 |
| 张 雪 | 90 | 97 |
| 罗志辉 | 85 | 93 |
| 陈 伊 | 88 | 84 |
| 刘旭明 | 83 | 87 |
| 李 轩 | 86 | 82 |
| 刘蕾文 | 89 | 89 |
| 曾宁辉 | 82 | 93 |
| 邓庆明 | 84 | 86 |

图 4-36 拖曳鼠标

| 期末考试成绩单 | | |
|---|---|---|
| 姓 名 | 语 文 | 数 学 |
| 张 雪 | 90 | 97 |
| 罗志辉 | 85 | 93 |
| 陈 伊 | 88 | 84 |
| 刘旭明 | 83 | 87 |
| 李 轩 | 86 | 82 |
| 刘蕾文 | 89 | 89 |
| 曾宁辉 | 82 | 93 |
| 邓庆明 | 84 | 86 |

图 4-37 选择多行表格文本

**专家指点**

将光标移至表格内，表格的左上角将出现 ⊞ 图标，单击 ⊞ 图标，即可选择整个单元格。将鼠标指针移至某一单元格前面单击鼠标左键，可选择该单元格中的文本。

## 4.2.2 移动表格文本

在表格中输入文本后，可以根据需要移动表格中的文本。移动文本时可用鼠标直接拖动，也可用键盘上的快捷键移动。下面介绍移动表格文本的操作方法。

| 素材文件 | 光盘 \ 素材 \ 第 4 章 \4.2.2.docx |
|---|---|
| 效果文件 | 光盘 \ 效果 \ 第 4 章 \4.2.2.docx |
| 视频文件 | 光盘 \ 视频 \ 第 4 章 \4.2.2 移动表格文本 .mp4 |

**【操练＋视频】——移动表格文本**

**STEP 01** 单击"文件"｜"打开"命令，打开一个 Word 文档，在表格中选择需要移动的表格内容，如图 4-38 所示。

**STEP 02** 单击鼠标左键并向下拖曳，此时指针呈 ⇖ 形状，如图 4-39 所示。

| 课 程 表 | | |
|---|---|---|
| | 上 午 | 下 午 |
| 星期一 | | 上机 |
| 星期二 | 法律基础 | 绘图 |
| 星期三 | 商务英语 | 上机 |
| 星期四 | 绘图 | 计算机辅助设计 |
| 星期五 | 室内设计原理 | 绘图 |
| 星期六 | 计算机辅助设计 | |

图 4-38 选择表格内容

| 课 程 表 | | |
|---|---|---|
| | 上 午 | 下 午 |
| 星期一 | | 上机 |
| 星期二 | 法律基础 | 绘图 |
| 星期三 | 商务英语 | 上机 |
| 星期四 | 绘图 | 计算机辅助设计 |
| 星期五 | 室内设计原理 | 绘图 |
| 星期六 | 计算机辅助设计 | |

图 4-39 拖曳鼠标

STEP 03 拖曳至合适位置后释放鼠标左键，即可完成移动文本的操作，效果如图 4-40 所示。

| 课 程 表 | | |
|---|---|---|
| | 上 午 | 下 午 |
| 星期一 | 计算机辅助设计 | 上机 |
| 星期二 | 法律基础 | 绘图 |
| 星期三 | 商务英语 | 上机 |
| 星期四 | 绘图 | 计算机辅助设计 |
| 星期五 | 室内设计原理 | 绘图 |
| 星期六 | | |

图 4-40 移动文本效果

**专家指点**

使用键盘在表格中移动插入点的方法有多种，具体如下：

* 按【Alt + End】组合键，将插入点移至最后一个单元格。

* 按【Alt + Page Up】组合键，将插入点移至本列的第一个单元格。

* 按【Alt + Page Down】组合键，将插入点移至本列的最后一个单元格。

## 4.2.3 复制表格文本内容

在编辑表格数据时，有时需要复制表格中的数据，在 Word 2016 中，可以运用如下方法对表格中的数据进行复制。下面介绍复制表格文本内容的操作方法。

| | 素材文件 | 光盘 \ 素材 \ 第 4 章 \4.2.3.docx |
|---|---|---|
| | 效果文件 | 光盘 \ 效果 \ 第 4 章 \4.2.3.docx |
| | 视频文件 | 光盘 \ 视频 \ 第 4 章 \4.2.3 复制表格文本内容 .mp4 |

**【操练 + 视频】——复制表格文本内容**

STEP 01 单击"文件"｜"打开"命令，打开一个 Word 文档，在表格中选择需要复制的表格内容，如图 4-41 所示。

STEP 02 在"开始"面板的"剪贴板"选项板中单击"复制"按钮，如图 4-42 所示。

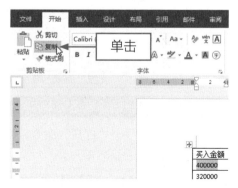

图 4-41 选择表格内容        图 4-42 单击"复制"按钮

**STEP 03** 将鼠标指针定位在需要移动的位置，如图 4-43 所示。

**STEP 04** 在"剪贴板"选项板中单击"粘贴"按钮，如图 4-44 所示。

图 4-43 定位光标

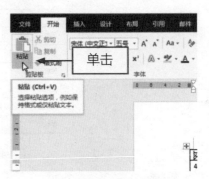

图 4-44 单击"粘贴"按钮

**STEP 05** 执行操作后，即可复制表格中的数据内容，如图 4-45 所示。

**STEP 06** 采用同样的方法，可以快速地复制其他表格中的数据，最终效果如图 4-46 所示。

| 买入金额 | 卖出金额 | 收益情况 |
| --- | --- | --- |
| 400000 | 520000 | 120000 |
| 320000 | 400000 | 80000 |
| 300000 | 320000 | 20000 |
| 340000 | 320000 | 20000 |
| 380000 | 360000 | 20000 |
| 300000 | 320000 | 20000 |
| 400000 | | |
| 340000 | 320000 | 20000 |

图 4-45 复制数据内容

| 买入金额 | 卖出金额 | 收益情况 |
| --- | --- | --- |
| 400000 | 520000 | 120000 |
| 320000 | 400000 | 80000 |
| 300000 | 320000 | 20000 |
| 340000 | 320000 | 20000 |
| 380000 | 360000 | 20000 |
| 300000 | 320000 | 20000 |
| 400000 | 520000 | 120000 |
| 340000 | 320000 | 20000 |

图 4-46 最终效果

## 📐 4.2.4 删除表格文本内容

在 Word 2016 中，可以对不需要的表格内容进行删除操作。删除表格内容可以用鼠标操作，也可以通过键盘来删除。通常情况下，为了节省工作时间，都通过键盘来删除，按【Delete】键即可快速删除。下面介绍删除表格文本内容的操作方法。

| | 素材文件 | 光盘 \ 素材 \ 第 4 章 \4.2.4.docx |
| --- | --- | --- |
| | 效果文件 | 光盘 \ 效果 \ 第 4 章 \4.2.4.docx |
| | 视频文件 | 光盘 \ 视频 \ 第 4 章 \4.2.4 删除表格文本内容 .mp4 |

**【操练 + 视频】——删除表格文本内容**

**STEP 01** 单击"文件"｜"打开"命令，打开一个 Word 文档，在表格中选择需要删除的表格内容，如图 4-47 所示。

**STEP 02** 按键盘上的【Delete】键，即可将表格中所选中的数据进行删除操作，效果如图 4-48 所示。

| 买入金额 | 卖出金额 | 收益情况 |
|---|---|---|
| 400000 | 520000 | 120000 |
| 320000 | 400000 | 80000 |
| 300000 | 320000 | 20000 |
| 340000 | 320000 | 20000 |
| 380000 | 360000 | 20000 |
| 300000 | 320000 | 20000 |
| 400000 | 520000 | 120000 |
| 340000 | 320000 | 20000 |

图 4-47 选择表格内容

| 买入金额 | 卖出金额 | 收益情况 |
|---|---|---|
| 400000 | 520000 | 120000 |
|  |  |  |
| 300000 | 320000 | 20000 |
| 340000 | 320000 | 20000 |
| 380000 | 360000 | 20000 |
| 300000 | 320000 | 20000 |
| 400000 | 520000 | 120000 |
| 340000 | 320000 | 20000 |

图 4-48 删除表格内容效果

##  4.2.5 编辑表格边框样式

用户可以利用自动套用格式来给表格添加边框，但有时所添加的边框并不是用户所需要的，这时就必须自己编辑和设置表格的边框。

另外，对于设置了边框样式的表格，还可以根据需要随时进行调整。其中，可以对其进行修改的选项包括以下几个方面：

* "样式"下拉列表框：在其中提供了多种表格样式。

* "颜色"选项：在其中可以设置表格的边框颜色。

* "宽度"选项：该选项用于设置边框的宽度。

下面介绍编辑表格边框样式的操作方法。

| 素材文件 | 光盘 \ 素材 \ 第 4 章 \4.2.5.docx |
|---|---|
| 效果文件 | 光盘 \ 效果 \ 第 4 章 \4.2.5.docx |
| 视频文件 | 光盘 \ 视频 \ 第 4 章 \4.2.5 编辑表格边框样式 .mp4 |

**【操练＋视频】——编辑表格边框样式**

**STEP 01** 在 Word 2016 工作界面中单击 "文件" ｜ "打开" 命令，打开一个 Word 文档，如图 4-49 所示。

**STEP 02** 单击表格左上角的⊞图标，选择整个表格。切换至 "设计" 面板，单击 "边框" 选项板中的 "边框和底纹" 属性按钮 ，如图 4-50 所示。

| 星期一 | 星期二 | 星期三 | 星期四 | 星期五 |
|---|---|---|---|---|
| 历史 | 政治 | 历史 | 生物 | 化学 |
| 地理 | 生物 | 数学 | 化学 | 物理 |
| 语文 | 化学 | 语文 | 体育 | 地理 |
| 数学 | 地理 | 体育 | 政治 | 数学 |
| 美术 | 音乐 | 数学 | 地理 | 语文 |
| 生物 | 语文 | 音乐 | 数学 | 美术 |

图 4-49 打开文档

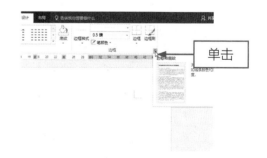

图 4-50 单击 "边框和底纹" 属性按钮

**STEP 03** 弹出 "边框和底纹" 对话框，在 "边框" 选项卡下的 "样式" 下拉列表框中选择相应的表格边框样式，如图 4-51 所示。

STEP 04 单击"确定"按钮，即可为表格设置边框，效果如图 4-52 所示。

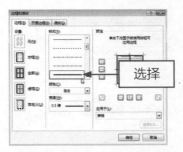

图 4-51 "边框和底纹"对话框

| 星期一 | 星期二 | 星期三 | 星期四 | 星期五 |
|---|---|---|---|---|
| 历史 | 政治 | 历史 | 生物 | 化学 |
| 地理 | 生物 | 数学 | 化学 | 物理 |
| 语文 | 化学 | 语文 | 体育 | 地理 |
| 数学 | 地理 | 体育 | 政治 | 数学 |
| 美术 | 音乐 | 数学 | 地理 | 语文 |
| 生物 | 语文 | 音乐 | 数学 | 美术 |

图 4-52 编辑表格边框效果

**专家指点**

　　还可以根据需要设置边框的外框样式，主要包括"无"、"方框"、"全部"、"虚框"和"自定义"5 个样式。

　　在"边框和底纹"对话框中还可以为设置的边框添加颜色，默认颜色为黑色。

## 4.2.6 编辑表格底纹样式

　　在 Word 2016 中，可以设置相应的底纹效果，以便美化表格，使表格显示出特殊的效果。下面介绍编辑表格底纹样式的操作方法。

| 素材文件 | 光盘 \ 素材 \ 第 4 章 \4.2.6.docx |
|---|---|
| 效果文件 | 光盘 \ 效果 \ 第 4 章 \4.2.6.docx |
| 视频文件 | 光盘 \ 视频 \ 第 4 章 \4.2.6 编辑表格底纹样式 .mp4 |

**【操练 + 视频】——编辑表格底纹样式**

STEP 01 在 Word 2016 工作界面中单击"文件"｜"打开"命令，打开一个 Word 文档，如图 4-53 所示。

STEP 02 单击表格左上角的 ⊞ 图标，选择整个表格。切换至"表格工具"中的"设计"面板，单击"边框"选项板中的"边框和底纹"属性按钮 ⌐，弹出"边框和底纹"对话框，切换至"底纹"选项卡，单击"填充"右侧的下拉按钮，在弹出的列表框中选择相应的颜色，如图 4-54 所示。

### 78 班花名册

| 章 键 | 文 芳 | 韩 文 |
|---|---|---|
| 李 洁 | 刘 也 | 邝 奇 |
| 李 昊 | 张 康 | 戴 军 |
| 彭 文 | 姚 林 | 周文涛 |
| 范 勇 | 段 峰 | 李 娟 |

图 4-53 打开文档

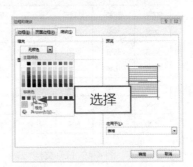

图 4-54 选择填充颜色

**STEP 03** 单击"确定"按钮，即可为表格添加底纹，如图 4-55 所示。

|  |  |  |
|---|---|---|
| 78 班花名册 | | |
| 章 键 | 文 芳 | 韩 文 |
| 李 浩 | 刘 也 | 邝 奇 |
| 李 昊 | 张 康 | 戴 军 |
| 彭 文 | 姚 林 | 周文涛 |
| 范 勇 | 段 峰 | 李 娟 |

图 4-55 添加表格底纹效果

对于设置了表格底纹的表格，还可以根据需要修改表格的底纹。

除了进行填充颜色外，还可以设置相应的图案样式，以作为表格的底纹。在"图案"选项区中单击"样式"右侧的下拉按钮，在弹出的下拉列表中选择相应的底纹样式，如图 4-56 所示。

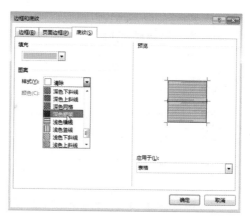

图 4-56 选择底纹样式

设置了相应样式后，其下方的"颜色"选项被激活，还可以根据需要进行相应的颜色设置。

## 4.2.7 编辑表格对齐方式

由于表格中每个单元格相当于一个小文档，因此能对选定的单元格、多个单元格、行或列中的文档进行文档的对齐操作，包括左对齐、右对齐、两端对齐、居中对齐和分散对齐等对齐方式。下面介绍编辑表格对齐方式的操作方法。

| 素材文件 | 光盘 \ 素材 \ 第 4 章 \4.2.7.docx |
|---|---|
| 效果文件 | 光盘 \ 效果 \ 第 4 章 \4.2.7.docx |
| 视频文件 | 光盘 \ 视频 \ 第 4 章 \4.2.7 编辑表格对齐方式 .mp4 |

【操练 + 视频】——编辑表格对齐方式

**STEP 01** 单击"文件"｜"打开"命令，打开一个 Word 文档，在表格中选择需要设置对齐的表格内容，如图 4-57 所示。

STEP 02 在“开始”面板的“段落”选项板中单击“居中”按钮，如图 4-58 所示。

| 数据统计表 | | | | |
|---|---|---|---|---|
| | 一月 | 二月 | 三月 | 平均值 |
| 东部 | 57 | 62 | 51 | 56.7 |
| 西部 | 58 | 69 | 71 | 66.0 |
| 南部 | 82 | 58 | 62 | 67.3 |
| 华南 | 60 | 64 | 57 | 60.3 |

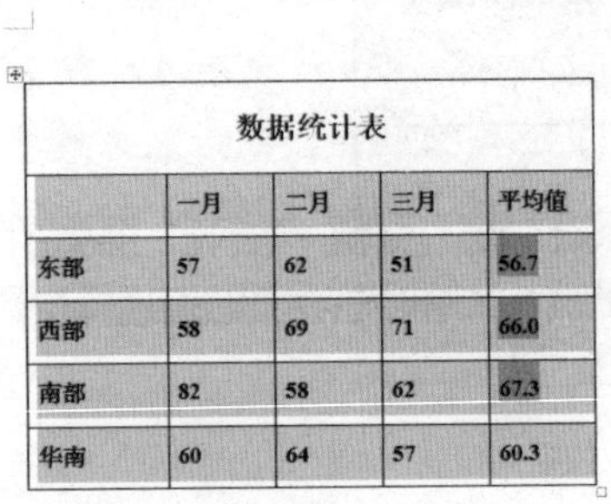

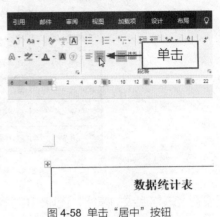

图 4-57 选择表格内容

图 4-58 单击“居中”按钮

STEP 03 执行上述操作后，即可设置表格内容为水平居中，效果如图 4-59 所示。

| 数据统计表 | | | | |
|---|---|---|---|---|
| | 一月 | 二月 | 三月 | 平均值 |
| 东部 | 57 | 62 | 51 | 56.7 |
| 西部 | 58 | 69 | 71 | 66.0 |
| 南部 | 82 | 58 | 62 | 67.3 |
| 华南 | 60 | 64 | 57 | 60.3 |

图 4-59 设置表格内容水平居中后的效果

**专家指点**

如果想要对整个表格进行统一的对齐方式设置，还可以选中表格，切换至“布局”面板，在“单元格大小”选项板中单击“表格属性”按钮，在弹出的“表格属性”对话框中的“对齐方式”选项区中选择相应的对齐方式，单击“确定”按钮，即可完成整个表格对齐方式的编辑。

## 4.2.8 设置表格套用格式

在 Word 2016 中，不仅可以自定义设置表格样式，还可以自动套用表格样式和单元格格式，使表格效果更加美观。

在选择表格的情况下切换至“设计”面板，在“表格样式”选项板的下拉列表框中选择并单击相应的表格样式，即可完成自动套用表格格式。以上一例的效果文件为例，如图 4-60 所示为自动套用表格格式的操作和效果。

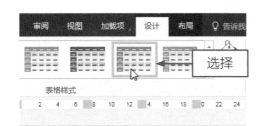

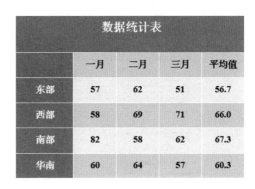

图 4-60 自动套用表格格式

在 Word 2016 中，还可以根据需要修改套用的格式。下面介绍设置表格套用格式的操作方法。

| 素材文件 | 光盘 \ 素材 \ 第 4 章 \4.2.8.docx |
|---|---|
| 效果文件 | 光盘 \ 效果 \ 第 4 章 \4.2.8.docx |
| 视频文件 | 光盘 \ 视频 \ 第 4 章 \4.2.8 设置表格套用格式 .mp4 |

**【操练 + 视频】——设置表格套用格式**

STEP 01 单击"文件"丨"打开"命令，打开一个 Word 文档，选择文档中的表格，如图 4-61 所示。

STEP 02 在"表格工具"中单击"设计"标签，在"表格样式"选项板中单击"其他"按钮，在弹出的下拉列表中选择"修改表格样式"选项，如图 4-62 所示。

图 4-61 选择表格

图 4-62 选择"修改表格样式"选项

STEP 03 弹出"修改样式"对话框，如图 4-63 所示。

STEP 04 在"格式"选项区中设置相应的参数，如图 4-64 所示。

STEP 05 单击"确定"按钮，即可修改套用的格式，效果如图 4-65 所示。

图 4-63 "修改样式"对话框

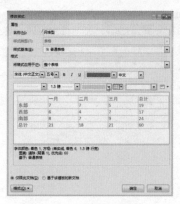
图 4-64 设置样式参数

图 4-65 最终效果

## 4.2.9 将表格转换为文本

在日常工作中，常常需要将表格中的内容转换为文本的形式，以节省工作时间。使用 Word 2016 可以非常方便地将表格转换为文本。下面介绍将表格转换为文本的操作方法。

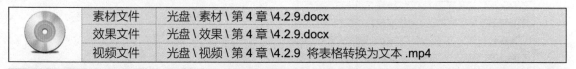

| | |
|---|---|
| 素材文件 | 光盘 \ 素材 \ 第 4 章 \4.2.9.docx |
| 效果文件 | 光盘 \ 效果 \ 第 4 章 \4.2.9.docx |
| 视频文件 | 光盘 \ 视频 \ 第 4 章 \4.2.9 将表格转换为文本 .mp4 |

【操练 + 视频】——将表格转换为文本

STEP 01 单击"文件"|"打开"命令，打开一个 Word 文档，选择文档中的整个表格，如图 4-66 所示。

STEP 02 切换至"布局"面板，在"数据"选项板中单击"转换为文本"按钮，如图 4-67 所示。

STEP 03 弹出"表格转换成文本"对话框，在"文字分隔符"选项区中选中"制表符"单选按钮，如图 4-68 所示。

STEP 04 单击"确定"按钮，即可将表格转换为文本，如图 4-69 所示。

图 4-66 选择表格

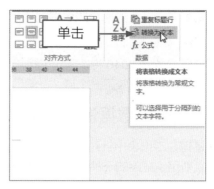

图 4-67 单击"转换为文本"按钮

图 4-68 选中"制表符"单选按钮

图 4-69 转换效果

## 4.3 数据排序和计算操作

在日常工作中，常常要对表格中的数据进行排序，Word 2016 提供了方便的排序功能。此外，利用表格的计算功能还可以对表格中的数据进行一些简单的运算。本节主要介绍排序方式与规则，对表格数据进行排序，以及计算表格数据等内容。

### 4.3.1 了解排序方式与规则

在进行复杂的排序时，Word 2016 会根据一定的排序方式与规则进行排序，其中包括以下内容：

* 文字：Word 2016 首先排序以标点或符号开头的项目（如！、#、&或%），随后是以数字开头的项目，最后是以字母开头的项目。

* 数字：Word 2016 忽略数字外的其他所有字符，数字可在段落中的任何位置。

* 日期：Word 2016 可以将下列字符识别为有效的日期分隔符：连字符、斜线（\）、逗号和句号。同时，Word 2016 可以将冒号（：）识别为有效的时间分隔符。如果 Word 2016 无法识别一个日期或时间，那么它就会将该项目放置在列表的开头或结尾（依照升序或降序的排列方式）。

* 特定的语言：Word 2016 可根据语言的排序规则进行排序，某些特定的语言有不同的排序规则供用户选择。

＊ 以相同字符开头的两个或更多的项目：Word 2016 将比较各项目中的后续字符，以决定排序次序。

＊ 域结果：Word 2016 将按指定的排序选项对域结果进行排序。如果两个项目中的某个域（如姓氏）完全相同，将比较下一个域。

## 4.3.2 对表格数据进行排序

排序是指在二维表中针对某列的特性（如数字的大小、文字的拼音或笔画等）对二维表中的数据进行重新组织顺序的一种方法。在 Word 2016 中，可以方便地对表格中的数据进行排序操作。不仅可以对表格中某个指定的列进行排序，也可以选择两个或多个列进行排序。下面介绍对表格数据进行排序的操作方法。

| 素材文件 | 光盘 \ 素材 \ 第 4 章 \4.3.2.docx |
| --- | --- |
| 效果文件 | 光盘 \ 效果 \ 第 4 章 \4.3.2.docx |
| 视频文件 | 光盘 \ 视频 \ 第 4 章 \4.3.2 对表格数据进行排序 .mp4 |

**【操练 + 视频】——对表格数据进行排序**

STEP 01 单击"文件"│"打开"命令，打开一个 Word 文档，选择文档中的整个表格，如图 4-70 所示。

STEP 02 单击"布局"标签，切换至"布局"面板，在"数据"选项板中单击"排序"按钮 ⥮，如图 4-71 所示。

图 4-70 选择表格                图 4-71 单击"排序"按钮

**专家指点**

在表格中选择需要排序的内容，在"开始"面板的"段落"选项板中，单击"排序"按钮 ⥮，也可以弹出"排序"对话框。

STEP 03 弹出"排序"对话框，在"主要关键字"选项区中单击"类型"下拉按钮，在弹出的下拉列表中选择"数字"选项，如图 4-72 所示。

STEP 04 选中"升序"单选按钮，如图 4-73 所示。

STEP 05 单击"确定"按钮，即可对选中的表格内容进行排序，效果如图 4-74 所示。

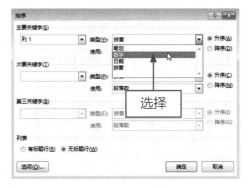

图 4-72 选择"数字"选项

图 4-73 选中"升序"单选按钮

| 计算机图书销售表 | | | |
|---|---|---|---|
| 月份 | 图书类型 | 销售地区 | 销售额 |
| 1 月 | 编程类 | 开福区 | 4900 |
| 1 月 | 语言类 | 开福区 | 7300 |
| 1 月 | 编程类 | 岳麓区 | 8700 |
| 1 月 | 心理类 | 岳麓区 | 4900 |
| 1 月 | 图形图像类 | 岳麓区 | 4900 |
| 2 月 | 编程类 | 岳麓区 | 6700 |
| 2 月 | 语言类 | 天心区 | 6900 |
| 2 月 | 计算机基础 | 天心区 | 8600 |
| 2 月 | 心理类 | 岳麓区 | 6700 |
| 2 月 | 图形图像类 | 开福区 | 6700 |
| 3 月 | 编程类 | 岳麓区 | 5600 |
| 4 月 | 计算机基础 | 岳麓区 | 9500 |

图 4-74 表格排序效果

## 4.3.3 计算表格数据

在 Word 2016 表格中可以快速执行一些简单的运算，例如，可以计算行或列中数值的总和等。下面介绍计算表格数据的操作方法。

| 素材文件 | 光盘 \ 素材 \ 第 4 章 \4.3.3.docx |
|---|---|
| 效果文件 | 光盘 \ 效果 \ 第 4 章 \4.3.3.docx |
| 视频文件 | 光盘 \ 视频 \ 第 4 章 \4.3.3 计算表格数据 .mp4 |

**【操练 + 视频】——计算表格数据**

STEP 01 单击"文件" | "打开"命令，打开一个 Word 文档，如图 4-75 所示。

STEP 02 将光标定位于需要计算结果的单元格中，如图 4-76 所示。

STEP 03 单击"布局"标签，切换至 "布局"面板，在"数据"选项板中单击"公式"按钮，如图 4-77 所示。

STEP 04 弹出"公式"对话框，在"公式"文本框中将显示计算参数，如图 4-78 所示。

STEP 05 单击"确定"按钮，即可计算表格数据，如图 4-79 所示。

STEP 06 采用同样的方法，在表格中计算其他数据结果，如图 4-80 所示。

### 销售人员收入核算
2011 年 12 月

| 销售人员 | 基本工资 | 补贴 | 销售提成 | 应得收入 |
|---|---|---|---|---|
| 张存 | 1200 | 100 | 6000 | |
| 邓灵 | 1200 | 100 | 3500 | |
| 陈鑫 | 1200 | 100 | 6500 | |
| 曾平 | 1200 | 100 | 7000 | |
| 王慧 | 1200 | 100 | 5600 | |

图 4-75 打开文档

### 销售人员收入核算
2011 年 12 月

| 销售人员 | 基本工资 | 补贴 | 销售提成 | 应得收入 |
|---|---|---|---|---|
| 张存 | 1200 | 100 | 6000 | I |
| 邓灵 | 1200 | 100 | 3500 | |
| 陈鑫 | 1200 | 100 | 6500 | |
| 曾平 | 1200 | 100 | 7000 | |
| 王慧 | 1200 | 100 | 5600 | |

图 4-76 定位光标

图 4-77 单击"公式"按钮

图 4-78 "公式"对话框

### 销售人员收入核算
2011 年 12 月

| 销售人员 | 基本工资 | 补贴 | 销售提成 | 应得收入 |
|---|---|---|---|---|
| 张存 | 1200 | 100 | 6000 | 7300 |
| 邓灵 | 1200 | 100 | 3500 | |
| 陈鑫 | 1200 | 100 | 6500 | |
| 曾平 | 1200 | 100 | 7000 | |
| 王慧 | 1200 | 100 | 5600 | |

图 4-79 计算表格数据

### 销售人员收入核算
2011 年 12 月

| 销售人员 | 基本工资 | 补贴 | 销售提成 | 应得收入 |
|---|---|---|---|---|
| 张存 | 1200 | 100 | 6000 | 7300 |
| 邓灵 | 1200 | 100 | 3500 | 4800 |
| 陈鑫 | 1200 | 100 | 6500 | 7800 |
| 曾平 | 1200 | 100 | 7000 | 8300 |
| 王慧 | 1200 | 100 | 5600 | 6900 |

图 4-80 完成计算操作

**专家指点**

对一组横排数据进行求和计算时，单击"公式"按钮，如果弹出的"公式"对话框中显示" = SUM（ABOVE）"，可将 ABOVE 更改为 LEFT，以计算该行的数据总和。

# CHAPTER 5

## 玩转文档输出设置：预览与打印

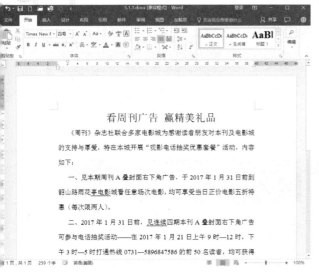

## 章前知识导读

用户经常需要将编辑好的 Word 文档打印出来，要进行文档的打印，就需要对页面和文档打印方式进行设置。本章主要向读者介绍设置页面及其版式、预览和打印文档内容的操作方法。

## 新手重点索引

- 设置文本文档页面
- 设置文档页面版式
- 预览与打印文档

# ▶ 5.1 设置文本文档页面

在 Word 2016 中，除了字符和段落外，页面设置也是影响文档外观的一个重要因素。因此，创建精美版式的第一步就是要为文档设置页面，即通过设置页边距和页面方向来调整文档页面。本节主要向读者介绍设置文档页面效果等操作，通过对本节的学习，让读者可以更深入而熟练地掌握页面设置的操作方法和技巧。

## ■ 5.1.1 编辑纸张尺寸

若创建的文档需要打印出来，则在设置页面大小时应选用与打印机中打印对应的纸张大小。下面介绍编辑纸张尺寸的操作方法。

| 素材文件 | 光盘 \ 素材 \ 第 5 章 \5.1.1.docx |
|---|---|
| 效果文件 | 光盘 \ 效果 \ 第 5 章 \5.1.1.docx |
| 视频文件 | 光盘 \ 视频 \ 第 5 章 \5.1.1 编辑纸张尺寸 .mp4 |

### ◣ 【操练 + 视频】——编辑纸张尺寸

`STEP 01` 在 Word 2016 工作界面中单击"文件"｜"打开"命令，打开一个 Word 文档，如图 5-1 所示。

`STEP 02` 单击"布局"标签，切换至"布局"面板，如图 5-2 所示。

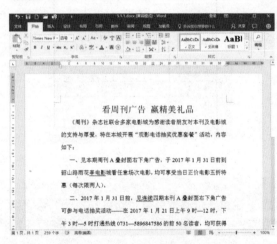

图 5-1 打开文档                图 5-2 切换至"布局"面板

### 专家指点

一般情况下，新建文档时 Word 默认的纸张大小为 A4 类型。

如果需要使用特定的纸型，可以在"纸张"选项卡中的"宽度"和"高度"数值框中输入或选择相应的数值；在"纸张来源"选项区中可以指定打印机中纸张的来源，系统默认选择的是"默认纸盒（自动选择）"选项。

还可以通过在"纸张大小"下拉列表框中选择"其他页面大小"选项，自定义纸张尺寸。

`STEP 03` 在"页面设置"选项板中单击"纸张大小"下拉按钮，在弹出的下拉列表中选择 B5

选项，如图 5-3 所示。

**STEP 04** 执行操作后，即可应用所设置的纸张大小，如图 5-4 所示。

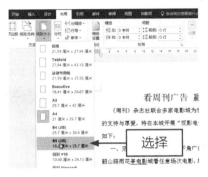

图 5-3 选择 B5 选项

图 5-4 应用纸型效果

## 5.1.2 编辑页边距

页边距是指文档页面四周空白位置的尺寸大小。用户可以在页边距范围内的可打印区域中插入文本内容和图形图像，也可以将一些页面必须具备的项目置于页边距区域中，如页眉、页脚和页码等。如果页边距设置得太窄，打印机将无法打印纸张边缘的文档内容，从而导致打印不完整。

通过编辑页边距可以调整文档或当前小节的边距大小。Word 2016 预设了多种页边距样式，可以帮助用户快速设置文档的页边距，从而使打印出来的文档更加规范。下面介绍编辑页边距的操作方法。

| | | |
|---|---|---|
| 素材文件 | 光盘 \ 素材 \ 第 5 章 \5.1.2.docx | |
| 效果文件 | 光盘 \ 效果 \ 第 5 章 \5.1.2.docx | |
| 视频文件 | 光盘 \ 视频 \ 第 5 章 \5.1.2 编辑页边距 .mp4 | |

**【操练 + 视频】——编辑页边距**

**STEP 01** 在 Word 2016 工作界面中单击"文件" | "打开"命令，打开一个 Word 文档，如图 5-5 所示。

**STEP 02** 单击"布局"标签，切换至 "布局"面板，在"页面设置"选项板中单击"页边距"下拉按钮，如图 5-6 所示。

图 5-5 打开文档

图 5-6 单击"页边距"按钮

页边距太窄会影响文档的装订，太宽则会影响美观，且浪费纸张。一般情况下，如果使用 A4 纸张进行打印，可用 Word 提供的默认值。

**STEP 03** 在弹出的下拉列表中选择"宽"选项，如图 5-7 所示。

**STEP 04** 执行操作后，即可设置页边距，效果如图 5-8 所示。

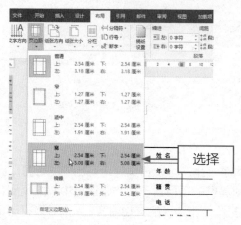

图 5-7 选择"宽"选项

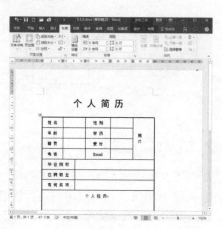

图 5-8 编辑页边距

除了上述方法外，还可以在"页边距"下拉列表中选择"自定义边距"选项，自定义设置页边距的大小。

## 5.1.3 编辑页边框

在 Word 2016 中，为了使打印出来的文档更加吸引眼球，可根据需要为文档添加页边框，设置页边框可以为打印出来的文档增加效果。下面介绍编辑页边框的操作方法。

| | | |
|---|---|---|
| 素材文件 | 光盘 \ 素材 \ 第 5 章 \5.1.3.docx | |
| 效果文件 | 光盘 \ 效果 \ 第 5 章 \5.1.3.docx | |
| 视频文件 | 光盘 \ 视频 \ 第 5 章 \5.1.3 编辑页边框 .mp4 | |

【操练 + 视频】——编辑页边框

**STEP 01** 在 Word 2016 工作界面中单击"文件"|"打开"命令，打开一个 Word 文档，如图 5-9 所示。

**STEP 02** 单击"设计"标签，切换至"设计"面板，在"页面背景"选项板中单击"页面边框"按钮，如图 5-10 所示。

**STEP 03** 弹出"边框和底纹"对话框，切换至"页面边框"选项卡，在"艺术型"下拉列表框中选择相应的效果，如图 5-11 所示。

**STEP 04** 单击"确定"按钮，即可设置页面边框效果，如图 5-12 所示。

图 5-9 打开文档

图 5-10 单击"页面边框"按钮

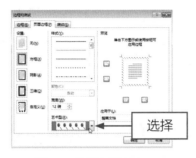

图 5-11 选择边框效果

图 5-12 编辑页边框效果

**专家指点**

在"页面边框"选项卡中单击"宽度"右侧的微调控制柄，可以调整页面边框的宽度。

除了使用艺术型页面边框外，还可以在"样式"列表框中为页面边框选择其他的线型样式。

## 5.1.4 编辑页面方向

在 Word 2016 中，系统默认的页面方向是"纵向"，用户可以根据需要将页面方向设置为"横向"。下面介绍编辑页面方向的操作方法。

| 素材文件 | 光盘 \ 素材 \ 第 5 章 \5.1.4.docx |
| 效果文件 | 光盘 \ 效果 \ 第 5 章 \5.1.4.docx |
| 视频文件 | 光盘 \ 视频 \ 第 5 章 \5.1.4 编辑页面方向 .mp4 |

**【操练 + 视频】——编辑页面方向**

**STEP 01** 在 Word 2016 工作界面中单击"文件"｜"打开"命令，打开一个 Word 文档，如图 5-13 所示。

**STEP 02** 切换至"布局"面板，在"页面设置"选项板中单击"纸张方向"下拉按钮，如图 5-14 所示。

**专家指点**

在 Word 2016 中，除了可以应用本小节介绍的方法来编辑页面方向之外，还可以通过其他方法来完成该操作，如：单击"布局"标签，在"布局"面板的"页面设置"选项区中单击右侧的"页面设置"按钮，弹出"页面设置"对话框，切换至"页边距"选项卡，在"纸张方向"选项区中选择相应的纸张方向。

| 图 5-13 打开文档 | 图 5-14 单击"纸张方向"按钮 |

**STEP 03** 在弹出的下拉列表中选择"横向"选项，如图 5-15 所示。

**STEP 04** 执行操作后，即可将页面方向设置为横向，对文档进行适当调整，效果如图 5-16 所示。

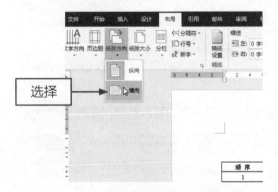

| 图 5-15 选择"横向"选项 | 图 5-16 设置横向页面方向 |

## 5.1.5 编辑文档网格

选择好纸型后，Word 2016 会根据选择的纸张设置默认每页中所包含的字符数和行数。还可以通过设置文档的网格来自定义设置行数和字符数。

设置网格之前，首先需要将设置网格的文档打开，然后切换至"布局"面板，在"页面设置"选项区中单击右侧的"页面设置"按钮 ，弹出"页面设置"对话框，切换至"文档网格"选项卡，选中"网格"选项区中的"指定行和字符网格"单选按钮，如图 5-17 所示。

选中"指定行和字符网格"单选按钮后，可以执行以下操作：

\* 设置每行的字符数 在"字符"项下的"每行"数值框中设置每行字符数，字符跨度会自动调整，以适应更改的设置。

\* 设置每页行数：在"行"项下的"每页"数值框中设置每页行数，行的跨度会自动调整，以适应更改的设置。

\* 设置字符跨度：在"字符"项下的"跨度"数值框中输入以"磅"为单位的字符间距值，每行的字符数将会自动更改，以适应更改的设置。

图 5-17 "页面设置"对话框

\* 设置行距：在"行"项下的"跨度"数值框中输入以"磅"为单位的行间距值，每页的行数将会自动更改，以适应更改的设置。

专家指点

在"文档网格"选项卡的"网格"选项区中选中"无网格"单选按钮，将按照 Word 中对当前使用纸张的默认值设置字符数和行数。

## 5.1.6 编辑页面属性

在 Word 2016 中，通过为文档设置版式可以使文档中的不同页使用不同的页眉和页脚，还可以设置文档的打印边框、打印时显示每页的行号等页面属性。下面介绍编辑页面属性的操作方法。

| 素材文件 | 光盘 \ 素材 \ 第 5 章 \5.1.6.docx |
|---|---|
| 效果文件 | 光盘 \ 效果 \ 第 5 章 \5.1.6.docx |
| 视频文件 | 光盘 \ 视频 \ 第 5 章 \5.1.6 编辑页面属性 .mp4 |

【操练 + 视频】——编辑页面属性

STEP 01 在 Word 2016 工作界面中单击"文件"｜"打开"命令，打开一个 Word 文档，如图 5-18 所示。

STEP 02 切换至"布局"面板，在"页面设置"选项板中单击"页面设置"按钮 ，如图 5-19 所示。

图 5-18 打开文档

图 5-19 单击"页面设置"按钮

**STEP 03** 弹出"页面设置"对话框，切换至"版式"选项卡，在"节"选项区中单击"节的起始位置"右侧的下拉按钮，在弹出的下拉列表中可对节的起始位置进行选择，如图 5-20 所示。

**STEP 04** 设置完成后，单击"确定"按钮，即可设置节的起点位置，如图 5-21 所示。

图 5-20 设置相应参数

图 5-21 单击"确定"按钮

在"版式"选项卡的"节的起始位置"下拉列表框中，各主要选项的含义如下：

* "连续本页"选项：将本节前的分节符设置为"连续"类型，将本节同前一页连接起来。

* "新建栏"选项：将本节前的分节符设置为"分栏"类型，新节从下一栏开始。

* "新建页"选项：将本节前的分节符设置为"下一页"类型，新节从下一页码开始。

* "偶数页"选项：将本节的分节符设置为"偶数页"类型，新节从下一个偶数页面开始。

* "奇数页"选项：将本节的分节符设置为"奇数页"类型，新节从下一个奇数页面开始。

* "取消尾注"复选框：选中该复选框，可以避免将尾注打印在当前节的末尾。只有将尾注设置在节的末尾时，该复选框才可用。

## ▶5.2 设置文档页面版式

对文档进行排版有许多可以利用的技巧，熟练地使用这些技巧可以很好地提高编辑效率，编排出高质量的文档。在 Word 2016 中，有许多独具特色的功能和命令可以将页面设计得更加整齐和漂亮。

本节主要介绍设置文档页码，应用页眉和页脚，插入行号、分页符和分节符，以及引用目录，添加批注等内容的操作方法。

### 5.2.1 设置文档页码

在 Word 2016 中，页码与页眉和页脚是相互联系的，用户可以将页码添加到文档的顶部、底部或页边距处，但是页码与保存在页眉和页脚或页边距中的信息一样，都呈灰色显示且不能与文档正文信息同时进行修改。

Word 2016 提供了多种页码编号的样式库，可以直接从中选择合适的样式将其插入到页面顶端、页面底端、页边距和当前位置等。

下面介绍设置文档页码的操作方法。

| | 素材文件 | 光盘 \ 素材 \ 第 5 章 \5.2.1.docx |
|---|---|---|
| | 效果文件 | 光盘 \ 效果 \ 第 5 章 \5.2.1.docx |
| | 视频文件 | 光盘 \ 视频 \ 第 5 章 \5.2.1 设置文档页码 .mp4 |

【操练＋视频】——设置文档页码

STEP 01 在 Word 2016 工作界面中单击"文件"｜"打开"命令，打开一个 Word 文档，如图 5-22 所示。

STEP 02 单击"插入"标签，切换至"插入"面板，如图 5-23 所示。

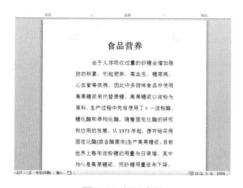

图 5-22 打开文档

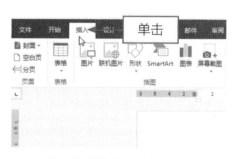

图 5-23 切换至"插入"面板

STEP 03 在"页眉和页脚"选项板中单击"页码"下拉按钮，在弹出的下拉列表中选择"页面底端"｜"带状物"选项，如图 5-24 所示。

STEP 04 执行操作后，即可在文档中插入页码，如图 5-25 所示。单击"关闭页眉和页脚"按钮 ✕，即可完成操作。

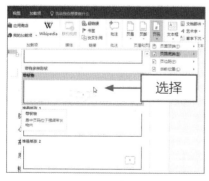

图 5-24 选择相应选项

图 5-25 插入页码效果

另外，如果对插入的页码格式不满意，还可以对其进行修改，如修改其编号格式、自定义起始页码等。在进行页码格式的设置时，需要单击"页码"下拉按钮，在弹出的下拉列表中选择"设置页码格式"选项，弹出"页码格式"对话框，如图 5-26 所示。

在该对话框中，可以选择相应的选项对文档的页码格式进行设置，从而使其与文档内容更匹配。

图 5-26　"页码格式"对话框

## 5.2.2　应用文档行号

有些特殊的文档需要在每行的前面添加行号以方便用户查找，行号一般显示在正文左侧与页边缘之间，也就是左侧页边距内的空白区域。

在插入行号前，首先打开一个需要设置行号的文档，切换至"布局"面板，在"页面设置"选项板中单击"页面设置"按钮，弹出"页面设置"对话框，切换至"版式"选项卡，单击"行号"按钮，弹出"行号"对话框，如图 5-27 所示。选中"添加行号"复选框，单击"确定"按钮，即可为文档添加行号。

图 5-27　"行号"对话框

在"行号"对话框中，各选项的含义如下：

＊在"起始编号"数值框中设置或者直接输入一个数值来指定开始的行号，默认为 1，也可以根据需要设置其他数值。

＊在"距正文"数值框中设置或者直接输入一个数值来指定行号与正文之间的距离，如果选择"自动"选项，Word 2016 会使用默认的设置。

＊在"行号间隔"数值框中设置或者直接输入一个数值指定要显示的行号增量，例如，如果输入 2，则 Word 2016 记录所有行，但是行号将显示 2、4、6 等 2 的倍数，并且每隔两行才显示行号。

＊在"编号"选项区中可以选择需要的行号方式，若选中"每页重新编排"单选按钮，则文档中的每一页都从头进行行编号；选中"每节重新编号"单选按钮，则文档中的每一节都从头开始进行编号；选中"连续编号"单选按钮，则整个文档进行统一的连续行编号。

在文档中设置行号时，在弹出的"行号"对话框中首先应该选中"添加行号"复选框，才能设置行号的类型。

## 5.2.3 应用页眉效果

在 Word 2016 中，可以使用页码、日期或公司徽标等文字或图形作为页眉或页脚样式。下面介绍应用页眉效果的操作方法。

| 素材文件 | 光盘 \ 素材 \ 第 5 章 \5.2.3.docx |
|---|---|
| 效果文件 | 光盘 \ 效果 \ 第 5 章 \5.2.3.docx |
| 视频文件 | 光盘 \ 视频 \ 第 5 章 \5.2.3 应用页眉效果 .mp4 |

【操练 + 视频】——应用页眉效果

STEP 01 单击"文件"｜"打开"命令，打开一个 Word 文档，如图 5-28 所示。

STEP 02 切换至"插入"面板，在"页眉和页脚"选项板中单击"页眉"下拉按钮，在弹出的下拉列表中选择"空白"选项，如图 5-29 所示。

图 5-28 打开文档

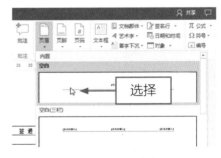

图 5-29 选择"空白"选项

STEP 03 执行操作后，进入"页眉和页脚工具"中的"设计"面板，在页眉位置处输入相应的文字，如图 5-30 所示。

STEP 04 在"设计"面板中单击"关闭页眉和页脚"按钮，退出页眉编辑状态，即可在文档中插入页眉，效果如图 5-31 所示。

图 5-30 输入页眉文字

图 5-31 插入页眉效果

一般情况下，在书籍的页眉和页脚中，页眉会有书名和章节的名称。页眉不属于正文，因此在编辑正文时页眉以淡颜色显示。一旦为文档添加了页眉，则在此文档中的每一页中都会有页眉，而且同一文档中的页眉都相同。

在输入页眉后，Word 2016 会自动进入页眉编辑状态，此时系统会自动激活"设计"面板。"设计"面板中包含 6 个选项区，各选项区包含不同的功能，如图 5-32 所示。

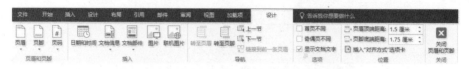

图 5-32 页眉编辑状态下的"设计"面板

对于已经设置好的页眉和页脚，如果要重新编辑其中的内容，有两种方法可以实现该编辑操作：

* 在"页眉和页脚"选项区中单击"页眉"下拉按钮，在弹出的下拉列表中选择"编辑页眉"选项。

* 直接双击页眉区域，使页眉处于编辑状态。

## 5.2.4 添加页眉图片

在页眉中可以插入来自文件的图片，以使画面更加美观。下面介绍添加页眉图片的操作方法。

| 素材文件 | 光盘 \ 素材 \ 第 5 章 \5.2.4.docx、5.2.4.tif |
|---|---|
| 效果文件 | 光盘 \ 效果 \ 第 5 章 \5.2.4.docx |
| 视频文件 | 光盘 \ 视频 \ 第 5 章 \5.2.4 添加页眉图片 .mp4 |

【操练 + 视频】——添加页眉图片

STEP 01 在 Word 2016 工作界面中单击"文件"｜"打开"命令，打开一个 Word 文档，如图 5-33 所示。

STEP 02 双击页眉区域，进入页眉编辑状态。在"页眉和页脚工具"中的"设计"面板的"插入"选项板中单击"图片"按钮，如图 5-34 所示。

图 5-33 打开文档

图 5-34 单击"图片"按钮

STEP 03 弹出"插入图片"对话框，在其中选择需要插入的图片，如图 5-35 所示。

STEP 04 单击"插入"按钮，即可将图片插入到页眉中，如图 5-36 所示。

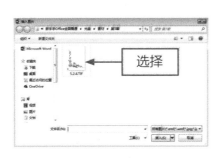

图 5-35 选择图片

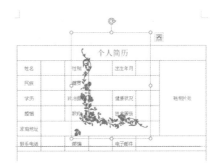

图 5-36 将图片插入页眉

STEP 05 在"格式"面板的"排列"选项板中单击"旋转"下拉按钮 ，在弹出的下拉列表中选择"向右旋转 90°"选项，如图 5-37 所示。

STEP 06 执行操作后，单击"环绕文字"下拉按钮，在弹出的下拉列表中选择"浮于文字上方"选项，如图 5-38 所示。

图 5-37 选择"向右旋转 90°"选项

图 5-38 选择"浮于文字上方"选项

STEP 07 执行操作后，拖动图片至左上角合适位置，如图 5-39 所示。

STEP 08 切换至"设计"面板，单击"关闭页眉和页脚"按钮，退出页眉编辑状态，即可插入图片，效果如图 5-40 所示。

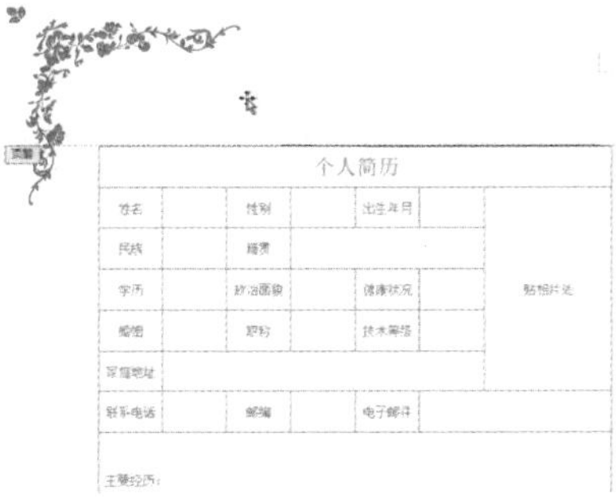

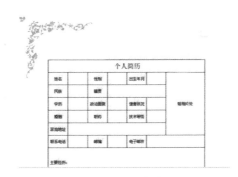

图 5-39 拖动图片至合适位置

图 5-40 插入图片的效果

## 5.2.5 应用页脚效果

"页脚"在文档页面的底部，文档的页码一般都放在页脚中。下面介绍应用页脚效果的操作方法。

| 素材文件 | 光盘 \ 素材 \ 第 5 章 \5.2.5.docx |
|---|---|
| 效果文件 | 光盘 \ 效果 \ 第 5 章 \5.2.5.docx |
| 视频文件 | 光盘 \ 视频 \ 第 5 章 \5.2.5 应用页脚效果 .mp4 |

**【操练 + 视频】——应用页脚效果**

STEP 01 在 Word 2016 工作界面中单击"文件"｜"打开"命令，打开一个 Word 文档。切换至"插入"面板，在"页眉和页脚"选项板中单击"页脚"下拉按钮，在弹出的下拉列表中选择"空白"选项，如图 5-41 所示。

STEP 02 执行上述操作后，进入"设计"面板，在文档页脚位置处输入相应的文字，如图 5-42 所示。在"设计"面板中单击"关闭页眉和页脚"按钮，退出编辑状态，即可在文档中插入页脚。

图 5-41 选择"空白"选项

图 5-42 插入页脚

**专家指点**

在插入页脚后，Word 2016 会自动进入页脚编辑状态，如果要重新编辑其中的内容，其操作与修改页眉相似：

* 在"页眉和页脚"选项区中单击"页眉"下拉按钮，在弹出的下拉列表中选择"编辑页脚"选项。

* 双击页脚区域，进行修改页脚内容。

## 5.2.6 应用分隔符效果

在 Word 2016 中使用正常模板编辑一个文本文档时，系统会将当前整个文本文档作为一个大章节来进行编辑和处理操作。然而，在一些特殊情况下，如要求前后两页或一页中的两个部分之间有特殊格式，此时可以在其中插入分页符或分节符来实现对文档的强制分页或分节操作。

在 Word 2016 中可以插入 3 类分隔符，即分页符、分栏符和分节符，而在分节符中又分为下一页分节符、偶数页分节符、奇数页分节符和连续分节符。

其中，分页符是用来标记一页终止并开始下一页的元素，用户可以根据需要在文档中插入分页符。下面以分页符为例，介绍应用分隔符效果的操作方法。

| | 素材文件 | 光盘 \ 素材 \ 第 5 章 \5.2.6.docx |
|---|---|---|
| | 效果文件 | 光盘 \ 效果 \ 第 5 章 \5.2.6.docx |
| | 视频文件 | 光盘 \ 视频 \ 第 5 章 \5.2.6 应用分隔符效果 .mp4 |

**【操练 + 视频】——应用分隔符效果**

**STEP 01** 在 Word 2016 工作界面中单击"文件"|"打开"命令，打开一个 Word 文档，如图 5-43 所示。

**STEP 02** 单击"文件"标签，切换至"文件"面板，在"文件"面板的菜单列表中单击"选项"按钮，如图 5-44 所示。

图 5-43 打开文档　　　　　　　　图 5-44 单击"选项"按钮

**STEP 03** 弹出"Word 选项"对话框，切换至"显示"选项卡，在其中选中"显示所有格式标记"复选框，如图 5-45 所示。

**STEP 04** 单击"确定"按钮，将光标定位在需要插入分页符的位置，如图 5-46 所示。

图 5-45 "Word 选项"对话框　　　　　　图 5-46 定位光标

**专家指点**

分页只是将文档中的某一部分分成两页，如果不插入分页符，Word 2016 会自动在一页占满之后换到下一页。

在 Word 2016 的页面或大纲视图中看不到分页符，必须通过选中"Word 选项"对话框中的"显示所有格式标记"复选框才可以看到。

STEP 05 单击"插入"按钮，在"页面"选项区中单击"分页"按钮 ⊟，如图 5-47 所示。

STEP 06 执行操作后，即可在光标位置插入分页符，如图 5-48 所示。

图 5-47 单击"分页"按钮

图 5-48 插入分页符

## 5.2.7 插入目录

在 Word 2016 中，目录就像一篇文档的纲要，通过它可以很方便地查找文档中的某一部分内容，还可以纵览全文的结构。用户可以根据需要创建、插入和修改目录。下面介绍插入目录的操作方法。

| 素材文件 | 光盘 \ 素材 \ 第 5 章 \5.2.7.docx |
| --- | --- |
| 效果文件 | 光盘 \ 效果 \ 第 5 章 \5.2.7.docx |
| 视频文件 | 光盘 \ 视频 \ 第 5 章 \5.2.7 插入目录 .mp4 |

◢◣ 【操练 + 视频】——插入目录

STEP 01 在 Word 2016 工作界面中单击"文件"|"打开"命令，打开一个 Word 文档，如图 5-49 所示。

STEP 02 将光标定位在需要插入目录的位置，如图 5-50 所示。

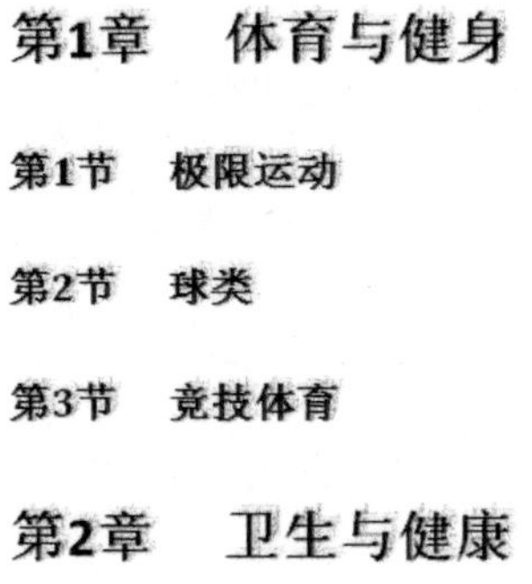

第1章　体育与健身

第1节　极限运动

第2节　球类

第3节　竞技体育

第2章　卫生与健康

图 5-49 打开文档

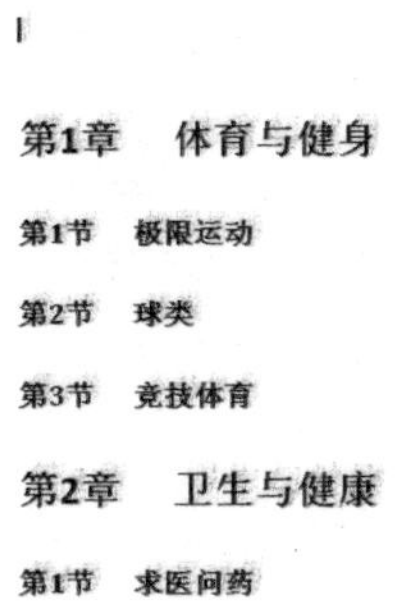

第1章　体育与健身

第1节　极限运动

第2节　球类

第3节　竞技体育

第2章　卫生与健康

第1节　求医问药

图 5-50 定位光标

STEP 03 单击"引用"标签，进入"引用"面板，如图 5-51 所示。

STEP 04 在"目录"选项板中单击"目录"下拉按钮，在弹出的下拉列表中选择"自定义目录"选项，如图 5-52 所示。

图 5-51 单击"引用"标签

图 5-52 选择"自定义目录"选项

在 Word 2016 中提供了一个目录样式库，其中有多种目录样式可供用户选择，并且在目录中包含了标题和页码。

**STEP 05** 弹出"目录"对话框，在其中进行相应的设置，如图 5-53 所示。

**STEP 06** 单击"确定"按钮，即可创建目录，如图 5-54 所示。

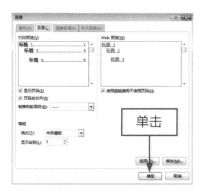

图 5-53 "目录"对话框

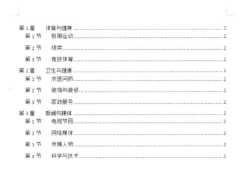

图 5-54 创建目录

## 🖹 5.2.8 插入批注

在 Word 2016 中，批注是指审阅者给文档内容加上的注解或说明，或者是阐述审阅者的观点。一般应用于上级审批文件和教师批改作业。

在 Word 2016 中添加批注时会出现一个批注框，可以根据需要在其中添加批注内容。下面介绍插入批注的操作方法。

| 素材文件 | 光盘\素材\第 5 章\5.2.8.docx |
| --- | --- |
| 效果文件 | 光盘\效果\第 5 章\5.2.8.docx |
| 视频文件 | 光盘\视频\第 5 章\5.2.8 插入批注 .mp4 |

**STEP 01** 在 Word 2016 工作界面中单击"文件"|"打开"命令，打开一个 Word 文档，如图 5-55 所示。

STEP 02 在文档中选择文本，如图 5-56 所示。

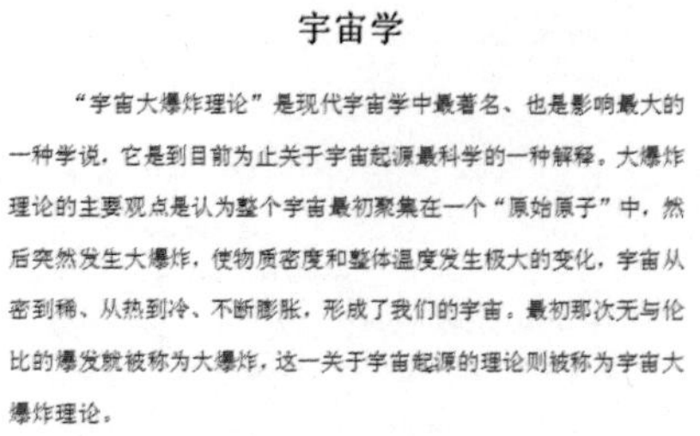

宇宙学
“宇宙大爆炸理论”是现代宇宙学中最著名、也是影响最大的一种学说，它是到目前为止关于宇宙起源最科学的一种解释。大爆炸理论的主要观点是认为整个宇宙最初聚集在一个“原始原子”中，然后突然发生大爆炸，使物质密度和整体温度发生极大的变化，宇宙从密到稀、从热到冷、不断膨胀，形成了我们的宇宙。最初那次无与伦比的爆发就被称为大爆炸，这一关于宇宙起源的理论则被称为宇宙大爆炸理论。

图 5-55 打开文档

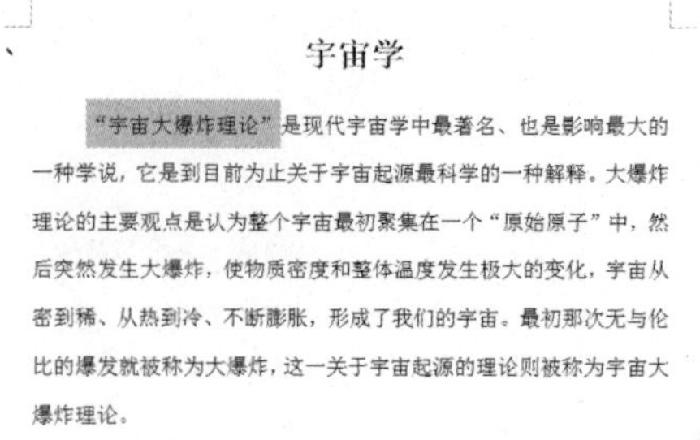

宇宙学
“宇宙大爆炸理论”是现代宇宙学中最著名、也是影响最大的一种学说，它是到目前为止关于宇宙起源最科学的一种解释。大爆炸理论的主要观点是认为整个宇宙最初聚集在一个“原始原子”中，然后突然发生大爆炸，使物质密度和整体温度发生极大的变化，宇宙从密到稀、从热到冷、不断膨胀，形成了我们的宇宙。最初那次无与伦比的爆发就被称为大爆炸，这一关于宇宙起源的理论则被称为宇宙大爆炸理论。

图 5-56 选择文本

**专家指点**

在 Word 2016 中，添加批注的过程中还可以对批注的格式进行设置，如设置批注框的颜色以及宽度等，以便让文档中的批注更加醒目。

STEP 03 单击“审阅”标签，进入“审阅”面板，如图 5-57 所示。

STEP 04 在“批注”选项板中单击“新建批注”按钮，如图 5-58 所示。

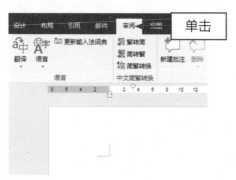

设计
布局
引用
邮件
审阅
视图
单击
更新输入法词典
繁转简
简转繁
简繁转换
翻译
语言
新建批注
删除
语言
中文简繁转换

图 5-57 单击“审阅”标签

布局
引用
邮件
审阅
视图
加载项
告诉我你想要做什么
单击
新建批注
删除
语言
中文简繁转换
批注
宇宙学
“宇宙大爆炸理论”是现代宇宙学

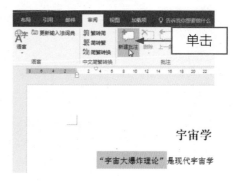

图 5-58 单击“新建批注”按钮

STEP 05 执行操作后出现批注框，即可在其中为文档添加批注，如图 5-59 所示。

STEP 06 在批注框中输入相应的批注内容，即可完成批注操作，效果如图 5-60 所示。

宇宙学

图 5-59 出现批注框

宇宙学

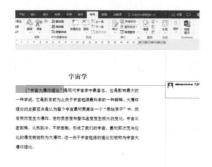

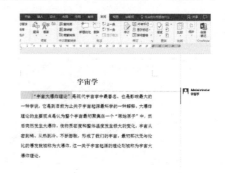

图 5-60 输入批注内容

### ◢ 5.2.9 应用水印效果

水印就是显示在文档文本后面的文字或图片，它们可以增加趣味性或标识文档的状态。如果使用图片，可将其淡化或冲蚀，从而不影响文档文本的显示；如果使用文字，可从内置词组中选择或手动输入。水印适用于打印文档。

使用 Word 2016 改进的水印功能可以方便地选择图片、徽章或自定义文本，并用于打印文档的背景。要给打印的文档添加水印，首先需要打开一个需要插入水印的文档，切换至"页面布局"面板，在"页面背景"选项区中单击"水印"下拉按钮，在弹出的下拉列表中选择"自定义水印"选项，弹出"水印"对话框，如图 5-61 所示。

图 5-61 "水印"对话框

如果需要插入一幅图片为水印，可选中"图片水印"单选按钮，再单击"选择图片"按钮，选择所需的图片后，单击"插入"按钮，即可将图片插入到文档中。

如果需要插入文字水印，可选中"文字水印"单选按钮，然后选择或输入所需的文本，单击"应用"按钮，即可插入文字水印。

**专家指点**

只有在页面视图下或打印出来的文档中，才可以看到文档中的水印。

## ▶▶ 5.3 预览与打印文档

当完成一篇文档的输入与编排之后，往往需要将其打印出来，以供阅读使用。在 Word 2016 中，文档的打印输出非常简单，因为 Word 2016 可以在"所见即所得"的方式下对文档进行编排。另外，Word 2016 还设置了打印预览显示方式，使用户在打印文档之前就可以准确地掌握打印的实际效果。本节主要介绍预览与打印文档内容的操作方法。

### ◢ 5.3.1 预览打印内容

打印预览功能可以使用户在打印前预览文档的打印效果。在打印文档前，应该预览一下文档，查看文档页边距的设置有没有问题，图形位置是否得当，或者分栏是否合适等。下面介绍预览打印内容的操作方法。

| 素材文件 | 光盘 \ 素材 \ 第 5 章 \5.3.1.docx |
|---|---|
| 效果文件 | 无 |
| 视频文件 | 光盘 \ 视频 \ 第 5 章 \5.3.1 预览打印内容 .mp4 |

**【操练＋视频】——预览打印内容**

**STEP 01** 单击"文件" | "打开"命令，打开一个 Word 文档，如图 5-62 所示。

**STEP 02** 单击"文件"标签，在"文件"菜单中单击"打印"命令，在右侧窗格中可以预览打印效果，如图 5-63 所示。

图 5-62 打开文档

图 5-63 预览打印效果

**专家指点**

打印预览功能不但能使用户在打印前看到非常逼真的打印效果，还能在预览时对文档进行调整和编辑，而不必切换到相应的视图状态。

在 Word 2016 中，可以通过以下几种方法进入打印预览窗口：

* 单击"文件"菜单，在弹出的面板中单击"打印"命令。

* 在自定义快速工具栏上单击"打印预览"按钮 ⊿ 。

* 按【Ctrl + F2】组合键。

* 按【Ctrl + P】组合键。

## 5.3.2 设定打印范围

"页面范围"选项区主要用来设置文档打印的范围，由"打印所有页"、"打印所选内容"、"打印当前页面"、"打印自定义范围"4 个选项和一个用来输入页码范围的文本框组成。

* 选择"打印所有页"选项，则打印整个文档。

* 选择"打印所选内容"选项，如果在打印前没有选择一些文本，此选项不可用；如果要打印文档中的部分内容，可以先在文档中选择要进行打印的内容，然后单击"开始"菜单下的"打印"命令，即可打印所选内容。

* 选择"打印当前页"选项，仅打印当前插入点所在的页。

* 选择"打印自定义范围"选项，然后在下面的文本框中输入要打印的页，可以仅打印指定的页。

下面以打印当前文档为例，介绍设定打印范围的操作方法。

| 素材文件 | 光盘\素材\第 5 章\5.3.2.docx |
|---|---|
| 效果文件 | 无 |
| 视频文件 | 光盘\视频\第 5 章\5.3.2 设定打印范围 .mp4 |

**STEP 01** 单击"文件"｜"打开"命令，打开一个 Word 文档，如图 5-64 所示。

**STEP 02** 单击"文件"标签，在"文件"菜单列表中单击"打印"命令，如图 5-65 所示。

图 5-64 打开文档　　　　　　　　　图 5-65 单击"打印"命令

**STEP 03** 单击"设置"下方的"打印所有页"下拉按钮，在弹出的下拉列表中选择"打印当前页面"选项，如图 5-66 所示。

**STEP 04** 单击"打印"按钮，如图 5-67 所示，即可打印当前文档。

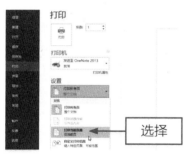
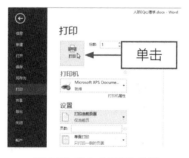

图 5-66 选择"打印当前页面"选项　　　　图 5-67 单击"打印"按钮

专家指点

在"打印自定义范围"选项下的文本框中输入页数时，连续的页码之间要用连字符连接，不连续的页码则用逗号隔开。

## 5.3.3 设定打印参数

所谓打印参数，指的是在文档打印过程中打印方式的参数设置。除了打印页数范围外，打印份数和打印页面方式也是其中的重要设置参数。

### 1．设定打印份数

如果只需打印一份文档，可直接单击"打印"按钮；如果要打印多份（两份以上），则不需要每打印一份单击一次"打印"按钮，只需在"打印"按钮右侧的"份数"数值框中输入所需的份数，如图 5-68 所示，再单击"打印"按钮，即可开始打印。

专家指点

在"份数"数值框中输入或设置要打印的份数时，默认的份数为 1。

### 2．设定双面打印

如果不是太重要的文件，为了节省纸张，可以在纸的正反两面都打印文档。

只需在打印"设置"选项区下方的"单面打印"下拉列表框中选择"手动双面打印"选项，如图 5-69 所示，然后单击"打印"按钮进行打印。打印完一面之后，Word 2016 会弹出提示信息框，提示用户重新将纸张放回到纸盒中进行另一面的打印。

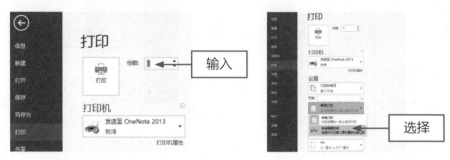

图 5-68 输入打印份数　　　　图 5-69 选择"手动双面打印"选项

## 5.3.4 进行打印操作

当对一篇文档进行设置，同时打印预览无误后，便可进行打印文档操作。下面介绍进行打印操作的方法。

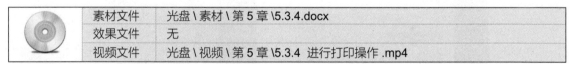

| 素材文件 | 光盘 \ 素材 \ 第 5 章 \5.3.4.docx |
|---|---|
| 效果文件 | 无 |
| 视频文件 | 光盘 \ 视频 \ 第 5 章 \5.3.4 进行打印操作 .mp4 |

【操练 + 视频】——进行打印操作

STEP 01 单击"文件"｜"打开"命令，打开一个 Word 文档，如图 5-70 所示。

STEP 02 单击"文件"标签，在"文件"菜单中单击"打印"命令，在中间窗格中单击"打印"按钮，如图 5-71 所示。执行操作后，即可打印文档内容。

图 5-70 打开文档

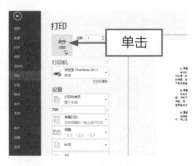

图 5-71 单击"打印"按钮

### 5.3.5 设置放弃打印

在打印过程中，有时会因为某种原因需要进行暂停或取消等放弃打印操作，在 Word 2016 中可以轻松地通过相关命令和选项来完成。

#### 1．设置暂停打印

确定打印后，系统会将打印的内容放入缓冲区中，文档开始正式打印。

在打印过程中，如果要暂停打印，需先打开"打印机"窗口，然后双击当前默认的打印机图标，在弹出的"打印机"窗口中选择正在打印的文件并单击鼠标右键，在弹出的快捷菜单中选择"暂停"选项即可，如图 5-72 所示。

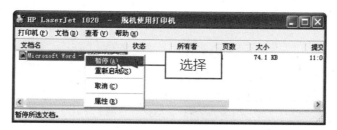

图 5-72 选择"暂停"选项

#### 2．设置取消打印

在打印过程中，如果要取消打印，可以在"打印机"窗口中选择正在打印的文件并单击鼠标右键，在弹出的快捷菜单中选择"取消"选项，可以取消打印文档，如图 5-73 所示。

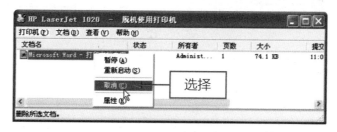

图 5-73 选择"取消"选项

如果使用的是后台打印模式，则只需双击任务栏上的打印机图标，即可取消正在进行的打印作业。此外，单击任务栏上的打印图标，在弹出的"打印机"对话框中单击"清除打印作业"命令，也可立即取消打印作业。不过即使打印状态信息在屏幕上消失了，打印机还会在终止打印命令发出前打印出几页，因为许多打印机都会有自己的内存（缓冲区）。

# CHAPTER

## 探索数据表格制作：
## Excel 基本操作

# 6

## 章前知识导读

　　Excel 2016 是 Office 2016 系列办公软件中的重要组件之一，它具有强大的数据处理功能，且能与 Office 2016 其他组件相互调用数据、共享资源。本章主要向读者介绍工作簿、单元格、表格数据编辑等基本操作方法。

## 新手重点索引

✎ 编辑工作簿　　　　　✎ 美化表格数据操作
✎ 编辑单元格
✎ 编辑表格数据

# ▶6.1 编辑工作簿

在 Excel 2016 中，工作簿的基本操作与在 Word 2016 中编辑文档的基本操作类似，包括应用创建、保存、另存为和关闭工作簿，以及应用工作簿密码等操作。本节主要介绍工作簿的与基本操作。

## ◢ 6.1.1 应用创建工作簿

每次启动 Excel 2016 时，系统会自动生成一个新的工作簿，文件名为"工作簿 1"，并且在工作簿中自动新建 3 个空白工作表，分别为 Sheet1、Sheet2 和 Sheet3。用户还可以创建新的工作簿或根据 Excel 提供的模板新建工作簿，以提高工作效率。下面介绍应用创建工作簿的操作方法。

| 素材文件 | 无 |
| --- | --- |
| 效果文件 | 无 |
| 视频文件 | 光盘 \ 视频 \ 第 6 章 \6.1.1 应用创建工作簿 .mp4 |

【操练 + 视频】——应用创建工作簿

STEP 01 在 Excel 2016 工作界面中单击"文件"标签，如图 6-1 所示。

STEP 02 在弹出的面板中单击"新建"命令，如图 6-2 所示。

图 6-1 单击"文件"标签　　　　图 6-2 单击"新建"命令

STEP 03 在中间窗格的"新建"选项区中单击"空白工作簿"按钮，如图 6-3 所示。

STEP 04 执行操作后，即可新建一个工作簿，如图 6-4 所示。

图 6-3 单击"空白工作簿"按钮　　　　图 6-4 新建工作簿

在 Excel 2016 工作界面中，若需再新建一个空白工作簿，还可以通过以下两种方法来完成：

\* 快捷键：按【Ctrl + N】组合键，可以新建一个空白文档。

\* 按钮：单击快速访问工具栏右侧的"自定义快速访问工具栏"按钮▼，在弹出的列表中选择"新建"选项。执行操作后，即可将"新建"图标添加至快速访问工具栏中。单击"新建"按钮，即可新建一个空白文档，如图 6-5 所示。

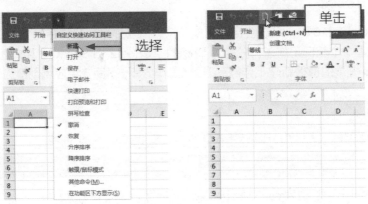

图 6-5 新建工作簿

下面介绍一些有关工作簿和工作表的基本概念，以利于后面对工作簿的应用。Excel 的基本信息元素包括工作簿、工作表、单元格和单元格区域等，具体如下：

\* 工作簿是处理和存储数据的文件，每个工作簿可以包含多张工作表，每张工作表可以存储不同类型的数据，因此可以在一个工作簿文件中管理多种类型的相关信息。

\* 工作表是组成工作簿的基本单位，也是 Excel 中用于存储和处理数据的主要文档，又称电子表格。工作表总是存储在工作簿中。从外观上看，工作表是由排列在一起的行和列（即单元格）构成，一个工作表可以达到 1048576 行、16384 列。

\* 单元格是工作表中的小方格，它是工作表的基本元素，也是 Excel 独立操作的最小单位。用户可以向单元格中输入文字、数据和公式，也可以对单元格进行各种格式的设置，如字体、颜色、长度、宽度和对齐方式等。单元格的位置是通过它所在的行号和列标来确定的，例如，B12 单元格是第 B 列和第 12 行交汇处的小方格。

\* 单元格区域是指多个单元格的集合，它是由许多个单元格组合而成的一个范围。单元格区域分为连续单元格区域和不连续单元格区域。对一个单元格区域的操作就是对该区域内的所有单元格执行相同的操作。要取消单元格区域的选择，只需在所在单元格区域外单击鼠标左键即可。

## ■ 6.1.2 应用保存工作簿

制作好一份电子表格或完成工作簿的操作后，应该将其保存起来，以备日后修改或编辑使用。用户应该养成经常保存文件的好习惯，每隔一段时间保存一次，这样在突然停电或死机时就可以把损失降到最小。

在 Excel 2016 中，当第一次保存新建的工作簿时，需要给这个工作簿命名，并设置其保存位置。下面介绍应用保存工作簿的操作方法。

| 素材文件 | 光盘 \ 素材 \ 第 6 章 \6.1.2.xlsx |
| --- | --- |
| 效果文件 | 光盘 \ 效果 \ 第 6 章 \6.1.2.xlsx |
| 视频文件 | 光盘 \ 视频 \ 第 6 章 \6.1.2 应用保存工作簿 .mp4 |

【操练＋视频】——应用保存工作簿

**STEP 01** 在 Excel 2016 工作界面中打开一个 Excel 工作簿，如图 6-6 所示。

**STEP 02** 单击快速访问工具栏中的"保存"按钮■，如图 6-7 所示。

图 6-6 打开工作簿　　　　　图 6-7 单击"保存"按钮

**STEP 03** 执行操作后，即可将工作簿进行保存。

专家指点

在 Excel 2016 工作界面中，还可以通过以下 3 种方法保存工作簿：

* 快捷键 1：按【Ctrl ＋ S】组合键。

* 快捷键 2：按【Shift ＋ F12】组合键。

* 快捷键 3：依次按【Alt】、【F】和【S】键。

## ◢ 6.1.3 应用另存为工作簿

在 Excel 2016 中，对已有工作簿进行修改后，若既希望原有的工作簿内容不变，又需要保存现在的工作簿，可以将其另存为工作簿。下面介绍应用另存为工作簿的操作方法。

| 素材文件 | 光盘 \ 素材 \ 第 6 章 \6.1.3.xlsx |
| --- | --- |
| 效果文件 | 光盘 \ 效果 \ 第 6 章 \6.1.3.xlsx |
| 视频文件 | 光盘 \ 视频 \ 第 6 章 \6.1.3 应用另存为工作簿 .mp4 |

【操练＋视频】——应用另存为工作簿

**STEP 01** 在 Excel 2016 工作界面中打开一个 Excel 工作簿，如图 6-8 所示。

**STEP 02** 单击"文件"｜"另存为"命令，如图 6-9 所示。

图 6-8 打开工作簿

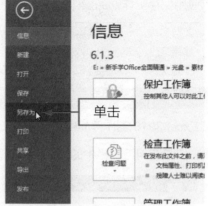

图 6-9 单击"另存为"命令

**STEP 03** 进入相应的界面,在右侧选项区中单击"浏览"按钮,如图 6-10 所示。

**STEP 04** 弹出"另存为"对话框,设置工作簿的名称和保存路径,如图 6-11 所示。

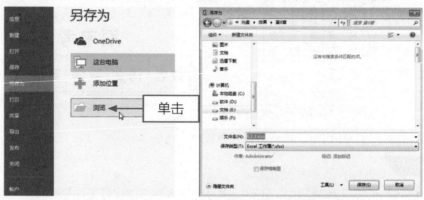

图 6-10 单击"浏览"按钮          图 6-11 设置保存选项

**STEP 05** 编辑完成后,单击"保存"按钮,如图 6-12 所示。

**STEP 06** 执行操作后,即可将工作簿保存至指定文件夹,如图 6-13 所示。

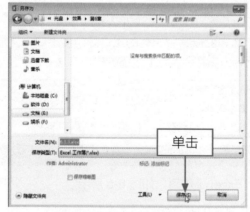

图 6-12 单击"保存"对话框          图 6-13 保存至指定文件夹

在 Excel 2016 工作界面中，还可以通过使用快捷键来完成"另存为"操作，具体方法为：按【 F12 】键，在弹出的对话框中设置相应的位置、名称和类型等选项，单击"保存"按钮即可。

## 6.1.4 应用关闭工作簿

当打开了多个工作簿时，每个工作簿都要耗费一定的内存，从而导致电脑的运行速度降低，因此应及时关闭一些不需要的工作簿。

在 Excel 2016 中，可以通过以下几种方法关闭工作簿：

* 命令 1：单击"文件"标签，在弹出的列表中单击"关闭"命令，如图 6-14 所示。

* 按钮 1：双击快速访问工具栏左侧区域，如图 6-15 所示。

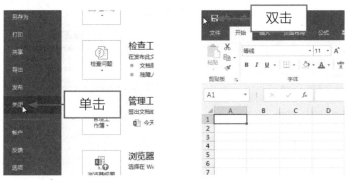

图 6-14 单击"关闭"命令　　图 6-15 双击快速访问工具栏左侧区域

* 按钮 2：单击标题栏右侧的"关闭"按钮 ☒ 。

* 快捷键 1：按【 Alt + F4 】组合键。

* 快捷键 2：按【 Ctrl + W 】组合键。

* 快捷键 3：按【 Ctrl + F4 】组合键。

* 快捷键 4：依次按【 Alt 】、【 F 】、【 C 】键，即可关闭工作簿。

* 快捷键 5：依次按【 Alt 】、【 F 】、【 X 】键，即可关闭工作簿。

如果在关闭工作簿之前未对编辑的工作簿进行保存，系统将弹出一个提示信息框询问是否进行保存，单击"保存"按钮将其保存，单击"不保存"按钮则不保存，单击"取消"按钮则不关闭工作簿。

## 6.1.5 应用工作簿密码

在 Excel 2016 中，如果创建的工作簿比较重要，又不想让其他人看到或进行修改，这时就可以为工作簿设置密码，利用密码限制其他人的权限，起到保护工作簿及其内容的作用。下面介绍应用工作簿密码的操作方法。

| 素材文件 | 光盘 \ 素材 \ 第 6 章 \6.1.5.xlsx |
|---|---|
| 效果文件 | 光盘 \ 效果 \ 第 6 章 \6.1.5.xlsx |
| 视频文件 | 光盘 \ 视频 \ 第 6 章 \6.1.5 应用工作簿密码 .mp4 |

**【操练 + 视频】——应用工作簿密码**

**STEP 01** 在 Excel 2016 工作界面中单击"文件"｜"打开"命令，打开一个 Excel 工作簿，如图 6-16 所示。

**STEP 02** 打开"另存为"对话框，在该对话框中选择合适的位置，单击"工具"下拉按钮，在弹出的下拉列表中选择"常规选项"选项，如图 6-17 所示。

图 6-16 打开工作簿

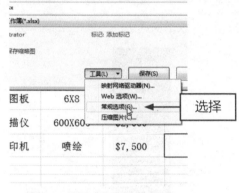

图 6-17 选择"常规选项"选项

**STEP 03** 弹出"常规选项"对话框，在"文件共享"选项区的"打开权限密码"和"修改权限密码"文本框中输入密码，如图 6-18 所示，单击"确定"按钮。

**STEP 04** 弹出"确认密码"对话框，在"重新输入密码"文本框中再次输入打开权限的密码，如图 6-19 所示，单击"确定"按钮。

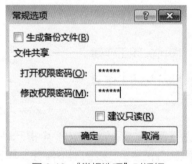

图 6-18 "常规选项"对话框

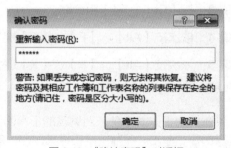

图 6-19 "确认密码"对话框

**STEP 05** 再次弹出"确认密码"对话框，在"重新输入修改权限密码"文本框中再次输入打开权限的密码，如图 6-20 所示，单击"确定"按钮。

**STEP 06** 返回"另存为"对话框，单击"保存"按钮，如图 6-21 所示，即可设置工作簿密码。

图 6-20 重新输入密码　　　　图 6-21 单击"保存"按钮

# ▶ 6.2 编辑单元格

在编辑工作表的过程中，常常需要进行删除或更改单元格的内容，移动或复制单元格数据，插入和删除单元格、行和列等编辑操作。本节主要向读者介绍插入、选择、复制、移动与删除单元格等基本操作。

## 6.2.1 应用插入单元格操作

在 Excel 2016 制作表格的过程中，如果发现制作的表格中有被遗漏的数据，可以根据需要在工作表中插入单元格，以添加数据。下面介绍应用插入单元格操作的操作方法。

| 素材文件 | 光盘 \ 素材 \ 第 6 章 \6.2.1.xlsx |
| --- | --- |
| 效果文件 | 光盘 \ 效果 \ 第 6 章 \6.2.1.xlsx |
| 视频文件 | 光盘 \ 视频 \ 第 6 章 \6.2.1 应用插入单元格操作 .mp4 |

【操练 + 视频】——应用插入单元格操作

STEP 01 在 Excel 2016 工作界面中打开一个 Excel 工作簿，在工作表中选择 C11 单元格，如图 6-22 所示。

STEP 02 单击鼠标右键，在弹出的快捷菜单中选择"插入"选项，如图 6-23 所示。

图 6-22 选择单元格　　　　图 6-23 选择"插入"选项

**STEP 03** 弹出"插入"对话框，选中"活动单元格下移"单选按钮，如图 6-24 所示。

**STEP 04** 单击"确定"按钮，即可在选择的位置插入一个单元格，如图 6-25 所示。

图 6-24 "插入"对话框

图 6-25 插入单元格

在 Excel 2016 中，"插入"对话框中各单选按钮的含义如下：

* "活动单元格右移"单选按钮：插入的单元格出现在选定单元格的左侧。

* "活动单元格下移"单选按钮：插入的单元格出现在选定单元格的上方。

* "整行"单选按钮：在选定的单元格上面插入一行。如果选定的是单元格区域，则选定单元格区域包括几行就插入几行。

* "整列"单选按钮：在选定的单元格左侧插入一列。如果选定的是单元格区域，则选定单元格区域包括几列就插入几列。

专家指点

在"开始"面板的"单元格"选项区中单击"插入"下拉按钮，在弹出的下拉列表中选中相应的单选按钮，也可以插入单元格。

## 6.2.2 应用选择单元格操作

在 Excel 2016 中，对打开的工作表的操作都是建立在对单元格或单元格区域进行操作的基础上的。所以对于一个当前的工作表要进行各种操作，必须以选择单元格或单元格区域为前提。下面将对选定单元格的方法进行详细介绍。

### 1．选择单个单元格

最常用的选择单元格的方法为鼠标选择。将鼠标指针移至单元格上单击鼠标左键，即可选择该单元格，如图 6-26 和图 6-27 所示。

### 2．选择连续的单元格

选择连续的单元格的方法有以下 3 种：

* 拖曳鼠标：将鼠标指针移至需要选择的第一个单元格上，按住鼠标左键并拖动鼠标，拖至合适位置后释放鼠标左键，即可选择连续的单元格，如图 6-28 和图 6-29 所示。

图 6-26 定位光标

图 6-27 单击选择单元格

图 6-28 选择第一个单元格

图 6-29 拖曳选择连续的单元格

＊ 快捷键：单击需要选择的第一个单元格，按住【Shift】键，然后单击需要选择的最后一个单元格，即可选择这两个单元格之间的连续的所有单元格，如图 6-30 和图 6-31 所示。

图 6-30 选择第一个单元格和单击最后一个单元格

图 6-31 选择连续的单元格

＊ 名称框：单击编辑栏左侧的名称框，使名称框处于激活状态，在名称框中输入第一个单元格名称和最后一个单元格名称，如 A9:D9，并按【Enter】键进行确认，即可选择相邻的多个单元格。

在名称框中输入 **A9:D9** 的含义是选择 A9 至 D9 之间的单元格区域。 如果输入的是单独的单元格，在工作表中就会选择输入数值所对应的单个单元格；如果两个单元格之间是用逗号连接的，表示将多个选择的单元格合并为一个。

### 3．选择不连续的单元格

在 Excel 2016 中，可以根据需要利用以下方法选择不相邻的多个单元格：

＊ **快捷键**：选择第一个单元格，按住【Ctrl】键的同时依次单击其他需要选择的单元格，即可选择多个不连续的单元格。

＊ **名称框**：单击编辑栏左侧的名称框，激活该名称框，然后在名称框中输入所要选择的单元格名称，如"A10，B7，C4，D3"，并按【Enter】键进行确认，即可选择不相邻的多个单元格，如图 6-32 和图 6-33 所示。

图 6-32 在名称框中输入内容

图 6-33 选择不相邻的多个单元格

### 4．选择整行或整列

将鼠标指针移至需要选择行或列单元格的行号或列表上单击鼠标左键，即可选择该行或该列的所有单元格。

### 5．选择表中所有单元格

选择工作表中的所有单元格主要有以下两种方法：

＊ **按钮**：单击工作表左上角行号和列标交叉处的按钮 ，即可选择工作表中的所有单元格。

＊ **快捷键**：按【Ctrl + A】组合键。

下面以利用在名称框中输入单元格名称的方法来选择连续的单元格为例，介绍应用选择单元格的操作方法。

| 素材文件 | 光盘 \ 素材 \ 第 6 章 \6.2.2.xlsx |
|---|---|
| 效果文件 | 无 |
| 视频文件 | 光盘 \ 视频 \ 第 6 章 \6.2.2 应用选择单元格操作 .mp4 |

**STEP|01** 在 Excel 2016 工作界面中打开一个 Excel 工作簿，如图 6-34 所示。

**STEP|02** 单击编辑栏左侧的名称框，即可激活该名称框，如图 6-35 所示。

图 6-34 打开工作簿

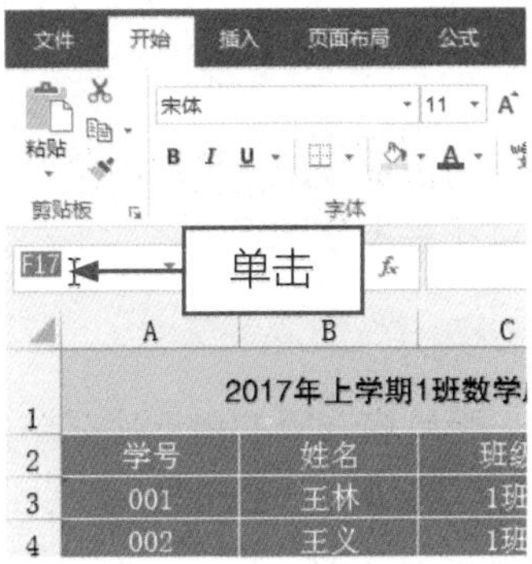

图 6-35 激活名称框

**STEP|03** 在名称框中输入 A9:D9，如图 6-36 所示。

**STEP|04** 按【Enter】键进行确认，即可选择连续的多个单元格，如图 6-37 所示。

图 6-36 在"名称框"中输入内容

图 6-37 选择连续的多个单元格

## 6.2.3 应用复制单元格操作

在 Excel 2016 中，可以根据需要对单元格中的数据进行复制操作。当需要在单元格中编辑相同的数据时，可以使用复制单元格数据功能来减少工作量。

在 Excel 2016 中，可以通过以下几种方法复制单元格数据：

### 1．应用按钮复制方法

选择需要复制的单元格，在"开始"面板的"剪贴板"选项区中单击"复制"按钮，然后选择要复制到的目标单元格，单击"剪贴板"选项区中的"粘贴"按钮，即可复制单元格数据。

### 2．应用选项复制方法

选择需要复制的单元格，单击鼠标右键，在弹出的快捷菜单中选择"复制"选项，然后选择要复制的目标单元格并单击鼠标右键，在弹出的快捷菜单中选择"粘贴"选项，即可完成复制单元格操作。

### 3．应用快捷键复制方法

按【Ctrl + C】组合键和【Ctrl + V】组合键可以实现快速复制。

### 4．应用鼠标复制方法

按住【Ctrl】键的同时拖动鼠标，将需要复制的单元格拖曳至目标单元格，即可复制单元格数据。

专家指点

在按住【Ctrl】键拖曳单元格进行复制时，当鼠标指针呈＋字形状时才能进行复制操作，复制的数据格式不会发生改变。

## 6.2.4 应用移动单元格操作

单元格的移动一般是将选择的单元格或单元格区域中的内容移动到其他位置，移动单元格与复制单元格的操作基本类似。下面介绍通过以下几种方法移动单元格。

### 1．通过按钮移动单元格

选中要移动的单元格，单击"剪贴板"选项区中的"剪切"按钮，然后选择要移动到的目标单元格，单击"粘贴"按钮即可完成移动操作。

### 2．通过选项移动单元格

选择需要移动的单元格并单击鼠标右键，在弹出的快捷菜单中选择"剪切"选项，然后选择要移动到的目标单元格，再单击鼠标右键，在弹出的快捷菜单中选择"粘贴"选项，即可完成移动单元格的操作。

### 3．通过快捷键移动单元格

按【Ctrl + X】组合键和【Ctrl + V】组合键，即可移动单元格。

### 4．通过鼠标移动单元格

选择需要移动的单元格，按住鼠标左键的同时拖曳鼠标，将单元格移动至目标单元格中释放鼠标左键即可。

## 6.2.5 应用删除单元格操作

当工作表中的数据及其位置不再需要时也可以将其删除，删除的单元格及其中的内容将一起从工作表中消失。下面介绍应用删除单元格操作的操作方法。

| | 素材文件 | 光盘 \ 素材 \ 第 6 章 \6.2.5.xlsx |
| --- | --- | --- |
| | 效果文件 | 光盘 \ 效果 \ 第 6 章 \6.2.5.xlsx |
| | 视频文件 | 光盘 \ 视频 \ 第 6 章 \6.2.5 应用删除单元格操作 .mp4 |

【操练 + 视频】——应用删除单元格操作

STEP 01 在 Excel 2016 工作界面中打开一个 Excel 工作簿，单击鼠标左键并拖曳，选择需要删除的单元格区域，如图 6-38 所示。

STEP 02 在"开始"面板的"单元格"选项板中单击"删除"下拉按钮，在弹出的下拉列表中选择"删除单元格"选项，如图 6-39 所示。

图 6-38 选择单元格区域　　图 6-39 选择"删除单元格"选项

**STEP 03** 弹出"删除"对话框，选中"整列"单选按钮，如图 6-40 所示。

**STEP 04** 单击"确定"按钮，即可删除单元格，如图 6-41 所示。

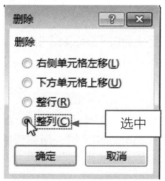 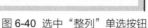 

图 6-40 选中"整列"单选按钮　　图 6-41 删除单元格效果

**专家指点**

在选择的单元格上单击鼠标右键，在弹出的快捷菜单中选择"删除"选项，也可以弹出"删除"对话框。

## 6.2.6 应用清除单元格操作

在 Excel 2016 中，可以根据需要对单元格中的数据或格式进行清除。清除单元格是将单元格中的数据部分或全部清除，也可以清除单元格中的格式。

清除单元格数据或格式的方法很简单，只需在工作表中选择要清除数据或格式的单元格，在"开始"面板的"编辑"选项区中单击"清除"下拉按钮 ，在弹出的下拉列表中选择相应的选项即可，如图 6-42 所示。

在清除下拉列表中，各选项的含义如下：

* "全部清除"选项：彻底删除单元格中的全部内容、格式和批注。

* "清除格式"选项：只删除格式，保留单元格中的数据。

* "清除内容"选项：只删除单元格中的内容，保留其他的所有属性。

图 6-42 清除单元格操作

* "清除批注"选项：只删除单元格中附带的注解。

* "清除超链接"选项：只删除单元格中添加的超链接。

清除单元格数据与删除单元格数据的区别在于清除单元格不仅将单元格中的数据删除，而且原来的位置将被后面的单元格所占据。

在清除单元格操作中，选中需要清除的单元格后按【Delete】键，可清除单元格内容，其他的所有属性将保留不变。

## 6.2.7 应用套用单元格样式

在编辑 Excel 单元格的过程中，通常会使用到系统内置的单元格样式。此外，也可以对单元格样式进行自定义。利用内置或自定义的单元格样式都可以快速统一所有表格样式，使制作和打印出来的表格统一、规范。下面介绍应用套用单元格样式的操作方法。

| 素材文件 | 光盘 \ 素材 \ 第 6 章 \6.2.7.xlsx |
| --- | --- |
| 效果文件 | 光盘 \ 效果 \ 第 6 章 \6.2.7.xlsx |
| 视频文件 | 光盘 \ 视频 \ 第 6 章 \6.2.7 应用套用单元格样式 .mp4 |

【操练 + 视频】——应用套用单元格样式

STEP 01 在 Excel 2016 工作界面中打开一个 Excel 工作簿，选择需要设置的单元格，如图 6-43 所示。

STEP 02 在"开始"面板的"样式"选项板中单击"单元格样式"按钮，弹出列表框，在"标题"选项区中选择"标题 1"选项，如图 6-44 所示。

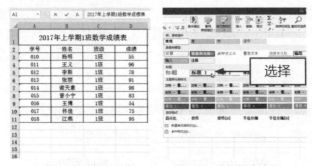

图 6-43 选择单元格    图 6-44 选择样式选项

**STEP 03** 执行上述操作后，即可设置单元格的标题样式，效果如图 6-45 所示。

**STEP 04** 采用相同的方法，设置其他单元格的样式，最终效果如图 6-46 所示。

图 6-45 设置单元格标题样式　　　图 6-46 最终效果

**专家指点**

在选择单元格样式时，可以对单元格样式进行编辑，包括应用、修改、复制、删除及添加到快速访问工具栏等，具体操作为：在需要编辑的单元格样式上单击鼠标右键，在弹出的快捷菜单中选择相应的选项即可。

## 6.2.8 应用合并和拆分操作

在编辑工作表时，需要将占用多个单元格的内容放在多个单元格之间，这就需要将多个单元格合并成一个单元格才能实现。而拆分单元格就是将一个单元格拆分为多个单元格，对合并的单元格进行拆分。下面介绍应用合并和拆分单元格的操作方法。

| 素材文件 | 光盘 \ 素材 \ 第 6 章 \6.2.8.xlsx |
| --- | --- |
| 效果文件 | 光盘 \ 效果 \ 第 6 章 \6.2.8.xlsx |
| 视频文件 | 光盘 \ 视频 \ 第 6 章 \6.2.8 应用合并和拆分操作 .mp4 |

**【操练 + 视频】——应用合并和拆分操作**

**STEP 01** 在 Excel 2016 工作界面中打开一个 Excel 工作簿，如图 6-47 所示。

**STEP 02** 选择 A1 至 D1 单元格，如图 6-48 所示。

**STEP 03** 在"开始"面板的"对齐方式"选项板中单击"合并后居中"下拉按钮，在弹出的下拉列表中选择"合并单元格"选项，如图 6-49 所示。

**STEP 04** 执行操作后，即可合并单元格，效果如图 6-50 所示。

**STEP 05** 选择 A9 至 D9 单元格区域，如图 6-51 所示。

**STEP 06** 在"开始"面板的"对齐方式"选项板中单击"合并后居中"下拉按钮，在弹出的下拉列表中选择"取消单元格合并"选项，如图 6-52 所示。

**STEP 07** 执行操作后，即可拆分单元格。为单元格添加边框线，在"开始"面板的"字体"选项板中单击"下框线"下拉按钮，在弹出的下拉列表中选择"所有框线"选项，如图 6-53 所示。

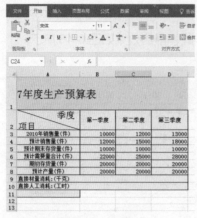

图 6-47　打开工作簿

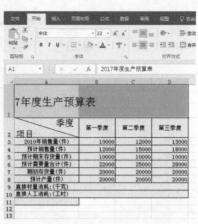

图 6-48　选择要合并的单元格

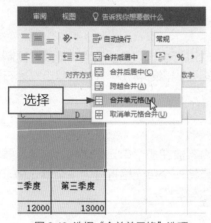

图 6-49　选择"合并单元格"选项

图 6-50　合并单元格效果

图 6-51　选择要拆分的单元格

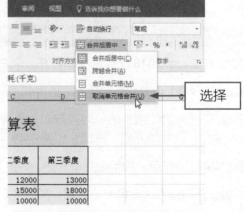

图 6-52　选择"取消单元格合并"选项

**STEP 08** 执行操作后，效果如图 6-54 所示。

专家指点

　　若要取消合并的单元格，只需在弹出的下拉列表中选择"取消单元格合并"选项即可。

图 6-53 选择"所有框线"选项

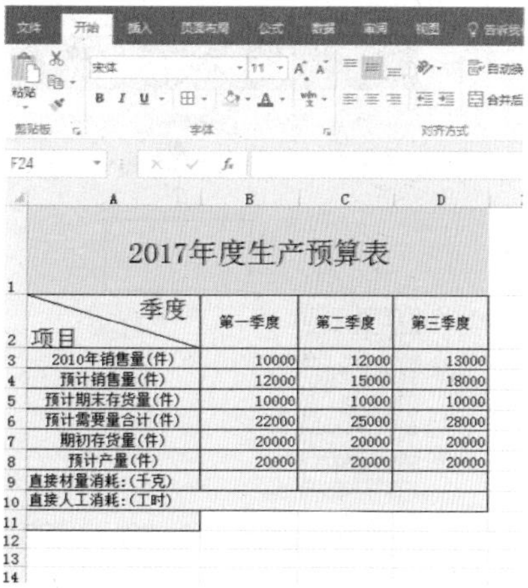

图 6-54 最终效果

### 6.2.9 应用自动换行操作

在 Excel 2016 中,当单元格中的内容太多而超出单元格的宽度时,可以设置单元格内容自动换行以避免该问题。下面介绍应用自动换行操作的方法。

| 素材文件 | 光盘 \ 素材 \ 第 6 章 \6.2.9.xlsx |
| --- | --- |
| 效果文件 | 光盘 \ 效果 \ 第 6 章 \6.2.9.xlsx |
| 视频文件 | 光盘 \ 视频 \ 第 6 章 \6.2.9 应用自动换行操作 .mp4 |

【操练 + 视频】——应用自动换行操作

**STEP 01** 在 Excel 2016 工作界面中打开一个 Excel 工作簿,如图 6-55 所示。

**STEP 02** 选择需要设置自动换行的单元格区域,如图 6-56 所示。

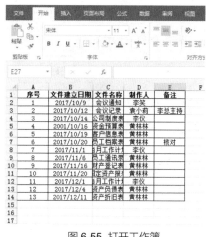

图 6-55 打开工作簿

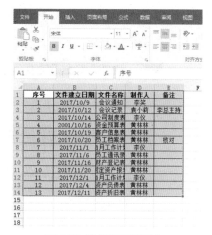

图 6-56 选择单元格区域

**STEP 03** 在"开始"面板的"对齐方式"选项板中单击"自动换行"按钮,如图 6-57 所示。

**STEP 04** 执行操作后,即可设置自动换行,如图 6-58 所示。

图 6-57 单击"自动换行"按钮　　　图 6-58 设置自动换行

# ▶6.3 编辑表格数据

在 Excel 2016 中,不仅要掌握它的基本操作,还要掌握编辑表格数据的方法。本节主要介绍编辑日期数据、时间数据和更改数据及数据样式等内容的操作方法。

## 6.3.1 编辑日期数据

在 Excel 2016 中,可以将输入数据的单元格格式设置为日期数据,这样选择的数据将以日期的格式显示。下面介绍编辑日期数据的操作方法。

| 素材文件 | 光盘 \ 素材 \ 第 6 章 \6.3.1.xlsx |
| --- | --- |
| 效果文件 | 光盘 \ 效果 \ 第 6 章 \6.3.1.xlsx |
| 视频文件 | 光盘 \ 视频 \ 第 6 章 \6.3.1 编辑日期数据 .mp4 |

【操练 + 视频】——编辑日期数据

STEP 01 在 Excel 2016 工作界面中打开一个 Excel 工作簿,如图 6-59 所示。

STEP 02 在工作表中选择单元格,输入出生日期,如图 6-60 所示。

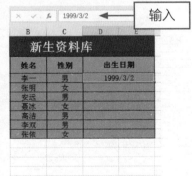

图 6-59 打开工作簿　　　　图 6-60 输入内容

STEP 03 采用同样的方法,在其他单元格中输入出生日期,如图 6-61 所示。

STEP 04 选择输入的日期区域,如图 6-62 所示。

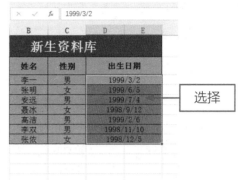

| 图 6-61 完成输入 | 图 6-62 选择输入的日期区域 |

**STEP 05** 执行操作后单击鼠标右键，在弹出的快捷菜单中选择"设置单元格格式"选项，如图6-63所示。

**STEP 06** 弹出"设置单元格格式"对话框，如图6-64所示。

| 图 6-63 选择"设置单元格格式"选项 | 图 6-64 "设置单元格格式"对话框 |

**STEP 07** 在"数字"选项卡中的"分类"下拉列表框中选择"日期"选项，在右侧的"类型"列表框中选择相应的选项，如图6-65所示。

**STEP 08** 单击"确定"按钮，选择的单元格区域将以日期格式显示，调整表格大小，效果如图6-66所示。

| 图 6-65 选择类型选项 | 图 6-66 编辑日期数据效果 |

在"日期"选项卡中提供了多种格式的日期类型，用户可以自行选择。

## 6.3.2 编辑时间数据

在 Excel 2016 中，可以根据需要将单元格格式设置为时间格式。下面介绍编辑时间数据的操作方法。

| 素材文件 | 光盘 \ 素材 \ 第 6 章 \6.3.2.xlsx |
|---|---|
| 效果文件 | 光盘 \ 效果 \ 第 6 章 \6.3.2.xlsx |
| 视频文件 | 光盘 \ 视频 \ 第 6 章 \6.3.2 编辑时间数据 .mp4 |

【操练 + 视频】——编辑日期数据

**STEP|01** 在 Excel 2016 工作界面中单击"文件"｜"打开"命令，打开一个 Excel 工作簿，如图 6-67 所示。

**STEP|02** 在工作表中选择 E2 单元格，如图 6-68 所示。

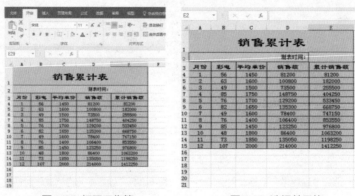

图 6-67 打开工作簿          图 6-68 选择单元格

**STEP|03** 在"开始"面板的"单元格"选项板中单击"格式"下拉按钮，在弹出的下拉列表中选择"设置单元格格式"选项，如图 6-69 所示。

**STEP|04** 弹出"设置单元格格式"对话框，如图 6-70 所示。

图 6-69 选择"设置单元格格式"选项          图 6-70 "设置单元格格式"对话框

**STEP 05** 在左侧窗格中选择"时间"选项，切换至"时间"选项卡，在"类型"列表框中选择相应的选项，如图 6-71 所示。

**STEP 06** 单击"确定"按钮，在 E2 单元格中输入 16:20，并按【Enter】键确认，效果如图 6-72 所示。

图 6-71 选择相应选项

图 6-72 编辑时间数据效果

---

**专家指点**

在 Excel 2016 工作界面中，如果需要输入当前时间和日期，可以利用快捷键来进行编辑，方法如下：

* 若输入当前日期，按【Ctrl +；】组合键；

* 若输入当前时间，则按【Ctrl + Shift +；】组合键；

* 若输入当前日期和时间，先按【Ctrl +；】组合键，然后输入一个空格，再按【Ctrl + Shift +；】组合键，即可快速输入当前日期和时间。

## 6.3.3 更改单元格数据

在工作中，可能需要替换以前在单元格中输入的数据。

当单击单元格，使其处于活动状态时，单元格中的数据会自动选取。一旦开始输入数据，单元格中原来的内容就会被新输入的内容代替。

修改单元格数据有两种常见的情况，下面对这两种情况进行介绍。

### 1．修改全部内容

在 Excel 2016 工作界面中单击"文件"｜"打开"命令，打开一个 Excel 工作簿。在打开的 Excel 工作表中选择 A15 单元格，如图 6-73 所示。然后在所选择的单元格中输入修改内容，并按【Enter】键确认，如图 6-74 所示。

### 2．修改部分内容

在 Excel 2016 中，如果单元格中包含大量的字符或复杂的公式，而只想修改其中的一小部分内容时，那么可以按以下两种方法进行编辑：

* 双击单元格，或者单击单元格再按【F2】键，使其处于编辑状态，如图 6-75 所示。然后在单元格中输入相应的内容，并按【Enter】键确认，如图 6-76 所示。

图 6-73 选择单元格

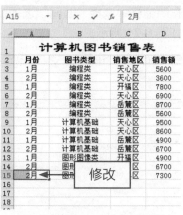

图 6-74 修改单元格数据

图 6-75 激活单元格

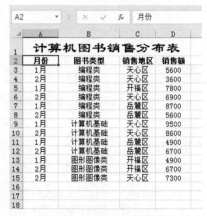

图 6-76 修改单元格部分数据

\* 单击激活单元格，然后单击公式栏，在公式栏中进行编辑。

## 6.3.4 应用自动填充

在制作表格时，常常需要输入一些相同或有规律的数据，若手动输入这些数据会占用很多时间。Excel 2016 的数据自动填充功能可以进行自动填充数据，从而大大提高输入效率。下面介绍应用自动填充的操作方法。

| 素材文件 | 光盘 \ 素材 \ 第 6 章 \6.3.4.xlsx |
|---|---|
| 效果文件 | 光盘 \ 效果 \ 第 6 章 \6.3.4.xlsx |
| 视频文件 | 光盘 \ 视频 \ 第 6 章 \6.3.4 应用自动填充 .mp4 |

【操练 + 视频】——应用自动填充

STEP 01 在 Excel 2016 工作界面中单击"文件"｜"打开"命令，打开一个 Excel 工作簿，如图 6-77 所示。

STEP 02 在工作表中选择需要填充数据的源单元格，将鼠标指针移至单元格右下角，此时指针呈十字形状➕，如图 6-78 所示。

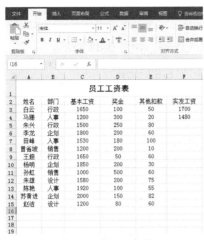

图 6-77 打开工作簿

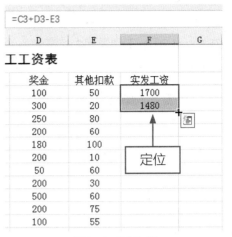

图 6-78 定位鼠标

STEP 03 单击鼠标左键并向下拖曳，如图 6-79 所示。

STEP 04 拖至合适位置后释放鼠标左键，即可自动填充数据，效果如图 6-80 所示。

图 6-79 拖曳鼠标 　　　　　　　　图 6-80 自动填充数据效果

**专家指点**

在 Excel 2016 中，还可以使用拖曳鼠标的方式自动填充多处文本效果。

## 6.3.5 应用字体样式

为了突出工作表中的某些数据，使整个版面显得更为丰富，可以根据需要对不同的单元格字符设置不同的字体。下面介绍应用字体样式的操作方法。

| | 素材文件 | 光盘 \ 素材 \ 第 6 章 \6.3.5.xlsx |
|---|---|---|
| | 效果文件 | 光盘 \ 效果 \ 第 6 章 \6.3.5.xlsx |
| | 视频文件 | 光盘 \ 视频 \ 第 6 章 \6.3.5 应用字体样式 .mp4 |

STEP 01 在 Excel 2016 工作界面中打开一个 Excel 工作簿，如图 6-81 所示。

STEP 02 在表格中选择需要设置字体的文本内容，如图 6-82 所示。

图 6-81 打开工作簿            图 6-82 选择文本内容

STEP 03 在"开始"面板的"字体"选项板中单击"字体"下拉按钮，在弹出的下拉列表中选择"黑体"选项，如图 6-83 所示。

STEP 04 执行操作后，即可设置文本字体，如图 6-84 所示。

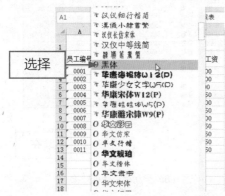

图 6-83 选择"黑体"选项          图 6-84 设置文本字体效果

专家指点

在 Excel 2016 中，除了运用以上方法设置文本字号外，还可以在"字体"选项板中单击"设置单元格格式：字体"按钮，弹出"设置单元格格式"对话框，在"字体"选项长的"字号"下拉列表框中选择相应的选项。

另外，在"字体"选项区中也可以对空白的单元格或单元格区域设置字体格式，一旦输入数据就可以直接应用其格式。

## 6.3.6 应用文本颜色

在 Excel 2016 中，对单元格中的文字进行排版时，可以通过改变字体颜色达到突出重点内容的目的。下面介绍应用文本颜色的操作方法。

| 素材文件 | 光盘 \ 素材 \ 第 6 章 \6.3.6.xlsx |
|---|---|
| 效果文件 | 光盘 \ 效果 \ 第 6 章 \6.3.6.xlsx |
| 视频文件 | 光盘 \ 视频 \ 第 6 章 \6.3.6 应用文本颜色 .mp4 |

**【操练＋视频】——应用文本颜色**

**STEP 01** 在 Excel 2016 工作界面中单击"文件"｜"打开"命令，打开一个 Excel 工作簿，如图 6-85 所示。

**STEP 02** 在表格中选择需要设置文本颜色的单元格区域，如图 6-86 所示。

图 6-85 打开工作簿　　　　　图 6-86 选择单元格区域

**STEP 03** 在"开始"面板的"字体"选项板中单击"字体颜色"下拉按钮 ，弹出下拉列表，在"标准色"选项区中选择"深红"选项，如图 6-87 所示。

**STEP 04** 执行上述操作后，即可将选择的单元格中的文本颜色设置为深红，效果如图 6-88 所示。

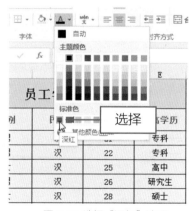

图 6-87 选择"深红"选项　　　　　图 6-88 设置文本颜色效果

**专家指点**

在工作表中选择需要设置颜色的文本内容并单击鼠标右键，在弹出的浮动面板中单击"字体颜色"下拉按钮 ，在弹出的下拉列表框中可根据需要选择相应的文本颜色。

## ◤ 6.3.7 创建边框和背景

在 Excel 2016 中，默认情况下工作区所显示的网格线是打印不出来的，所以在打印工作表中的内容时需要设置单元格的边框和背景。下面介绍创建边框和背景的操作方法。

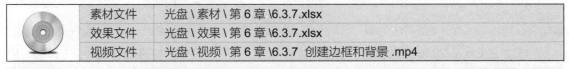

| 素材文件 | 光盘 \ 素材 \ 第 6 章 \6.3.7.xlsx |
|---|---|
| 效果文件 | 光盘 \ 效果 \ 第 6 章 \6.3.7.xlsx |
| 视频文件 | 光盘 \ 视频 \ 第 6 章 \6.3.7 创建边框和背景 .mp4 |

【操练+视频】——创建边框和背景

**STEP 01** 在 Excel 2016 工作界面中打开一个 Excel 工作簿，如图 6-89 所示。

**STEP 02** 在表格中选择需要设置边框样式的单元格，如图 6-90 所示。

图 6-89 打开工作簿　　　　　　　图 6-90 选择单元格区域

**STEP 03** 单击"开始"面板的"字体"选项板中右下角的"字体设置"按钮，如图 6-91 所示。

**STEP 04** 弹出"设置单元格格式"对话框，单击"边框"标签，切换至"边框"选项卡，如图 6-92 所示。

图 6-91 单击"字体设置"按钮

图 6-92 切换至"边框"选项卡

## 专家指点

在“边框”选项卡中，若想获得更丰富的边框效果，可以根据需要设置边框的属性参数。

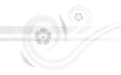

**STEP 05** 在“样式”选项区中选择合适的线条，设置“颜色”为红色，在“预置”选项区中单击“外边框”按钮和“内部”按钮，如图 6-93 所示。

**STEP 06** 单击“确定”按钮，即可为选择的单元格区域设置相应的边框样式，效果如图 6-94 所示。

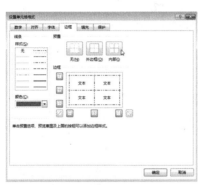

图 6-93 设置边框样式参数

销售人员收入核算

2013年12月

| 销售人员 | 基本工资 | 本月销售额 | 销售提成 | 应得收入 |
|---|---|---|---|---|
| 王瑞 | ¥1,200.00 | ¥10,000.00 | ¥200.00 | ¥1,400.00 |
| 李平 | ¥1,200.00 | ¥9,000.00 | ¥180.00 | ¥1,380.00 |
| 陈杰 | ¥1,200.00 | ¥12,000.00 | ¥240.00 | ¥1,440.00 |
| 黎辉 | ¥1,200.00 | ¥14,000.00 | ¥280.00 | ¥1,480.00 |

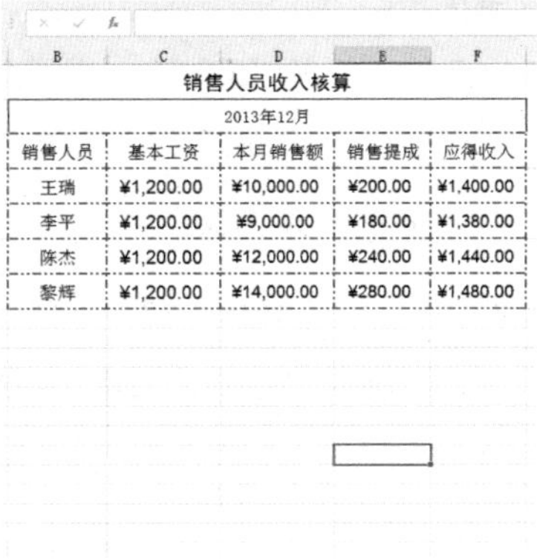

图 6-94 设置边框样式效果

**STEP 07** 在工作表中选择需要设置背景的单元格，如图 6-95 所示。

**STEP 08** 在“开始”面板的“字体”选项板中单击“填充颜色”下拉按钮，如图 6-96 所示。

销售人员收入核算

2013年12月

| 销售人员 | 基本工资 | 本月销售额 | 销售提成 | 应得收入 |
|---|---|---|---|---|
| 王瑞 | ¥1,200.00 | ¥10,000.00 | ¥200.00 | ¥1,400.00 |
| 李平 | ¥1,200.00 | ¥9,000.00 | ¥180.00 | ¥1,380.00 |
| 陈杰 | ¥1,200.00 | ¥12,000.00 | ¥240.00 | ¥1,440.00 |
| 黎辉 | ¥1,200.00 | ¥14,000.00 | ¥280.00 | ¥1,480.00 |

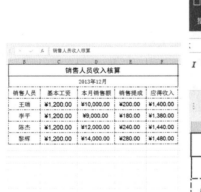

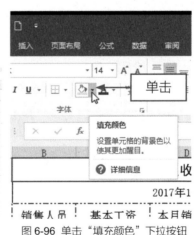

图 6-95 选择单元格

图 6-96 单击“填充颜色”下拉按钮

**STEP 09** 弹出下拉列表，在“标准色”选项区中选择“橙色”选项，如图 6-97 所示。

**STEP 10** 执行操作后，即可将选择的单元格颜色填充为橙色，如图 6-98 所示。

## 专家指点

除了运用以上方法设置单元格背景外，还可以在“设置单元格格式”对话框中的“填充”选项卡中设置填充的相应选项。

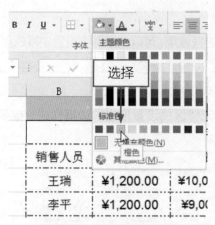

图 6-97 选择"橙色"选项

图 6-98 填充单元格效果

**STEP 11** 采用同样的方法，填充其他单元格，效果如图 **6-99** 所示。

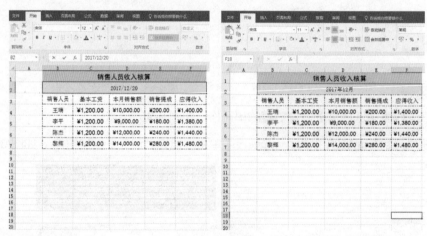

图 6-99 填充效果

# ▶ 6.4 美化数据表格操作

在 Excel 2016 中，不仅可以对工作表进行处理，还可以对图形和页面进行设置和处理，以达到美化表格数据的目的。本节主要介绍图形、剪贴画和艺术字的插入与编辑，以及进行页面版式编辑等内容的操作方法。

## ■ 6.4.1 应用图形对象

在 Excel 2016 中，不仅可以绘制常见的图形，如箭头、直线等基本图形，还可以利用 Excel 提供的自选图形在工作表中绘制出自己需要的基本图形。下面介绍应用图形对象的操作方法。

| 素材文件 | 光盘 \ 素材 \ 第 6 章 \6.4.1.jpg |
|---|---|
| 效果文件 | 光盘 \ 效果 \ 第 6 章 \6.4.1.xlsx |
| 视频文件 | 光盘 \ 视频 \ 第 6 章 \6.4.1 应用图形对象 .mp4 |

STEP 01 在 Excel 2016 工作界面中单击"文件"｜"打开"命令，打开一个 Excel 工作簿，如图 6-100 所示。

STEP 02 切换至"插入"面板，在"插图"选项板中单击"形状"下拉按钮，在弹出的下拉列表中选择"加号"选项，如图 6-101 所示。

图 6-100 打开工作簿　　　　　　　图 6-101 选择"加号"选项

STEP 03 将鼠标指针移至工作表中的合适位置单击鼠标左键并拖曳，拖至合适位置后释放鼠标，即可绘制图形，如图 6-102 所示。

STEP 04 采用同样的方法，在工作表中的其他位置绘制相应的图形，效果如图 6-103 所示。

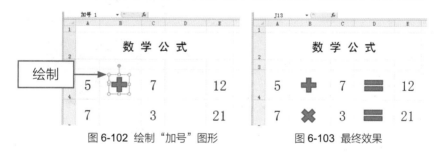

图 6-102 绘制"加号"图形　　　　　　图 6-103 最终效果

## 6.4.2 应用图片对象

Excel 2016 能够识别各种不同的图片格式，因此可以将其他程序中创建的图片插入到 Excel 工作表中，并可以对其图片属性进行设置，从而改变工作表中图片的颜色、对比度和亮度等。下面介绍应用图片对象的操作方法。

| | 素材文件 | 光盘 \ 素材 \ 第 6 章 \6.4.2.jpg |
|---|---|---|
| | 效果文件 | 光盘 \ 效果 \ 第 6 章 \6.4.2.xlsx |
| | 视频文件 | 光盘 \ 视频 \ 第 6 章 \6.4.2 应用图片对象 .mp4 |

STEP 01 在 Excel 2016 工作界面中单击"文件"｜"新建"命令，创建一个 Excel 工作簿，如图 6-104 所示。

**STEP 02** 单击"插入"标签，切换至"插入"面板，在"插图"选项板中单击"图片"按钮，如图 6-105 所示。

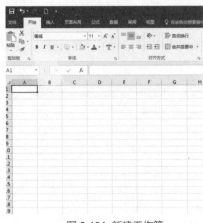

图 6-104 新建工作簿

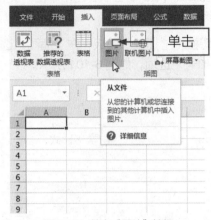

图 6-105 单击"图片"按钮

**STEP 03** 弹出"插入图片"对话框，在其中选择需要插入的图片素材，如图 6-106 所示。

**STEP 04** 单击"插入"按钮，即可将图片插入到工作表中，如图 6-107 所示。

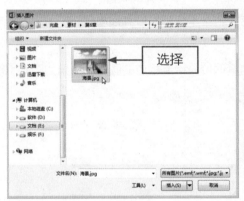

图 6-106 "插入图片"对话框

图 6-107 插入图片

**专家指点**

在其他软件中选择需要的图片，按【Ctrl + C】组合键进行复制，然后切换至 Excel 工作簿中，按住【Ctrl + V】组合键进行粘贴，即可快速插入图片。

**STEP 05** 选择图片，切换至"图片工具"中的"格式"面板，在"调整"选项板中单击"更正"下拉按钮，在弹出的下拉列表中设置相应的亮度和对比度，如图 6-108 所示。

**STEP 06** 执行上述操作后，即可设置图片的曝光效果，如图 6-109 所示。

**专家指点**

在 Excel 2016 中，切换至"格式"面板，在"图片样式"选项板中可以单击"其他"按钮来设置图片总体的外观样式，还可以在该选项区中设置图片边框的颜色，以及将图片转换为 SmartArt 图形。

图 6-108 设置亮度和对比度　　　　　　　　　图 6-109 最终效果

### 6.4.3　应用艺术字

　　在 Excel 中，艺术字就是有特殊效果的文字，可以有各种颜色、字体和阴影效果，它是当作一种图形对象而不是文本对象来处理的。用户可以通过"格式"面板来设置艺术字的填充颜色、阴影和三维效果等。下面介绍应用艺术字的操作方法。

| | 素材文件 | 无 |
|---|---|---|
| | 效果文件 | 光盘 \ 效果 \ 第 6 章 \6.4.3.xlsx |
| | 视频文件 | 光盘 \ 视频 \ 第 6 章 \6.4.3　应用艺术字 .mp4 |

【操练 + 视频】——应用艺术字

**STEP 01** 单击"文件"｜"新建"命令，创建一个 Excel 工作簿，如图 6-110 所示。

**STEP 02** 切换至"插入"面板，在"文本"选项板中单击"艺术字"下拉按钮 ，在弹出的下拉列表中选择相应的艺术字样式，如图 6-111 所示。

图 6-110　新建工作簿　　　　　　　　　图 6-111　选择艺术字样式

**STEP 03** 此时在工作表中显示"请在此放置您的文字"字样，如图 6-112 所示，按【Delete】键将这些文字删除。

**STEP 04** 输入需要的文字，在工作表中的其他空白位置单击鼠标左键，即可完成插入艺术字操作，如图 6-113 所示。

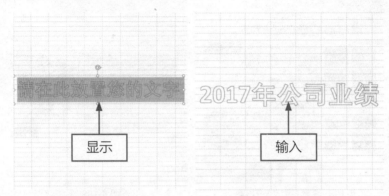

图 6-112 插入艺术字　　　　　　　图 6-113 插入艺术字

**STEP 05** 选择插入的艺术字，切换至"绘图工具"中的"格式"面板，单击"形状样式"选项板中的"其他"按钮 ▼，在弹出的下拉列表中选择相应的形状样式，如图 6-114 所示。

**STEP 06** 执行操作后，即可更改艺术字的形状样式，如图 6-115 所示。

图 6-114 选择形状样式　　　　　　图 6-115 更改艺术字形状样式

**STEP 07** 在"艺术字样式"选项区中选择相应的艺术字样式，如图 6-116 所示。

**STEP 08** 执行操作后，即可更改艺术字样式，效果如图 6-117 所示。

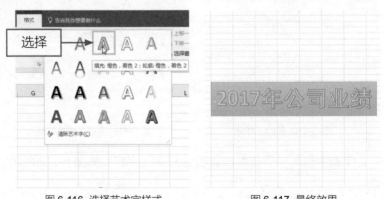

图 6-116 选择艺术字样式　　　　　　图 6-117 最终效果

专家指点

在 Excel 2016 中，在插入艺术字的过程中需要注意以下两个问题：

\* 在工作表中插入艺术字，默认的位置都是一样的。

\* 在文本框中输入的艺术字的格式为前面选择的艺术字样式。

## 6.4.4 应用页边距

在 Excel 2016 中，设置页边距包括调整上、下、左、右边距，以及页眉和页脚距页边界的距离，采用这种方法设置页边距十分精确。下面介绍应用页边距的操作方法。

| 素材文件 | 光盘 \ 素材 \ 第 6 章 \6.4.4.xlsx |
|---|---|
| 效果文件 | 光盘 \ 效果 \ 第 6 章 \6.4.4.xlsx |
| 视频文件 | 光盘 \ 视频 \ 第 6 章 \6.4.4 应用页边距 .mp4 |

【操练 + 视频】——应用页边距

**STEP 01** 在 Excel 2016 工作界面中打开一个 Excel 工作簿，如图 6-118 所示。

**STEP 02** 切换至"页面布局"面板，在"页面设置"选项板中单击"页边距"下拉按钮，如图 6-119 所示。

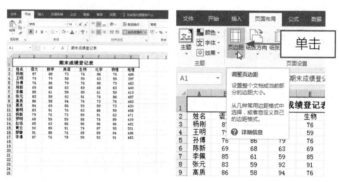

图 6-118 打开工作簿　　图 6-119 单击"页边距"下拉按钮

**STEP 03** 在弹出的下拉列表中选择"自定义边距"选项，如图 6-120 所示。

**STEP 04** 弹出"页面设置"对话框，在该对话框中设置相应的页边距，如图 6-121 所示。

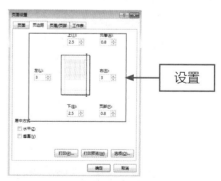

图 6-120 选择"自定义边距"选项　　图 6-121 设置页边距参数

**STEP 05** 在"居中方式"选项区中选中"水平"复选框，如图 6-122 所示。

**STEP 06** 设置完成后，单击"确定"按钮，即可完成对页边距的设置，效果如图 6-123 所示。

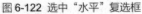

图 6-122 选中"水平"复选框

图 6-123 页边距设置效果

## 6.4.5 应用页眉页脚

在 Excel 2016 中，页眉是打印页顶部所显示的一行信息，可以用于显示名称或标注等内容；页脚是打印页最底端所显示的一行信息，可以用于显示页码、打印日期和时间等内容，可以根据需要设置打印页面的页眉和页脚。下面介绍应用页眉页脚的操作方法。

| 素材文件 | 光盘 \ 素材 \ 第 6 章 \6.4.5.xlsx |
| --- | --- |
| 效果文件 | 光盘 \ 效果 \ 第 6 章 \6.4.5.xlsx |
| 视频文件 | 光盘 \ 视频 \ 第 6 章 \6.4.5 应用页眉页脚 .mp4 |

**【操练 + 视频】——应用页眉页脚**

**STEP 01** 在 Excel 2016 工作界面中打开一个 Excel 工作簿，如图 6-124 所示。

**STEP 02** 切换至"页面布局"面板，在"页面设置"选项板中单击右下角的"页面设置"按钮，如图 6-125 所示。

图 6-124 打开工作簿

图 6-125 单击"页面设置"按钮

**STEP 03** 弹出"页面设置"对话框，切换至"页眉 / 页脚"选项卡，如图 6-126 所示。

**STEP 04** 单击"自定义页眉"按钮，如图 6-127 所示。

图 6-126 "页面 / 页脚"选项卡　　　图 6-127 单击"自定义页眉"按钮

STEP 05 弹出"页眉"对话框,在"中"文本框中输入页眉内容,如图 6-128 所示。

STEP 06 单击"确定"按钮,返回"页面设置"对话框,单击"自定义页脚"按钮,如图 6-129 所示。

图 6-128 输入页眉内容　　　　　图 6-129 单击"自定义页脚"按钮

STEP 07 弹出"页脚"对话框,在"中"文本框中输入页脚内容,如图 6-130 所示。

STEP 08 单击"确定"按钮,返回"页面设置"对话框,单击"打印预览"按钮,如图 6-131 所示。

图 6-130 输入页脚内容　　　　　图 6-131 单击"打印预览"按钮

STEP 09 执行上述操作后,即可查看设置页眉和页脚后的效果,如图 6-132 所示。

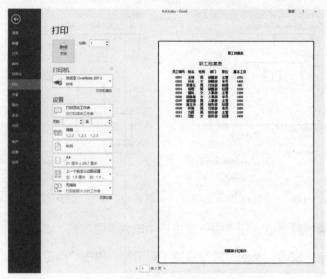

图 6-132　应用页眉页脚效果

# CHAPTER 7

## 灵活应用运算符：
## 公式与函数

## 章前知识导读

　　在 Excel 2016 中，分析和处理 Excel 工作表中的数据离不开公式和函数. 其中，公式是函数的基础，函数是 Excel 预定义的内置公式。本章主要向读者介绍公式与函数的编辑与计算应用的操作方法。

## 新手重点索引

　　✎ 编辑数据表格公式　　　✎ 认识其他类别函数

　　✎ 表格数据计算操作　　　✎ 应用函数输入方法

　　✎ 掌握常用函数

# ▶7.1 编辑数据表格公式

在工作表中输入数据后，可以通过 Excel 2016 中的公式对这些数据进行自动、精确且高效的运算处理。学习运用公式时，首先要了解运算符的类型和基本操作。本节主要介绍运算符以及公式编辑方面的内容。

## 7.1.1 了解运算符

在 Excel 2016 中，运算符连接要运算的数据对象，并对运算符进行何种操作进行说明，如 "+" 是把前后两个操作对象进行加法运算。

### 1．运算符分类

运算符是对公式中的元素进行特定类型的运算，在 Excel 2016 中包含了 4 种类型的运算符，分别是算术运算符、比较运算符、文本运算符和引用运算符，具体如下：

\* 算术运算符。算术运算符主要用于基本的数学运算，如加法、减法、乘法和除法，用来连接数据或产生数字结果等。算术运算符的含义如表 7-1 所示。

**表 7-1 算术运算符的含义及示例**

| 算术运算符 | 含义 | 示例 |
|---|---|---|
| ＋（加号） | 加 | 1 ＋ 4=5 |
| －（减号） | 减 | 4 － 2=2 |
| *（星号） | 乘 | 2*3=6 |
| /（斜杠） | 除 | 6/3=2 |
| %（百分号） | 百分比 | 60% |
| ^（脱字号） | 乘方 | 4 ^ 3=43 |

\* 文本链接运算符。使用和号（＆）加入或连接一个或更多文本字符串以产生一串新的文本，其含义及示例如表 7-2 所示。

**表 7-2 算术运算符的含义及示例**

| 文本运算符 | 含义 | 示例 |
|---|---|---|
| ＆ | 将两个文本值连接起来 | ="本月"＆"销售"产生"本月销售" |
| ＆ | 将单元格内容与文本内容连接起来 | =A5＆"销售"产生"第一季度销售" |

＊比较运算符。比较运算符可以对两个数值进行比较，并产生逻辑值 TRUE 或 FALSH，具体情况如下：

（1）若条件相符，则产生逻辑"真"值 TRUE（1）；

（2）若条件不相符，则产生逻辑"假"值 FALSH（0）。

比较运算符的含义及示例如表 7-3 所示。

表 7-3　算术运算符的含义及示例

| 比较运算符 | 含义 | 示例 |
| --- | --- | --- |
| ＝（等号） | 相等 | A1=6 |
| ＜（小于号） | 小于 | A1<8 |
| ＞（大于号） | 大于 | A1>6 |
| ＞＝（大于等于） | 大于等于 | A1>=4 |
| ＜＞（不等号） | 不相等 | A1<>5 |
| ＜＝（小于等于号） | 小于等于 | A1<=7 |

＊引用运算符。引用运算符可以对单元格区域进行合并计算，其含义及示例如表 7-4 所示。

表 7-4　算术运算符的含义及示例

| 引用运算符 | 含义 | 示例 |
| --- | --- | --- |
| ：（冒号） | 区域运算符，对两个引用之间，包括两个引用在内的所有单元格进行引用 | SUM（B1:C5） |
| ，（逗号） | 联合运算符，将多个引用合并为一个引用 | SUM（C2:A5，C2:C6） |
| （空格） | 交叉运算符，表示几个单元格区域所重叠的那些单元格 | SUM（B2:D3 C1:C4） |

专家指点

　　单元格引用是用于表示单元格在工作表上所处位置的坐标轴。

## 2．运算符优先级

　　每个运算符的优先级都是不同的，在一个混合运算的公式中，对于不同优先级的运算，按照从高到低的顺序进行计算；对于相同优先级的运算，按照从左到右的顺序进行计算。各运算符的优先级如表 7-5 所示。

表 7-5 算术运算符的含义及示例

| 运算符 | 说明 |
|---|---|
| :( 冒号 )( 单个空格 ),( 逗号 ) | 引用运算符 |
| - | 负号 |
| % | 百分比 |
| ^ | 乘幂 |
| 十和一 | 加和减 |
| * 和 / | 乘和除 |
| & | 连接两个文本字符串（连接） |
| =、<、>、<=、>= 和 <> | 比较运算符 |

专家指点

　　如果输入的公式过长，单元格中浏览不到整个公式，可根据需要调整公式所在单元格的大小。

### 3．括号在运算中的应用

　　在 Excel 2016 中，如果要求更改求值的顺序，可以将公式中需要计算的部分用括号括起来，例如公式"=2*3+6"的结果为 12，因为 Excel 先进行了乘法运算后再进行加法运算。与此相反，如果使用括号改变语法，让原公式变为"=2*（3+6）"，此时就会先计算 3+6 的结果，再乘以 2，结果即为 18。

## 7.1.2 应用输入公式操作

　　在 Excel 2016 中，输入公式的方法与输入文本的方法类似。选择需要输入公式的单元格，在编辑栏中输入"＝"号，然后输入公式内容即可。下面介绍应用输入公式的操作方法。

| 素材文件 | 光盘 \ 素材 \ 第 7 章 \7.1.2.xlsx |
|---|---|
| 效果文件 | 光盘 \ 效果 \ 第 7 章 \7.1.2.xlsx |
| 视频文件 | 光盘 \ 视频 \ 第 7 章 \7.1.2 应用输入公式操作 .mp4 |

【操练 + 视频】——应用输入公式操作

**STEP 01** 单击"文件"|"打开"命令，打开一个 Excel 工作簿，如图 7-1 所示。

**STEP 02** 在工作表中选择需要输入公式的单元格，如图 7-2 所示。

图 7-1 打开 Excel 工作簿

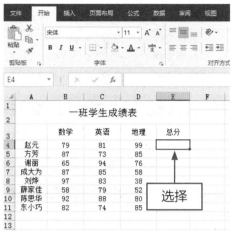

图 7-2 选择单元格

**STEP 03** 在编辑栏中输入公式"=B4+C4+D4"，如图 7-3 所示。

**STEP 04** 按【Enter】键确认，即可在 E4 单元格中显示公式的计算结果，如图 7-4 所示。

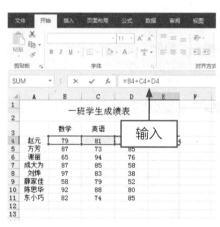

图 7-3 输入公式

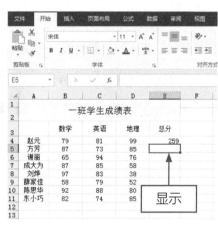

图 7-4 显示计算结果

## 7.1.3 应用复制公式操作

　　通过复制公式操作可以快速地在其他单元格中输入公式，以提高输入公式的效率。下面介绍应用复制公式的操作方法。

| 素材文件 | 光盘 \ 素材 \ 第 7 章 \7.1.3.xlsx |
|---|---|
| 效果文件 | 光盘 \ 效果 \ 第 7 章 \7.1.3.xlsx |
| 视频文件 | 光盘 \ 视频 \ 第 7 章 \7.1.3 应用复制公式操作 .mp4 |

【操练 + 视频】——应用复制公式操作

**STEP 01** 单击"文件"｜"打开"命令，打开一个 Excel 工作簿，如图 7-5 所示。

**STEP 02** 在工作表中选择 G4 单元格，如图 7-6 所示。

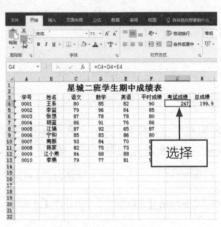

图 7-5 打开工作簿　　　　　　　　　图 7-6 选择单元格

**STEP 03** 在"开始"面板的"剪贴板"选项板中单击"复制"按钮 ，如图 7-7 所示。

**STEP 04** 在工作表中选择需要复制公式的其他单元格，如图 7-8 所示。

图 7-7 单击"复制"按钮　　　　　　图 7-8 选择其他单元格

**STEP 05** 在"开始"面板的"剪贴板"选项板中单击"粘贴"下拉按钮，在弹出的列表中选择"粘贴"选项，如图 7-9 所示。

**STEP 06** 按【Enter】键确认，即可得到复制公式的计算结果，如图 7-10 所示。

图 7-9 选择"粘贴"选项 　　　　　　　　图 7-10 得出计算结果

## 7.1.4 应用自定义公式操作

　　在 Excel 2016 中，创建公式可以在编辑栏中输入，也可以直接在单元格中输入。下面介绍应用自定义公式的操作方法。

| 素材文件 | 光盘 \ 素材 \ 第 7 章 \7.1.4.xlsx |
| --- | --- |
| 效果文件 | 光盘 \ 效果 \ 第 7 章 \7.1.4.xlsx |
| 视频文件 | 光盘 \ 视频 \ 第 7 章 \7.1.4 应用自定义公式操作 .mp4 |

【操练＋视频】——应用自定义公式操作

STEP 01 单击"文件"｜"打开"命令，打开一个 Excel 工作簿，如图 7-11 所示。

STEP 02 在工作表中选择 G4 单元格，如图 7-12 所示。

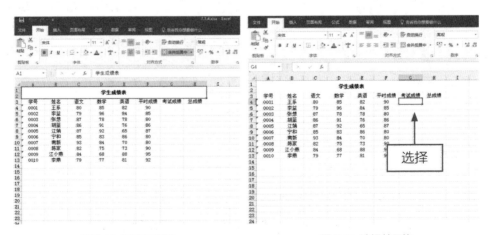

图 7-11 打开工作簿 　　　　　　　　　图 7-12 选择单元格

**STEP 03** 在选择的单元格中输入自定义公式"=C4+D4+E4",如图 7-13 所示。

**STEP 04** 按【Enter】键进行确认,即可得出计算结果,如图 7-14 所示。

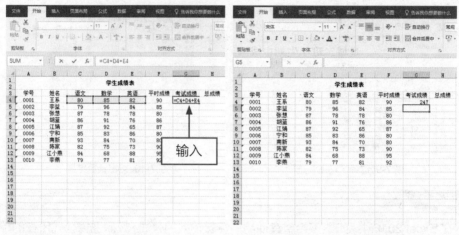

图 7-13 输入公式　　　　　　　　　　图 7-14 得出计算结果

专家指点

在 Excel 2016 工作界面中输入和编辑自定义公式时,可以直接用鼠标单击所引用的单元格,此时编辑公式的单元格中会出现此单元格名称,表明该单元格中的数据已被引用到公式中。

**STEP 05** 选择 H4 单元格,如图 7-15 所示。

**STEP 06** 单击编辑栏使其成为激活状态,如图 7-16 所示。

图 7-15 选择单元格　　　　　　　　　图 7-16 激活编辑栏

**STEP 07** 在编辑栏中输入公式"=F4*0.3+G4*0.7",如图 7-17 所示。

**STEP 08** 输入完成后,按【Enter】键进行确认操作,即可完成自定义公式的计算,如图 7-18 所示。

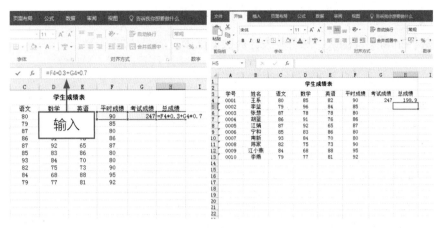

| 图 7-17 输入公式 | 图 7-18 完成计算 |
|---|---|

在计算表格数据时，可以在多个单元格中同时输入相同的计算公式，方法为：按住【Ctrl】键不放，单击需要输入相同公式的单元格或单元格区域，然后按【F2】键，在编辑栏中输入相应的自定义公式，最后按【Ctrl + Enter】组合键计算结果。

## 7.1.5 应用更改公式操作

在 Excel 2016 中，当调整单元格或输入错误的公式后，可以对相应的公式进行调整与修改。下面介绍应用更改公式的操作方法。

| | 素材文件 | 光盘 \ 素材 \ 第 7 章 \7.1.5.xlsx |
|---|---|---|
| | 效果文件 | 光盘 \ 效果 \ 第 7 章 \7.1.5.xlsx |
| | 视频文件 | 光盘 \ 视频 \ 第 7 章 \7.1.5 应用更改公式操作 .mp4 |

【操练 + 视频】——应用更改公式操作

STEP|01 单击"文件"｜"打开"命令，打开一个 Excel 工作簿，如图 7-19 所示。

STEP|02 在工作表中选择需要修改公式的单元格，如图 7-20 所示。

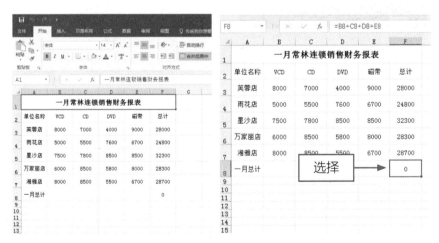

| 图 7-19 打开工作簿 | 图 7-20 选择单元格 |
|---|---|

**STEP03** 在编辑栏中输入修改的公式 "=F3+F4+F5+F6+F7" ，如图 7-21 所示。

**STEP04** 按【 Enter 】键确认，即可更改计算数据结果，如图 7-22 所示。

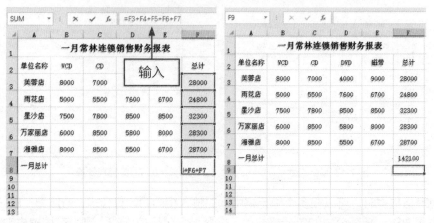

图 7-21 输入公式                        图 7-22 更改计算结果

## 7.1.6 应用删除公式操作

在 Excel 2016 中使用公式计算出结果后，可删除该单元格中的公式，并且保留其计算结果。下面介绍应用删除公式的操作方法。

| 素材文件 | 光盘 \ 素材 \ 第 7 章 \7.1.6.xlsx |
|---|---|
| 效果文件 | 光盘 \ 效果 \ 第 7 章 \7.1.6.xlsx |
| 视频文件 | 光盘 \ 视频 \ 第 7 章 \7.1.6 应用删除公式操作 .mp4 |

【操练 + 视频】——应用删除公式操作

**STEP01** 单击 "文件" | "打开" 命令，打开一个 Excel 工作簿，如图 7-23 所示。

**STEP02** 在工作表中选择需要删除公式的单元格，如图 7-24 所示。

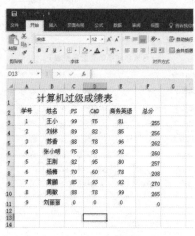

图 7-23 打开工作簿                      图 7-24 选择单元格

**STEP|03** 单击鼠标右键，在弹出的快捷菜单中选择"复制"选项，如图 7-25 所示。

**STEP|04** 在"开始"面板的"剪贴板"选项板中单击"粘贴"下拉按钮，在弹出的下拉列表中选择"选择性粘贴"选项，如图 7-26 所示。

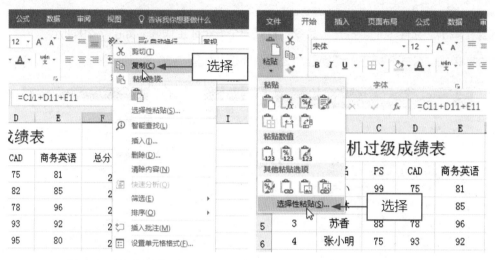

图 7-25 选择"复制"选项      图 7-26 选择"选择性粘贴"选项

**STEP|05** 弹出"选择性粘贴"对话框，在"粘贴"选项区中选中"数值"单选按钮，如图 7-27 所示。

**STEP|06** 单击"确定"按钮，即可删除公式并保留数值，如图 7-28 所示。

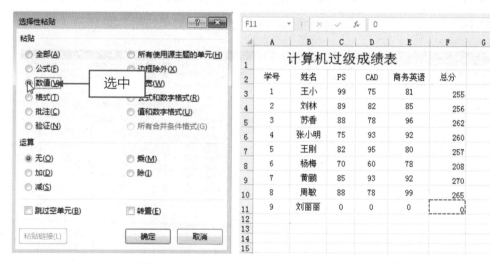

图 7-27 选中"数值"单选按钮      图 7-28 删除公式

## 7.1.7 应用显示公式操作

在 Excel 2016 中，也可以根据需要在单元格中显示数据的计算方式。下面介绍应用显示公式的操作方法。

| 素材文件 | 光盘 \ 素材 \ 第 7 章 \7.1.7.xlsx |
| 效果文件 | 光盘 \ 效果 \ 第 7 章 \7.1.7.xlsx |
| 视频文件 | 光盘 \ 视频 \ 第 7 章 \7.1.7 应用显示公式操作 .mp4 |

【操练 + 视频】——应用显示公式操作

STEP 01 单击"文件"│"打开"命令，打开一个 Excel 工作簿，如图 7-29 所示。

STEP 02 单击"公式"标签，切换至"公式"面板，如图 7-30 所示。

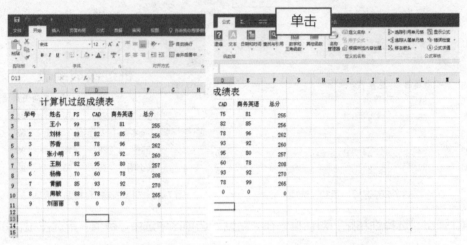

图 7-29 打开工作簿　　　　　　　　　　　　　　图 7-30 "公式"面板

STEP 03 在"公式审核"选项板中单击"显示公式"按钮，如图 7-31 所示。

STEP 04 执行操作后，即可在单元格中显示数据计算公式，效果如图 7-32 所示。

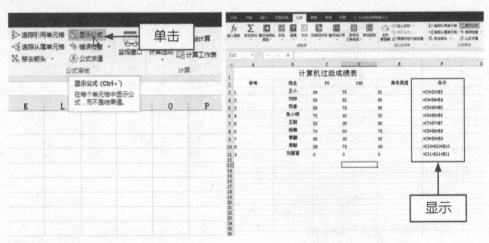

图 7-31 单击"显示公式"按钮　　　　　　　　　图 7-32 显示公式效果

专家指点

　　在显示计算结果的单元格中按【Ctrl + '】组合键，可显示其所运用的计算公式及相关单元格内容。

# ▶ 7.2 表格数据计算操作

每个单元格都有行、列坐标位置，Excel 2016 中将单元格行、列坐标位置称为单元格引用，引用的作用在于标识工作表上的单元格或单元格区域，并指明公式中所使用的数据的位置。本节主要介绍单元格引用方法，以及相对引用、绝对引用和混合引用等计算数据的操作方法。

## ▨ 7.2.1 认识单元格引用方法

在 Excel 2016 中，可以在公式中使用工作表中不同的数据，或者在多个公式中使用同一个单元格的数据；还可以引用同一个工作簿中不同工作表上的单元格，或其他工作簿中的数据。引用单元格以后，公式的运算值将随着被引用的单元格数据变化而变化。当被引用的单元格数据被修改后，公式的运算值将自动修改。

单元格的引用方法有以下两种：

\* 在计算公式中输入需要引用单元格的列标号及行标号，如 A3（表示 A 列中的第 3 个单元格）；A1:B5（表示从 A1 到 B5 之间的所有单元格）。

\* 在进行公式计算时，也可以直接单击选择需要运算的单元格，Excel 会自动将选择的单元格添加到计算公式中。

> **专家指点**
>
> 在输入引用单元格的过程中，应先输入列标，再输入行号，如 A3 单元格，而不是 3A 单元格。

## ▨ 7.2.2 应用相对引用

相对引用就是指用单元格所在的行号和列标作为引用。相对引用只需输入单元格的名称。Excel2016 默认使用相对引用。下面介绍应用相对引用的操作方法。

| 素材文件 | 光盘 \ 素材 \ 第 7 章 \7.2.2.xlsx |
|---|---|
| 效果文件 | 光盘 \ 效果 \ 第 7 章 \7.2.2.xlsx |
| 视频文件 | 光盘 \ 视频 \ 第 7 章 7.2.2 应用相对引用 .mp4 |

**【操练 + 视频】——应用相对应用**

**STEP 01** 单击"文件"｜"打开"命令，打开一个 Excel 工作簿，如图 7-33 所示。

**STEP 02** 在工作表中选择需要的单元格，如图 7-34 所示。

**STEP 03** 将鼠标指针移至其右下角，此时指针呈 ✚ 形状，单击鼠标左键并拖曳，如图 7-35 所示。

**STEP 04** 拖至目标位置后释放鼠标左键，即可完成相对引用，效果如图 7-36 所示。

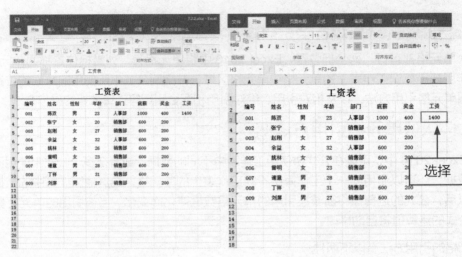

图 7-33 打开工作簿　　　　　　　　图 7-34 选择单元格

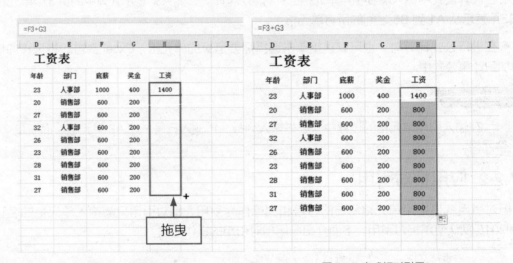

图 7-35 拖曳鼠标　　　　　　　　图 7-36 完成相对引用

相对引用的特点是：将相应的计算公式复制或填充到其他单元格中时，其他单元格引用会自动随着移动的位置相对变化。在使用相对单元格时，字母表示列，数字表示行。

## 7.2.3 应用绝对引用

与相对引用相反的是绝对引用，绝对引用就是公式中引用的是单元格的绝对地址，即公式所引用的单元格是固定不变的，与包含公式的单元格位置无关。采用绝对引用的公式，无论将它复制或剪切到哪里，都将引用同一个固定的单元格。下面介绍应用绝对引用的操作方法。

| 素材文件 | 光盘 \ 素材 \ 第 7 章 \7.2.3.xlsx |
| --- | --- |
| 效果文件 | 光盘 \ 效果 \ 第 7 章 \7.2.3.xlsx |
| 视频文件 | 光盘 \ 视频 \ 第 7 章 \7.2.3 应用绝对引用 .mp4 |

【操练＋视频】——应用绝对引用

**STEP 01** 单击"文件"｜"打开"命令，打开一个 Excel 工作簿，如图 7-37 所示。

**STEP 02** 在工作表中选择需要的单元格，如图 7-38 所示。

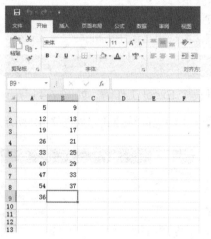

图 7-37 打开工作簿

图 7-38 选择单元格

**STEP 03** 将鼠标指针移至单元格右下角，此时指针呈 ✚ 形状，如图 7-39 所示，单击鼠标左键并拖曳。

**STEP 04** 拖至 B9 单元格释放鼠标左键，选择 B9 单元格，查看绝对引用数据，如图 7-40 所示。

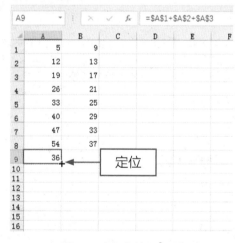

图 7-39 鼠标指针呈 ✚ 形状

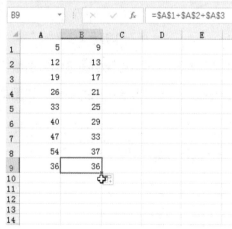

图 7-40 单元格绝对引用效果

专家指点

　　在使用绝对引用时，单元格引用不会自动随着移动的位置发生相对变化。有些情况下，需要在相对引用和绝对引用之间混合运用。在使用这种引用方法时，需要在列标和行号前分别加上符号 $。

## 7.2.4 应用混合引用

混合引用是指在一个单元格引用中既有绝对引用又有相对引用，即混合使用具有绝对列和相对行，或是绝对行或相对列。下面介绍应用混合引用的操作方法。

| 素材文件 | 光盘 \ 素材 \ 第 7 章 \7.2.4.xlsx |
| --- | --- |
| 效果文件 | 光盘 \ 效果 \ 第 7 章 \7.2.4.xlsx |
| 视频文件 | 光盘 \ 视频 \ 第 7 章 \7.2.4 应用混合引用 .mp4 |

**【操练 + 视频】——应用混合引用**

**STEP 01** 单击"文件"|"打开"命令，打开一个 Excel 工作簿，如图 7-41 所示。

**STEP 02** 选择单元格，在"编辑栏"中查看混合引用的计算公式，如图 7-42 所示。

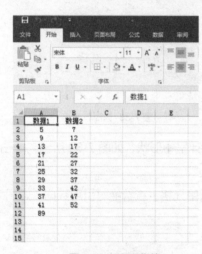

图 7-41 打开工作簿

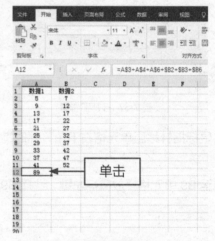

图 7-42 查看混合引用计算公式

**STEP 03** 将鼠标指针移至单元格右下角单击鼠标左键并拖曳，如图 7-43 所示。

**STEP 04** 在编辑栏查看混合引用的结果，如图 7-44 所示。

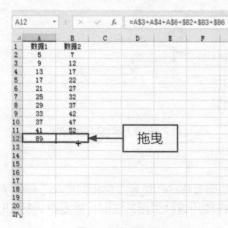

图 7-43 拖曳鼠标

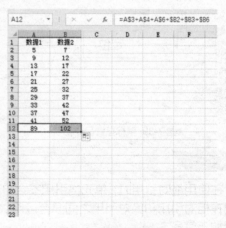

图 7-44 混合引用数据

在 Excel 2016 中，如果多行或多列地复制公式，相对引用将随着目标复制的位置自动调整，而绝对引用不会随着复制的位置进行调整。

# ▸7.3 掌握常用函数

Excel 2016 内部的函数包括常用函数、日期与时间函数、数学函数与三角函数、统计函数、查找与引用函数、数据库函数、文本函数、逻辑函数和信息函数。本节主要介绍 SUM 函数、MAX 函数以及 MIN 函数等应用方法。

## 7.3.1 应用自动求和函数

在日常生活中，函数的应用非常广泛，涉及到许多领域，使用这些函数可以比较轻松地完成相关的数据运算。其中，SUM 函数是一个求和汇总函数，可以计算在任何一个单元格区域中的所有数字之和。下面介绍应用自动求和函数的操作方法。

| | | |
|---|---|---|
| 素材文件 | 光盘 \ 素材 \ 第 7 章 \7.3.1.xlsx | |
| 效果文件 | 光盘 \ 效果 \ 第 7 章 \7.3.1.xlsx | |
| 视频文件 | 光盘 \ 视频 \ 第 7 章 \7.3.1 应用自动求和函数 .mp4 | |

【操练 + 视频】——应用自动求和函数

**STEP 01** 单击"文件"｜"打开"命令，打开一个 Excel 工作簿，如图 7-45 所示。

**STEP 02** 选择 D3 单元格，单击编辑栏右侧的"插入函数"按钮 $f_x$，如图 7-46 所示。

图 7-45 打开工作簿　　　　图 7-46 单击"插入函数"按钮

**STEP 03** 弹出"插入函数"对话框，如图 7-47 所示。

**STEP 04** 保持各选项为默认设置，单击"确定"按钮，在弹出的"函数参数"对话框中单击 Number 1 右侧的"引用"按钮，如图 7-48 所示。

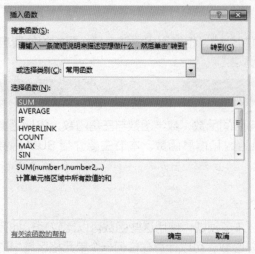

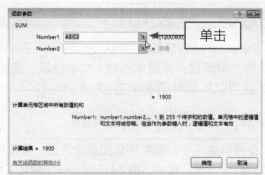

图 7-47 "插入函数"对话框　　　　　　　　　图 7-48 单击"引用"按钮

STEP 05 弹出"函数参数"对话框，在工作表中选择需要引用的位置，如图 7-49 所示。

STEP 06 按【Enter】键进行确认，返回"函数参数"对话框中，单击"确定"按钮，即可使用 SUM 函数进行求和，结果如图 7-50 所示。

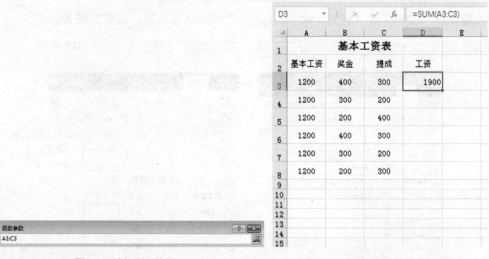

图 7-49 选择引用位置　　　　　　　　　图 7-50 使用 SUM 函数求和结果

　　如果选择的单元格区域为数组或引用，只有其中的数字将被计算，数组或引用中的空白单元格、逻辑值或文本都将被忽略。

## 7.3.2 应用平均值函数

在 Excel 2016 中，使用平均函数可以求出数值的平均值。下面介绍应用平均值函数的操作方法。

| 素材文件 | 光盘 \ 素材 \ 第 7 章 \7.3.2.xlsx |
| 效果文件 | 光盘 \ 效果 \ 第 7 章 \7.3.2.xlsx |
| 视频文件 | 光盘 \ 视频 \ 第 7 章 \7.3.2 应用平均值函数 .mp4 |

【操练 + 视频】——应用平均值函数

**STEP 01** 单击"文件"｜"打开"命令，打开一个 Excel 工作簿，如图 7-51 所示。

**STEP 02** 在工作表中选择需要使用平均函数的单元格，如图 7-52 所示。

图 7-51 打开工作簿 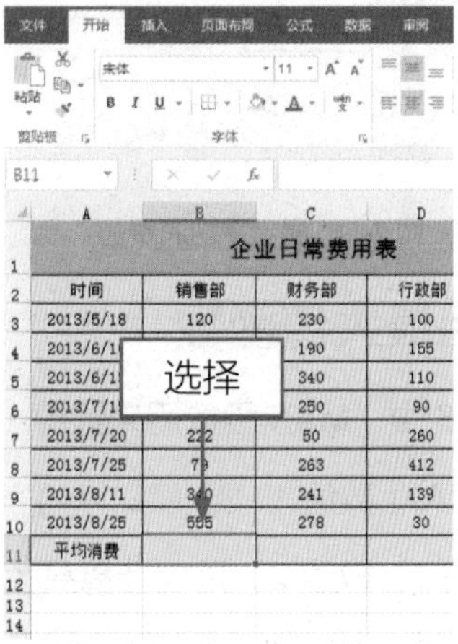　　　　　　图 7-52 选择单元格

**STEP 03** 在编辑栏中输入等号"＝"，如图 7-53 所示。

**STEP 04** 在编辑栏中输入平均值函数"＝ AVERAGE(B3:B10)"，如图 7-54 所示。

图 7-53 输入等号"＝" 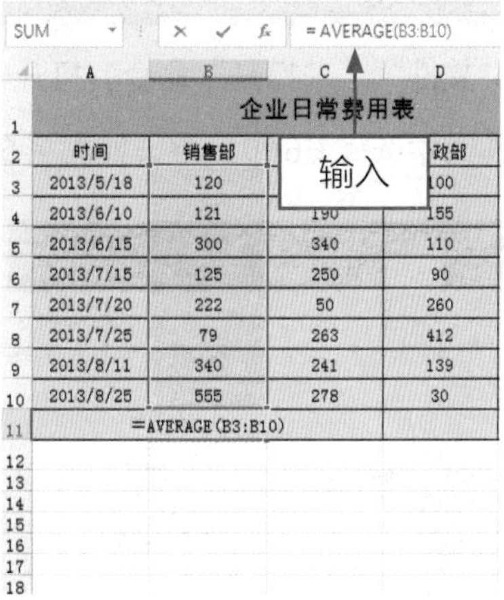　　　　　　图 7-54 输入平均值函数

**STEP 05** 按【Enter】键确认，即可显示销售部平均消费值，如图 7-55 所示。

**STEP 06** 将鼠标指针移动至 B11 单元格的右下角，单击鼠标左键并向右拖动至合适位置后释放鼠标左键，即可得出其他单元格中的平均值，如图 7-56 所示。

图 7-55 显示平均消费值　　　　　　图 7-56 完成其他单元格计算

## 7.3.3 应用最大值函数

在 Excel 2016 中，MAX 函数用来计算一串数值中的最大值。

其语法为：MAX( 数值 1，数值 2，…)

其中，"数值 1，数值 2"是指计算最大值的单元格或单元格区域参数。

下面介绍应用最大值函数的操作方法。

| 素材文件 | 光盘 \ 素材 \ 第 7 章 \7.3.3.xlsx |
|---|---|
| 效果文件 | 光盘 \ 效果 \ 第 7 章 7.3.3\.xlsx |
| 视频文件 | 光盘 \ 视频 \ 第 7 章 \7.3.3 应用最大值函数 .mp4 |

【操练 + 视频】——应用最大值函数

STEP 01 单击"文件" | "打开"命令，打开一个 Excel 工作簿，如图 7-57 所示。

STEP 02 在工作簿中选择 E6 单元格，如图 7-58 所示。

图 7-57 打开工作簿　　　　　　图 7-58 选择单元格

**STEP 03** 执行操作后，输入函数"=MAX(B2:B12)"，如图 7-59 所示。

**STEP 04** 按【Enter】键进行确认，即可求出最高气温，如图 7-60 所示。

图 7-59 输入函数　　　　　　　　　图 7-60 完成计算

## 7.3.4 应用最小值函数

在 Excel 2016 中，MIN 函数用来计算一串数值中的最小值。

其语法为：MIN( 数值 1，数值 2，…)

其中，"数值 1，数值 2"是指计算最小值的单元格或单元格区域的参数。

下面介绍应用最小值函数的操作方法。

| 素材文件 | 光盘\素材\第 7 章\7.3.4.xlsx |
|---|---|
| 效果文件 | 光盘\效果\第 7 章\7.3.4.xlsx |
| 视频文件 | 光盘\视频\第 7 章\7.3.4 应用最小值函数 .mp4 |

【操练 + 视频】——应用最小值函数

**STEP 01** 单击"文件"｜"打开"命令，打开一个 Excel 工作簿，如图 7-61 所示。

**STEP 02** 在工作簿中选择 E8 单元格，如图 7-62 所示。

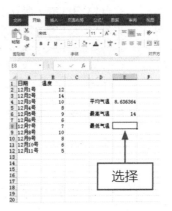

图 7-61 打开工作簿　　　　　　　　图 7-62 选择单元格

**STEP 03** 执行操作后，输入函数"=MIN(B2:B12)"，如图 7-63 所示。

**STEP 04** 按【Enter】键进行确认，即可求出最低气温，如图 7-64 所示。

图 7-63 输入函数　　　　　　　　　　图 7-64 完成计算效果

## 7.3.5 应用条件函数

在 Excel 2016 中，IF 函数也称为条件函数，它根据参数条件的真假返回不同的结果，可以使用其对数值和公式进行条件检测。

其语法为：IF(logical_test，v1，v2)

其中，logical_test 是一个条件表达式，它可以是比较式或逻辑表达式，其结果为逻辑"真"值（TRUE）或逻辑"假"值（FALSE）；v1 是 logical_test 测试条件为"真"时函数的返回值，v2 是 logical_test 测试条件为"假"时函数的返回值，v1 和 v2 可以是表达式、字符串或常量等。

简单地说，当 logical_test 的值成立时，该函数的最后结果就是 v1 表达式的计算结果；当 logical_test 的值不成立时，结果就是 v2。

下面介绍应用条件函数的操作方法。

| 素材文件 | 光盘 \ 素材 \ 第 7 章 \7.3.5.xlsx |
|---|---|
| 效果文件 | 光盘 \ 效果 \ 第 7 章 \7.3.5.xlsx |
| 视频文件 | 光盘 \ 视频 \ 第 7 章 \7.3.5 应用条件函数 .mp4 |

**【操练 + 视频】**——应用条件函数

**STEP 01** 单击"文件"丨"打开"命令，打开一个 Excel 工作簿，如图 7-65 所示。

**STEP 02** 在工作表中选择 E2 单元格，如图 7-66 所示。

**STEP 03** 在单元格中输入函数"=IF(D2>190,"优",IF(D2>180,"中","差"))"，如图 7-67 所示。

**STEP 04** 按【Enter】键确认，即可得到结果，如图 7-68 所示。

**STEP 05** 移动鼠标指针至单元格的右下角单击鼠标左键并拖曳，如图 7-69 所示。

图 7-65 打开工作簿

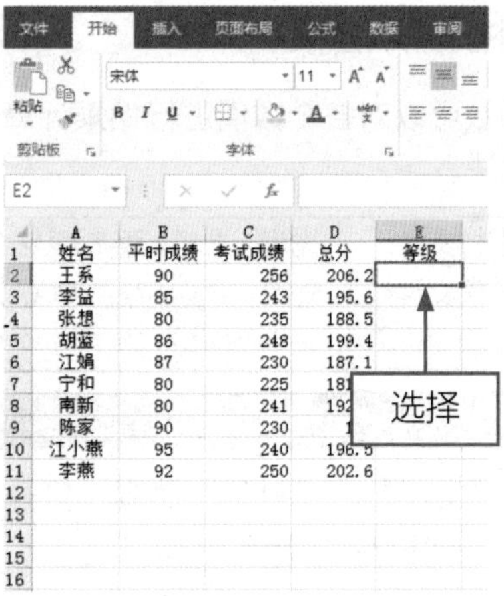

图 7-67 输入函数

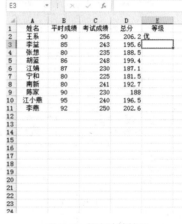

图 7-66 选择单元格

图 7-68 得出计算结果

**STEP|06** 执行操作后，自动填充其他单元格，即可判断其他单元格的值，如图 7-70 所示。

图 7-69 填充其他单元格

图 7-70 判断计算数值

## 7.3.6 应用相乘函数

使用相乘函数可以对各个数值进行相乘计算，快速得出相乘后的计算结果。下面介绍应用相乘函数的操作方法。

| 素材文件 | 光盘 \ 素材 \ 第 7 章 \7.3.6.xlsx |
|---|---|
| 效果文件 | 光盘 \ 效果 \ 第 7 章 \7.3.6.xlsx |
| 视频文件 | 光盘 \ 视频 \ 第 7 章 \7.3.6 应用相乘函数 .mp4 |

**【操练 + 视频】——应用相乘函数**

**STEP 01** 单击"文件"｜"打开"命令，打开一个 Excel 工作簿，在工作表中选择需要使用相乘函数的单元格，如图 7-71 所示。

**STEP 02** 在编辑栏中输入"= PRODUCT（C3:D3）"，如图 7-72 所示。

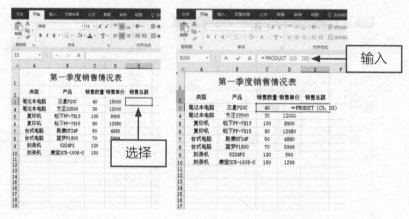

图 7-71 选择单元格　　　　　　图 7-72 输入函数

**STEP 03** 按【Enter】键确认，即可显示相乘函数所得出的结果，如图 7-73 所示。

**STEP 04** 将鼠标指针移至 E3 单元格的右下角单击鼠标左键并向下拖曳，拖至合适位置后释放鼠标左键，即可得出其他单元格中的相乘结果，如图 7-74 所示。

图 7-73 显示计算结果　　　　　　图 7-74 完成计算效果

此外，还可在"函数库"选项区中单击"插入函数"按钮 $fx$，弹出"插入函数"对话框。在"搜索函数"文本框中输入"相乘"，然后单击"转到"按钮，在"选择函数"下拉列表框中选择相应的相乘函数，单击"确定"按钮。弹出"函数参数"对话框，在 Number 右侧的文本框中输入要计算的单元格区域，单击"确定"按钮即可。

# ▶ 7.4 认识其他类别函数

在 Excel 2016 中，除了以上介绍的常用函数外，还有其他的函数类型，包括日期和时间函数、数学和三角函数、统计函数和查找和引用函数等。本节主要介绍日期和时间函数、统计函数、数学和三角函数以及查找和引用函数等的应用。

## 7.4.1 应用日期和时间函数

在 Excel 2016 中，日期和时间函数主要用于分析、处理日期值和时间值，系统内部的日期和时间函数包括 DATE、DATEVALUE、DAY、HOUR、TODAY 及 YEAR 等，下面主要以 DATE 函数为例进行介绍。

DATE 函数返回代表特定日期的序列号，如果在输入函数前单元格的格式设置为"常规"，那么结果将设置为日期格式。

它的语法是：DATE(year，month，day)

其中，year 参数可以是 1~4 位数字，Excel 会根据系统所使用的日期系统来解释 year 的参数；month 代表的是每年中月份的数字，如果输入的月份值大于 12，那么系统将会自动从指定年份的一月份开始往上计算；day 代表的是月份中第几天的数字，如果 day 大于月份的最大天数，系统则将从指定月份的第一天开始往上累加。

## 7.4.2 应用统计函数

在 Excel 2016 中，统计函数的功能是对数据进行统计分析。统计函数可以分为基本统计量（数据的平均值、方差等）计算函数，检验函数（t 检验、区间估计等）和各种概率分布（正态分布、Beta 分布等）函数。下面主要以 DEVSQ 函数为例进行介绍。

DEVSQ 函数用于计算数据点与各自样本平均值偏差的平方和，它的语法为：DEVSQ(number 1，number 2，…)，其中参数 number 1、number 2 等为 1 ~ 30 个需要计算偏差平方和的参数，也可以不使用这种用逗号分隔参数的形式，而用单个数组或对数组的引用。

## 7.4.3 应用数学和三角函数

在 Excel 2016 中，数学和三角函数主要用于计算各种各样的数学计算。系统提供的数学和三角函数包括 ABS、ASIN、COMBINE、PI 以及 TAN 等，下面以 COMBIN 函数为例进行介绍。

COMBIN 函数用于计算从给定数目的对象集合中提取若干对象的组合数。

它的语法是：COMBIN(number，number_chosen)

其中，参数 number 代表对象的总数量，参数 number_chosen 为每一组合中对象的数量。在统计中经常遇到关于组合数的计算，可以用此函数来解决，如图 7-75 所示。

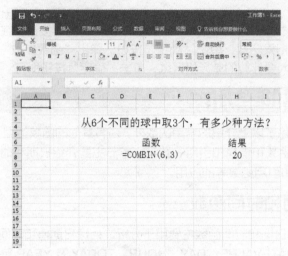

图 7-75 使用 COMBIN 函数

## 7.4.4 应用查找和引用函数

在 Excel 2016 中，查找和引用函数是在数据清单中查找特定数据，或者需要查找某个单元格引用的函数。系统提供的查找和引用函数包括 ADDRESS、AREAS、COLUMN、ROWS、TRANSPOSE、VLOOKUP 以及 INDEX，下面以 ADDRESS 为例来进行介绍。

ADDRESS 函数主要用于按照给定的行号和列标建立文本类型的单元格地址。

其语法为：ADDRESS(row_num，column_num，abs_num，a1，sheet_text)

其中，参数 row_num 为在单元格引用中使用的行号；参数 column_num 为在单元格引用中使用的列标；参数 abs_num 为指定返回的引用类型；参数 a1 为用于指定 A1 或 R1C1 引用样式的逻辑值；参数 sheet_text 为文本，指定作为外部引用的工作表的名称。如果省略参数 sheet_text，则不使用任何工作表名。

# 7.5 应用函数输入方法

在 Excel 的公式或表达式中调用函数，首先要输入函数，输入函数要遵守前面介绍的函数结构，可以在单元格中直接输入，也可以在编辑栏中输入。本节主要介绍两种函数输入方法，即手工输入法和向导输入法。

## 7.5.1 应用手工输入法

对于一些简单的函数可以用手工输入的方法。手工输入的方法同在单元格中输入公式的方法一样，可以先在编辑栏中输入等号（ = ），然后输入函数语句即可。下面介绍应用手工输入法的操作方法。

| | | |
|---|---|---|
| 素材文件 | 光盘 \ 素材 \ 第 7 章 \7.5.1.xlsx | |
| 效果文件 | 光盘 \ 效果 \ 第 7 章 \7.5.1.xlsx | |
| 视频文件 | 光盘 \ 视频 \ 第 7 章 \7.5.1 应用手工输入法 .mp4 | |

**STEP 01** 单击"文件"｜"打开"命令，打开一个 Excel 工作簿，在工作表中选择需要输入函数的单元格，如图 7-76 所示。

**STEP 02** 在编辑栏中输入"=E2+E3+E4+E5+E6+E7+E8+E9+E10+E11+E12"，并按【Enter】键确认，即可完成对数值的求和计算，如图 7-77 所示。

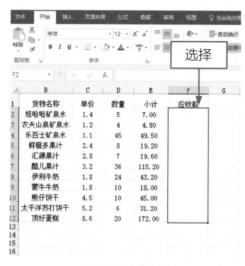

图 7-76 选择单元格

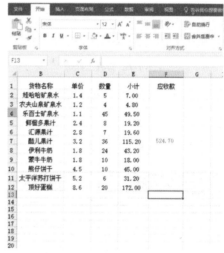

图 7-77 完成求和计算效果

专家指点

函数是一些预定义的公式，通过使用一些称为参数的特定数值来按特定的顺序或结构执行计算。函数可用于执行各种简单或复杂的计算。

## 7.5.2 应用向导输入法

在 Excel 2016 中，对于较复杂的函数或参数较多的函数，可使用函数向导来输入，这样可以避免在手工输入过程中犯的错误。下面介绍应用向导输入法的操作方法。

| | | |
|---|---|---|
| 素材文件 | 光盘 \ 素材 \ 第 7 章 \7.5.2.xlsx | |
| 效果文件 | 光盘 \ 效果 \ 第 7 章 \7.5.2.xlsx | |
| 视频文件 | 光盘 \ 视频 \ 第 7 章 \7.5.2 应用向导输入法 .mp4 | |

**STEP 01** 单击"文件"｜"打开"命令，打开一个 Excel 工作簿，如图 7-78 所示。

**STEP 02** 在工作表中选择需要输入函数的单元格，如图 7-79 所示。

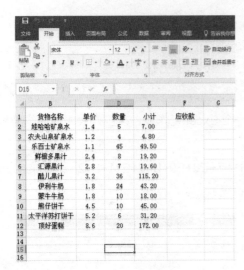

图 7-78 打开工作簿

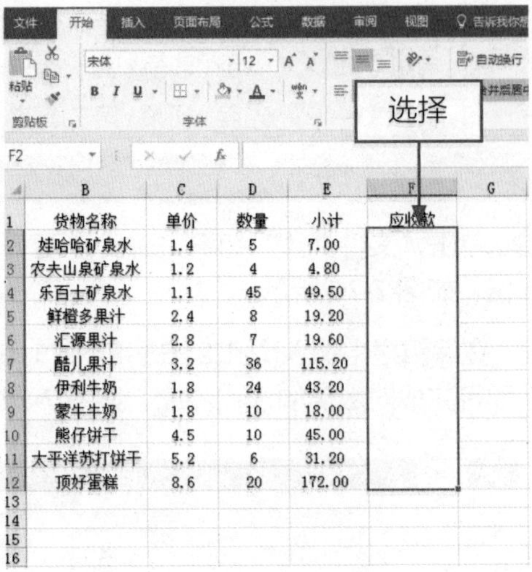

图 7-79 选择单元格

STEP 03 切换至"公式"面板，在"函数库"选项板中单击"插入函数"按钮 $fx$，如图 7-80 所示。

STEP 04 弹出"插入函数"对话框，在"搜索函数"文本框中输入"相加"，如图 7-81 所示。

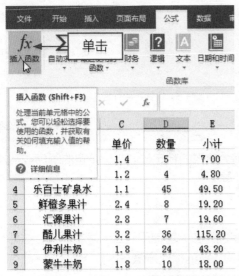

图 7-80 单击"插入函数"按钮

图 7-81 输入"搜索函数"内容

STEP 05 单击"转到"按钮，系统将自动搜索相应的函数，如图 7-82 所示。

STEP 06 在"选择函数"列表框中选择相加函数，如图 7-83 所示。

STEP 07 单击"确定"按钮，弹出"函数参数"对话框，在 Number1 文本框中输入需要计算的单元格区域，如图 7-84 所示。

STEP 08 单击"确定"按钮，即可统计出数据相加结果，如图 7-85 所示。

图 7-82 单击"转到"按钮

图 7-83 选择相加函数

图 7-84 输入单元格区域

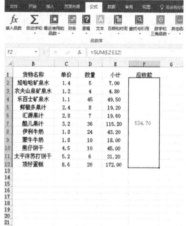

图 7-85 统计结果

# CHAPTER

## 全面剖析数据处理：
## 排序、筛选与汇总

# 8

## 章前知识导读

Excel 2016 为用户提供了强大的数据排序、筛选和汇总功能，基于此，用户可以方便地获取有用的数据和整理数据，以及多角度观察和分析数据。本章主要向读者介绍排序、筛选和分类汇总表格数据等内容的操作方法。

## 新手重点索引

✎ 表格数据排序与筛选操作

✎ 表格数据汇总操作

✎ 应用表格数据

## ▸▸ 8.1 表格数据排序与筛选操作

在 Excel 2016 中，排序与筛选功能是其最突出的功能，利用这些功能可以很方便地管理和分析数据，为管理者提供可靠、及时而充分的信息。

数据排序是依据表格中的相关字段名将表格中的记录按升序或降序的方式进行排列。在 Excel 2016 中，排序主要分为升序和降序两大类型。对于数字，升序就是按数值从小到大排列，反之则是降序；对于字母，升序则是从 A 到 Z 排列。

表格数据的筛选就是将满足条件的记录显示在页面中，将不满足条件的记录隐藏起来。筛选的关键字可以是文本类型的字段，也可以是数据类型的字段。

本节主要介绍有关表格数据排序与筛选等内容的操作方法，以便更好地管理工作簿。

### ◢ 8.1.1 应用简单排序

在 Excel 2016 中，数据排序是指按一定规则对数据进行整理与排序，这样可以为数据的进一步处理做好准备。下面介绍应用简单排序的操作方法。

| | 素材文件 | 光盘 \ 素材 \ 第 8 章 \8.1.1.xlsx |
|---|---|---|
| | 效果文件 | 光盘 \ 效果 \ 第 8 章 \8.1.1.xlsx |
| | 视频文件 | 光盘 \ 视频 \ 第 8 章 \8.1.1 应用简单排序 .mp4 |

**【操练＋视频】——应用简单排序**

**STEP 01** 单击"文件"｜"打开"命令，打开一个 Excel 工作簿，如图 8-1 所示。

**STEP 02** 在工作表中选择需要简单排序的单元格区域，如图 8-2 所示。

图 8-1 打开工作簿

图 8-2 选择单元格区域

**STEP 03** 单击"数据"标签，切换至"数据"面板，在"排序和筛选"选项板中单击"升序"按钮↓，如图 8-3 所示。

**STEP 04** 弹出"排序提醒"对话框，如图 8-4 所示。

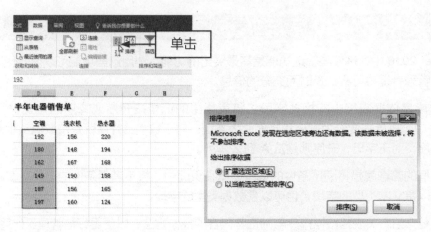

图 8-3 单击"升序"按钮        图 8-4 "排序提醒"对话框

STEP 05 在其中选中"扩展选定区域"单选按钮,如图 8-5 所示,单击"排序"按钮。

STEP 06 执行操作后,即可对数据进行升序操作,如图 8-6 所示。

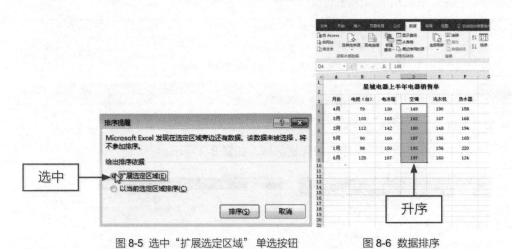

图 8-5 选中"扩展选定区域"单选按钮        图 8-6 数据排序

专家指点

     若在"排序提醒"对话框中选中"以当前选定区域排序"单选按钮,则单击"排序"按钮后,Excel 2016 只会将选定区域排序,而其他数据保持不变。

## 8.1.2 应用高级排序

     高级排序是指对数据表格中的多列数据按多个关键字段进行多重排序,先按某一个关键字进行排序,然后将此关键字相同的记录再按第 2 个关键字进行排序,依次类推。下面介绍应用高级排序的操作方法。

| 素材文件 | 光盘 \ 素材 \ 第 8 章 \8.1.2.xlsx |
|---|---|
| 效果文件 | 光盘 \ 效果 \ 第 8 章 \8.1.2.xlsx |
| 视频文件 | 光盘 \ 视频 \ 第 8 章 \8.1.2 应用高级排序 .mp4 |

**STEP 01** 单击"文件"｜"打开"命令，打开一个 Excel 工作簿，如图 8-7 所示。

**STEP 02** 单击"数据"标签，进入"数据"面板，如图 8-8 所示。

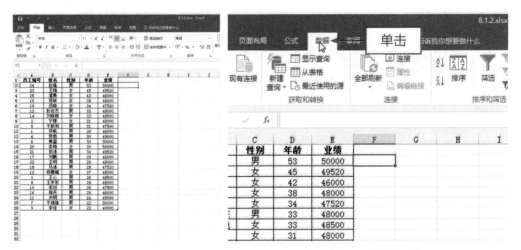

图 8-7 打开工作簿　　　　　　　　图 8-8 单击"数据"标签

**STEP 03** 在工作表中选择 A1 单元格，在"排序和筛选"选项板中单击"排序"按钮，如图 8-9 所示。

**STEP 04** 执行操作后，弹出"排序"对话框，如图 8-10 所示。

图 8-9 单击"排序"按钮　　　　　　　图 8-10 "排序"对话框

**STEP 05** 单击"主要关键字"下拉按钮，在弹出的下拉列表中选择"业绩"选项，如图 8-11 所示。

**STEP 06** 设置"排序依据"为"数值"，如图 8-12 所示。

**STEP 07** 设置"次序"为"降序"，如图 8-13 所示。

**STEP 08** 单击"添加条件"按钮，如图 8-14 所示。

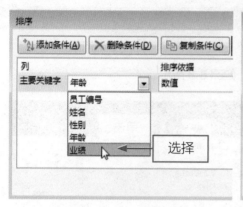

图 8-11 选择"业绩"选项　　　　　　　图 8-12 选择"数值"选项

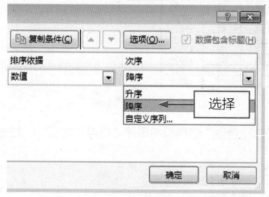

图 8-13 选择"降序"选项　　　　　　　图 8-14 单击"添加条件"按钮

STEP 09 增加"次要关键字"选项，设置"次要关键字"为"年龄"，如图 8-15 所示。

STEP 10 单击"确定"按钮，即可完成高级排序。此时表格中的数据以"业绩"从高到低排列，若业绩相同，则按年龄从低到高排列，如图 8-16 所示。

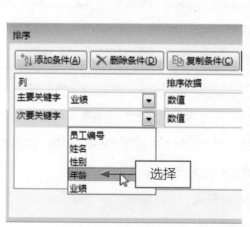

图 8-15 选择"年龄"选项

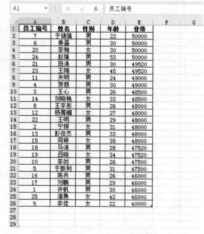

图 8-16 高级排序结果

选择数据区域中的任意单元格并单击鼠标右键,在弹出的快捷菜单中选择"排序"|"自定义排序"选项,即可快速弹出"排序"对话框。

## 8.1.3 应用自定义排序

在 Excel 2016 中管理和分析数据时,若需要将表格中的数据按指定字段序列进行排序,此时可以自定义序列进行排序。下面介绍应用自定义排序的操作方法。

| 素材文件 | 光盘 \ 素材 \ 第 8 章 \8.1.3.xlsx |
|---|---|
| 效果文件 | 光盘 \ 效果 \ 第 8 章 \8.1.3.xlsx |
| 视频文件 | 光盘 \ 视频 \ 第 8 章 \8.1.3 应用自定义排序 .mp4 |

【操练 + 视频】——应用自定义排序

**STEP 01** 单击"文件"|"打开"命令,打开一个 Excel 工作簿,如图 8-17 所示。

**STEP 02** 单击"文件"标签,进入相应的界面,单击"选项"按钮,如图 8-18 所示。

图 8-17 打开工作簿

图 8-18 单击"选项"按钮

在输入序列过程中,各条目应以英文状态下的逗号隔开。输入完成后,单击"添加"按钮,就完成了添加新序列的操作。在"自定义序列"下拉列表框中选择添加的序列,就可以在输入序列中竖排显示新定义的序列。

**STEP 03** 弹出"Excel 选项"对话框,切换至"高级"选项卡,在"常规"选项区中单击"编辑自定义列表"按钮,如图 8-19 所示。

**STEP 04** 弹出"自定义序列"对话框,在"输入序列"列表框中输入序列,如图 8-20 所示。

**STEP 05** 依次单击"添加"和"确定"按钮,返回"Excel 选项"对话框,单击"确定"按钮,返回 Excel 文档。单击"数据"标签,进入"数据"面板,在"排序和筛选"选项板中单击"排序"

按钮，如图 8-21 所示。

图 8-19 单击"编辑自定义列表"按钮

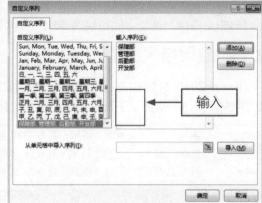

图 8-20 输入序列

**STEP 06** 弹出"排序"对话框，如图 8-22 所示。

图 8-21 单击"排序"按钮

图 8-22 "排序"对话框

专家指点

　　在 Excel 2016 中，在对表格进行自定义序列排序时，必须要先建立需要排序的自定义序列项目，然后才能根据设置的自定义序列对表格进行排序。

**STEP 07** 在"排序"对话框中单击"次序"下方下拉表框的下拉按钮，在弹出下拉的列表中选择"自定义序列"选项，如图 8-23 所示。

**STEP 08** 弹出"自定义序列"对话框，在"自定义序列"列表框中选择需要的自定义序列选项，如图 8-24 所示。

**STEP 09** 单击"确定"按钮，返回"排序"对话框，如图 8-25 所示。

**STEP 10** 单击"确定"按钮，即可完成自定义排序，如图 8-26 所示。

图 8-23 选择"自定义序列"选项

图 8-24 选择序列

图 8-25 完成"次序"设置

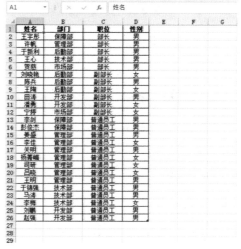

图 8-26 自定义排序结果

## 8.1.4 自动单条件筛选

在含有大量数据记录的数据列表中，利用"自动筛选"功能可以快速查找到符合条件的记录。通常情况下，使用"自动筛选"功能就可以完成基本的筛选要求。

在 Excel 2016 中，自动筛选根据筛选条件的多少可以分为单条件自动筛选和多条件自动筛选。下面介绍应用单条件筛选的操作方法。

| | 素材文件 | 光盘 \ 素材 \ 第 8 章 \8.1.4.xlsx |
| --- | --- | --- |
| | 效果文件 | 光盘 \ 效果 \ 第 8 章 \8.1.4.xlsx |
| | 视频文件 | 光盘 \ 视频 \ 第 8 章 \8.1.4 应用单条件筛选 .mp4 |

【操练 + 视频】——应用单条件筛选

STEP 01 单击"文件"|"打开"命令，打开一个 Excel 工作簿，如图 8-27 所示。

STEP 02 单击"数据"标签，进入"数据"面板，如图 8-28 所示。

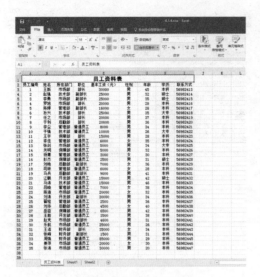

图 8-27 打开工作簿　　　　　　　　　图 8-28 单击"数据"标签

STEP 03 在"排序和筛选"选项板中单击"筛选"按钮 ▼，如图 8-29 所示。

STEP 04 执行操作后，即可使表格呈筛选状态，如图 8-30 所示。

图 8-29 单击"筛选"按钮　　　　　　　图 8-30 进入筛选状态

专家指点

　　　　在 Excel 2016 中，当单击"排序和筛选"选项板中的"筛选"按钮后，在表格中选择的单元格区域中每个字段的右侧将会自动出现一个"筛选控制"按钮 ▾ 。

STEP 05 单击"性别"右侧的"筛选控制"按钮，在弹出的下拉列表中取消选择"全选"复选框，并选中"男"复选框，如图 8-31 所示。

STEP 06 单击"确定"按钮，工作表中即可将所有"性别"为"男"的员工资料显示出来，如图 8-32 所示。

图 8-31 选中"男"复选框      图 8-32 进入筛选状态

## 8.1.5 自动多条件筛选

在 Excel 2016 中，还可以运用多条件筛选数据内容。下面介绍应用多条件筛选的操作方法。

| 素材文件 | 光盘 \ 素材 \ 第 8 章 \8.1.5.xlsx |
|---|---|
| 效果文件 | 光盘 \ 效果 \ 第 8 章 \8.1.5.xlsx |
| 视频文件 | 光盘 \ 视频 \ 第 8 章 \8.1.5 应用多条件筛选 .mp4 |

【操练 + 视频】——应用多条件筛选

**STEP 01** 单击"文件"｜"打开"命令，打开一个 Excel 工作簿。单击"数据"标签，进入"数据"面板，在"排序和筛选"选项板中单击"筛选"按钮，如图 8-33 所示。

**STEP 02** 执行操作后，即可使表格呈筛选状态，如图 8-34 所示。

 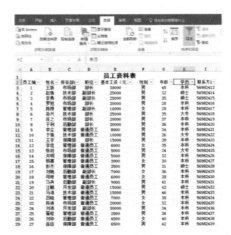

图 8-33 单击"筛选"按钮      图 8-34 表格呈筛选状态

**STEP 03** 单击"所在部门"右侧的"筛选控制"按钮▼，在弹出的下拉列表中取消选择"全选"复选框，并选中"财务部"复选框，如图 8-35 所示。

**STEP 04** 单击"确定"按钮，即可筛选出财务部的人员名单，如图 8-36 所示。

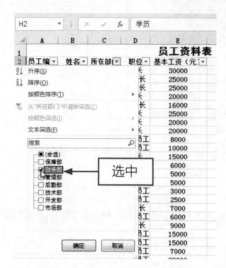

图 8-35 选中"财务部"复选框

图 8-36 筛选财务部人员名单

**STEP 05** 单击"性别"右侧的"筛选控制"按钮▼，在弹出的下拉列表中取消选择"全选"复选框，并选中"女"复选框，如图 8-37 所示。

**STEP 06** 单击"确定"按钮，即可将财务部的女员工名单筛选出来，如图 8-38 所示。

图 8-37 选中"女"复选框

图 8-38 筛选财务部女员工名单

## 8.1.6 应用自定义筛选

自定义筛选是指自定义要筛选的条件。自定义筛选在筛选数据时具有很高的灵活性，可以进行比较复杂的筛选。下面介绍应用自定义筛选的操作方法。

| 素材文件 | 光盘 \ 素材 \ 第 8 章 \8.1.6.xlsx |
|---|---|
| 效果文件 | 光盘 \ 效果 \ 第 8 章 \8.1.6.xlsx |
| 视频文件 | 光盘 \ 视频 \ 第 8 章 \8.1.6 应用自定义筛选 .mp4 |

【操练 + 视频】——应用自定义筛选

**STEP 01** 单击"文件"｜"打开"命令，打开一个 Excel 工作簿，如图 8-39 所示。

**STEP 02** 单击"数据"标签，进入"数据"面板，在"排序和筛选"选项板中单击"筛选"按钮，如图 8-40 所示。

图 8-39 打开工作簿

图 8-40 单击"筛选"按钮

**STEP 03** 单击"第一季度业绩"右侧的"筛选控制"按钮▼，在弹出的下拉列表中选择"数字筛选"｜"自定义筛选"选项，如图 8-41 所示。

**STEP 04** 弹出"自定义自动筛选方式"对话框，如图 8-42 所示。

图 8-41 选择"自定义筛选"选项

图 8-42 "自定义自动筛选方式"对话框

**STEP 05** 在其中输入自定义条件，如图 8-43 所示。

**STEP 06** 单击"确定"按钮，即可得到筛选结果，效果如图 8-44 所示。

图 8-43 输入自定义条件                    图 8-44 得出筛选结果

**专家指点**

表格筛选后，单击"排序和筛选"选项板中的"清除"按钮，表示显示当前表格中的所有记录，但表格记录并没有退出筛选状态；如果再次单击"筛选"按钮，则表示取消当前数据的筛选操作。

## 8.1.7 应用高级筛选

如果数据清单中的字段比较多、筛选条件也比较多时，则可以使用"高级筛选"功能来筛选数据。

要使用"高级筛选"功能，就必须先建立一个条件区域，用来指定筛选的数据需要满足的条件。条件区域的第一行是作为筛选条件的字段名，这些字段名必须与数据清单中的字段名完全相同。条件区域的其他行则用来输入筛选条件。下面介绍应用高级筛选的操作方法。

| 素材文件 | 光盘 \ 素材 \ 第 8 章 \8.1.7.xlsx |
|---|---|
| 效果文件 | 光盘 \ 效果 \ 第 8 章 \8.1.7.xlsx |
| 视频文件 | 光盘 \ 视频 \ 第 8 章 \8.1.7 应用高级筛选 .mp4 |

**【操练 + 视频】——应用高级筛选**

**STEP 01** 单击"文件"｜"打开"命令，打开一个 Excel 工作簿，如图 8-45 所示。

**STEP 02** 单击"数据"标签，切换至"数据"面板，如图 8-46 所示。

**STEP 03** 在"排序和筛选"选项板中单击"高级"按钮，如图 8-47 所示。

**STEP 04** 弹出"高级筛选"对话框，单击"列表区域"右侧的按钮，如图 8-48 所示。

**STEP 05** 在工作表中选择相应的列表区域，如图 8-49 所示。

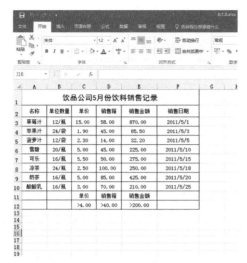

图 8-45 打开工作簿

图 8-46 单击"数据"标签

图 8-47 单击"高级"按钮

图 8-48 单击图按钮

专家指点

在"高级筛选"对话框中，各选项的含义如下：

* "在原有区域显示筛选结果"单选按钮：筛选结果显示在原有清单位置。

* "将筛选结果复制到其他位置"单选按钮：筛选后的结果将显示在"复制到"文本框中指定的区域，与原工作表并存。

* "列表区域"列表框：指定要筛选的数据区域。

* "条件区域"列表框：指定含有筛选条件的区域。如果要筛选不重复的记录，则选中"选择不重复的记录"复选框。

STEP 06 按【Enter】键确认，返回"高级筛选"对话框，单击"条件区域"右侧的图按钮，在工作表中选择相应的条件区域，如图 8-50 所示。

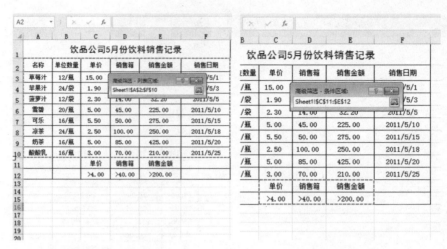

图 8-49 选择列表区域　　　　　　　　　图 8-50 选择条件区域

**STEP 07** 按【Enter】键确认，返回"高级筛选"对话框，其中显示了相应的列表区域与条件区域，如图 8-51 所示。

**STEP 08** 单击"确定"按钮，即可使用高级筛选数据，效果如图 8-52 所示。

图 8-51 显示相应区域　　　　　　　　　图 8-52 高级筛选数据

在 Excel 工作表中输入筛选条件时，输入的大于号一定要是在英文状态下输入的，否则无法筛选出符合条件的记录。

# ▶8.2 表格数据汇总操作

分类汇总用于对表格数据或原数据进行分析处理，并可以自动插入汇总信息行。应用分类汇总功能不仅可以建立清晰、明了的总结报告，还可以设置在报告中只显示第一层的信息而隐藏其他层次的信息。本节主要介绍分类汇总基本内容，确定汇总数据列，嵌套分类汇总，删除分类汇总，以及汇总分类显示等内容。

## 8.2.1 分类汇总简介

在 Excel 2016 中，可以自动计算数据清单中的分类汇总和总计值。当插入自动分类汇总时，Excel 将分级显示数据清单，以便每个分类汇总显示或隐藏明细数据行。

### 1．分类汇总的计算方法

分类汇总的方法有分类汇总、总计和自动重新计算。

\* 分类汇总：Excel 使用 SUM 或 MAX 等汇总函数进行分类汇总计算。在一个数据清单中，可以一次使用多种计算来显示分类汇总。

\* 总计：总计值来自于明细数据，而不是分类汇总行中的数据。

\* 自动重新计算：编辑单元格中的明细数据时，Excel 将自动重新计算相应分类汇总和总计值。

### 2．汇总报表和图表

当将汇总添加到清单中时，清单就会分级显示，这样可以查看其结构，通过单击分级显示符号可以隐藏明细数据而只显示汇总的数据，这样就形成了汇总报表。

用户可以创建一个图表，该图表仅使用包含分类汇总的清单中的可见数据。如果显示或隐藏分级显示清单中的明细数据，该图表也会随之更新，以显示或隐藏这些数据。

### 3．分类汇总要素

使用分类汇总操作时，并不是所有数据表格都可以进行分类汇总，表格分类汇总的一般要素如下：

\* 分类汇总的关键字段一般是文本字段，并且该字段中具有多个相同字段名的记录，如"部门"字段中就有多个部门为生产、销售、设计的记录。

\* 对表格进行分类汇总操作之前，必须先将表格按分类汇总的字段进行排序，排序的目的就是将相同字段类型的记录排列在一起。

\* 对表格进行分类汇总时，汇总的关键字段要与排序的关键字段一致。

\* 在"选定汇总项"时，一般选择数值字段，如"基本工资"、"实发工资"等。

## 8.2.2 确定汇总数据列

在 Excel 2016 中，要使用自动分类汇总功能，就必须将数据组织成具有列标题的数据清单。在创建分类汇总之前，必须先根据需要进行分类汇总的数据列对数据清单进行排序。下面介绍确定汇总数据列的操作方法。

| | 素材文件 | 光盘 \ 素材 \ 第 8 章 \8.2.2.xlsx |
|---|---|---|
| | 效果文件 | 光盘 \ 效果 \ 第 8 章 \8.2.2.xlsx |
| | 视频文件 | 光盘 \ 视频 \ 第 8 章 \8.2.2 确定汇总数据列 .mp4 |

【操练 + 视频】——确定汇总数据列

STEP 01 单击"文件"｜"打开"命令，打开一个 Excel 工作簿，如图 8-53 所示。

STEP 02 在工作表中选择"部门"单元格，如图 8-54 所示。

图 8-53 打开工作簿

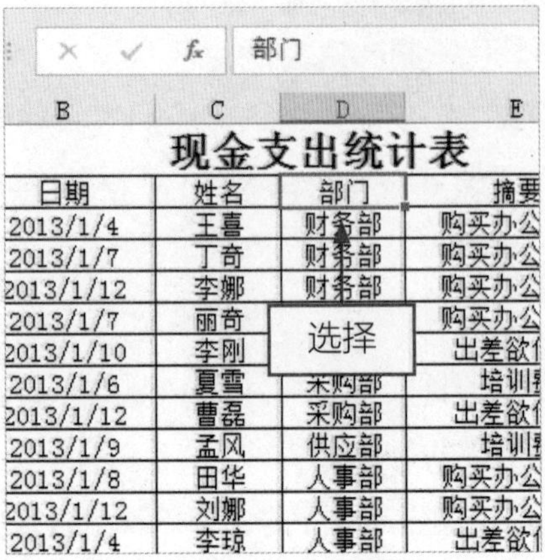

图 8-54 选择单元格

STEP 03 单击"数据"标签，进入"数据"面板，在"排序和筛选"选项板中单击"升序"按钮 ↑↓，如图 8-55 所示。

STEP 04 执行操作后，即可升序排列数据，如图 8-56 所示。

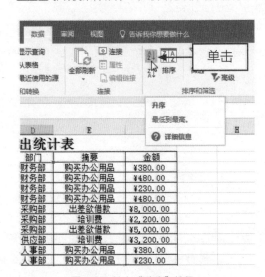

图 8-55 单击"升序"按钮

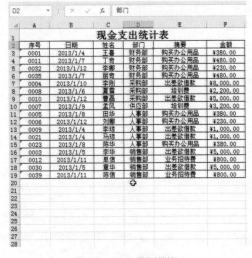

图 8-56 升序排列数据

专家指点

选择单元格并单击鼠标右键，在弹出的快捷菜单中选择"排序"|"升序"选项，也可升序排列数据。

STEP 05 在"分级显示"选项板中单击"分类汇总"按钮，如图 8-57 所示。

STEP 06 弹出"分类汇总"对话框，如图 8-58 所示。

图 8-57 单击"分类汇总"按钮

图 8-58 "分类汇总"对话框

**STEP 07** 在该对话框中设置相应的条件选项，如图 8-59 所示。

**STEP 08** 单击"确定"按钮，即可完成分类汇总，结果如图 8-60 所示。

图 8-59 设置条件选项

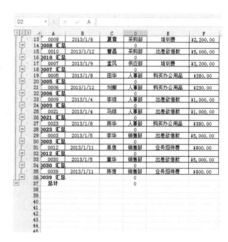

图 8-60 完成分类汇总

**专家指点**

如果取消选择"汇总结果显示在下方"复选框，汇总结果将会显示在数据的下方。

## 8.2.3 应用嵌套分类汇总

在 Excel 2016 中，通过嵌套分类汇总可以对表格中的某一列关键字段进行多项不同汇总方式的汇总。下面介绍应用嵌套分类汇总的操作方法。

| 素材文件 | 光盘 \ 素材 \ 第 8 章 \8.2.3.xlsx |
|---|---|
| 效果文件 | 光盘 \ 效果 \ 第 8 章 \8.2.3.xlsx |
| 视频文件 | 光盘 \ 视频 \ 第 8 章 \8.2.3 应用嵌套分类汇总 .mp4 |

**STEP 01** 单击"文件"｜"打开"命令，打开一个 Excel 工作簿，如图 8-61 所示。

**STEP 02** 在工作表中选择任意一个单元格，如图 8-62 所示。

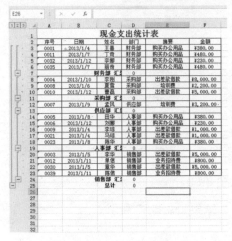

图 8-61 打开工作簿　　　　　　　　　　图 8-62 选择单元格

**STEP 03** 切换至"数据"面板，在"分级显示"选项板中单击"分类汇总"按钮，如图 8-63 所示。

**STEP 04** 弹出"分类汇总"对话框，在"选定汇总项"列表框中选中"日期"复选框，如图 8-64 所示。

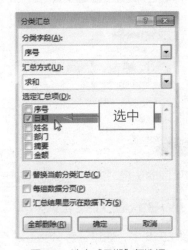

图 8-63 单击"分类汇总"按钮　　　　　　图 8-64 选中"日期"复选框

专家指点

在 Excel 2016 中，还可以多次对工作表进行不同汇总方式的嵌套分类汇总，但必须是在"分类汇总"对话框中取消选择"替换当前分类汇总"复选框的情况下。如果不取消选择该复选框，则每次分类汇总只能在表格中显示一种汇总方式。

STEP 05 取消选择"替换当前分类汇总"复选框，如图 8-65 所示。

STEP 06 单击"确定"按钮，即可得到嵌套汇总的结果，如图 8-66 所示。

图 8-65 取消选择

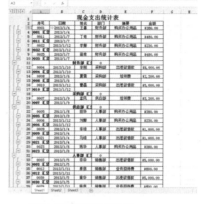

图 8-66 嵌套汇总结果

## 8.2.4 应用汇总分级显示

在 Excel 2016 中，在进行分类汇总后系统将按照分类汇总的条件对数据进行分组处理，并且自动为数据添加分级显示标志，即使不对数据进行分类汇总的操作，也可以根据需要对数据进行分组处理，使其分级显示。下面介绍应用汇总分级显示的操作方法。

| 素材文件 | 光盘 \ 素材 \ 第 8 章 \8.2.4.xlsx |
|---|---|
| 效果文件 | 光盘 \ 效果 \ 第 8 章 \8.2.4.xlsx |
| 视频文件 | 光盘 \ 视频 \ 第 8 章 \8.2.4 应用汇总分级显示 .mp4 |

【操练 + 视频】——应用汇总分级显示

STEP 01 单击"文件"｜"打开"命令，打开一个 Excel 工作簿，如图 8-67 所示。

STEP 02 在工作表中选择需要分级显示的数据区域，如图 8-68 所示。

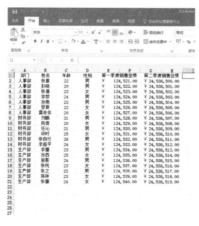

图 8-67 打开工作簿

图 8-68 选择数据区域

STEP 03 单击"数据"标签，切换至"数据"面板，如图 8-69 所示。

STEP 04 在"分级显示"选项板中单击"创建组"下拉按钮，在弹出的下拉列表中选择"创建组"选项，如图 8-70 所示。

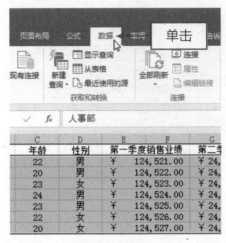

图 8-69 单击"数据"标签

图 8-70 选择"创建组"选项

STEP 05 弹出"创建组"对话框，在其中选中"行"单选按钮，如图 8-71 所示。

STEP 06 单击"确定"按钮，即可将选择的数据区域分级显示，结果如图 8-72 所示。

图 8-71 选中"行"单选按钮

图 8-72 分级显示

专家指点

在 Excel 2016 中按【Shift + Alt + 向右键】组合键，也可以对选择的单元格数据进行组合。

## 8.2.5 应用删除分类汇总

如果不再需要对数据表中的数据进行分类汇总，可以将分类汇总删除。下面介绍应用删除分类汇总的操作方法。

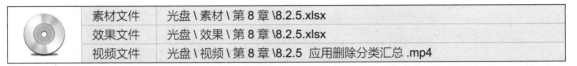

| | 素材文件 | 光盘 \ 素材 \ 第 8 章 \8.2.5.xlsx |
| --- | --- | --- |
| | 效果文件 | 光盘 \ 效果 \ 第 8 章 \8.2.5.xlsx |
| | 视频文件 | 光盘 \ 视频 \ 第 8 章 \8.2.5 应用删除分类汇总 .mp4 |

【操练 + 视频】——应用删除分类汇总

STEP 01 单击"文件"｜"打开"命令，打开一个 Excel 工作簿，如图 8-73 所示。

STEP 02 在工作表中选择任意的单元格，如图 8-74 所示。

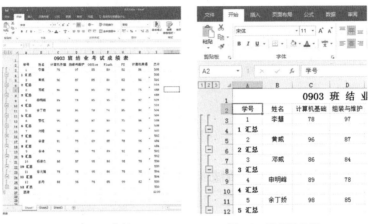

图 8-73 打开工作簿　　　　　　图 8-74 选择单元格

STEP 03 切换至"数据"面板，单击"分级显示"选项板中的"分类汇总"按钮，如图 8-75 所示。

STEP 04 弹出"分类汇总"对话框，如图 8-76 所示。

图 8-75 单击"分类汇总"按钮　　　图 8-76 "分类汇总"对话框

STEP 05 单击"分类汇总"对话框左下角的"全部删除"按钮，如图 8-77 所示。

STEP 06 执行操作后，即可删除分类汇总，如图 8-78 所示。

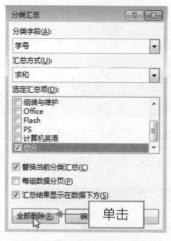

图 8-77 单击"全部删除"按钮

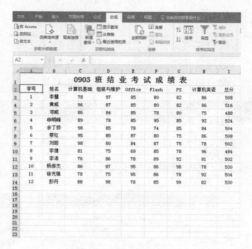

图 8-78 删除分类汇总

# ▶ 8.3 应用表格数据

Excel 在对数据清单进行管理时，一般把数据清单看作是一个数据库文件。数据清单中的行相当于数据库文件中的记录，行标题相当于记录名。另外，在 Excel 2016 中提供了丰富的数据假设分析与预算功能，如单变量求解、双变量求解等功能。本节主要介绍规定数据清单准则，管理数据清单，应用单变量求解和应用多变量求解等内容。

## 8.3.1 规定清单准则

Excel 2016 提供了一系列功能，可以很方便地管理和分析数据清单中的数据，在运用这些功能时，需根据下述准则在数据清单中输入数据。

### 1．数据清单的大小和位置

在规定数据清单大小及定义数据清单位置时，应遵循以下规则：

＊ 应避免在一个工作表上建立多个数据清单，因为数据清单的某些处理功能（如筛选等）只能在同一个工作表的一个数据清单中使用。

＊ 在工作表的数据清单与其他数据间至少留出一个空白列和空白行，在执行排序、筛选或插入自动汇总等操作时，有利于 Excel 2016 检测和选定数据单。

＊ 避免在数据清单中放置空白行和空白列。

＊ 避免将关键字数据放到数据清单的左右两侧，因为这些数据在筛选数据清单时可能被隐藏。

### 2．列标志

在工作表上创建数据清单，使用列标志应注意以下事项：

＊ 在数据清单的第一行中创建列标志，Excel 2016 将使用这些列标志创建报告，并查找和组织数据。

＊ 列标志使用的字体、对齐方式、格式、图案、边框和大小样式等应当与数据清单中的其他

数据的格式相区别。

* 如果将列标志和其他数据分开，应使用单元格边框（而不是空格和短划线）在标志行下插入一行直线。

### 3．行和列内容

在工作表上创建数据清单，输入行和列的内容时应该注意以下事项：

* 在设计数据清单时，应使用同一列中的各行有近似的数据项。

* 在单元格的开始处不要插入多余的空格，因为多余的空格会影响排序和查找。

* 不要使用空白行将列标志和第一行数据分开。

## 8.3.2 管理数据清单

在对数据清单进行管理时，一般把数据清单看成是一个数据库。在 Excel 2016 中，数据清单的行相当于数据库中的记录，行标题相当于记录表，也可以从不同的角度去观察和分析数据。下面介绍管理数据清单的操作方法。

| 素材文件 | 光盘 \ 素材 \ 第 8 章 \8.3.2.xlsx |
| --- | --- |
| 效果文件 | 光盘 \ 效果 \ 第 8 章 \8.3.2.xlsx |
| 视频文件 | 光盘 \ 视频 \ 第 8 章 \8.3.2 管理数据清单 .mp4 |

【操练＋视频】——管理数据清单

**STEP 01** 单击"文件"｜"打开"命令，打开一个 Excel 工作簿，如图 8-79 所示。

**STEP 02** 在打开的 Excel 工作簿中选择需要设置的单元格，如图 8-80 所示。

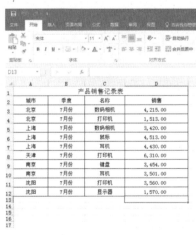

图 8-79 打开工作簿

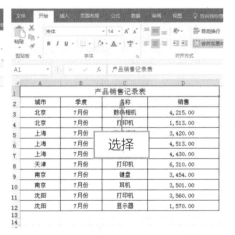

图 8-80 选择单元格

**STEP 03** 在"字体"选项区中设置"字体"为"黑体"、"字号"为 20、"字形"为"加粗"，如图 8-81 所示。

**STEP 04** 选择 A1 单元格，在行号上单击鼠标右键，在弹出的快捷菜单中选择"行高"选项，如图 8-82 所示。

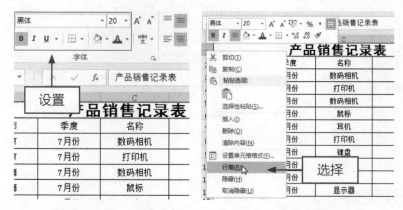

图 8-81 设置文本格式　　　　　　图 8-82 选择"行高"选项

STEP05 弹出"行高"对话框，在"行高"文本框中输入 30，如图 8-83 所示。

STEP06 单击"确定"按钮，即可查看管理数据清单效果，如图 8-84 所示。

图 8-83 设置行高　　　　　　图 8-84 最终效果

### 8.3.3 应用单变量求解

在 Excel 数据的管理与分析中往往会有这种情况：即需要达到某一个预期结果，而不知达到这个结果所需要的其他变量值是多少，这时可通过"单变量求解"功能来计算出所需要的变量值。

在应用单变量求解时，Excel 不断改变某个特定单元格中的数值，直到从属于这个单元格的公式到达预期的结果为止。

### 8.3.4 应用双变量求解

在数据表格计算处理时，若需要通过计算公式中引用单元格的不同值而计算出结果时，可应用"数据表"功能来实现数据的分析。

数据表运算分为单变量数据表运算和双变量数据运算两种，单变量数据表运算为用户提供查看一个变量因素改变为不同值时对一个或多个公式结果的影响。

　　在生成单变量运算表时，可以使用行变量运算表和列变量运算表两种计算方式，当行变量和列变量同时出现在运算表中时，即双变量求解。

专家指点

　　在"数据表"对话框中，"输入引用行的单元格"就是选择行变量的单元格，"输入引用列的单元格"就是选择列变量的单元格。

# CHAPTER 9

## 完美完成图表展示：创建数据透视图表

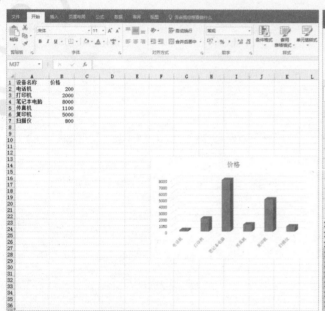

## 章前知识导读

　　使用 Excel 2016 可基于数据计算和统计结果创建各种图表，从而显示出数据的发展趋势或分布状况。另外，可以利用数据透视图表实现对表格数据的分析和管理。本章主要介绍编辑图表对象和数据透视图表等内容的操作。

## 新手重点索引

　　✓ 编辑数据图表操作　　　　✓ 新建透视图操作
　　✓ 新建透视表操作　　　　　✓ 编辑透视图操作
　　✓ 编辑透视表操作

# ▶9.1 编辑数据图表操作

在 Excel 2016 中，图表就是将表格中的数据以图形化的方式进行显示。图表对象是由一个或多个以图形方式显示的数据系列组成。

使用 Excel 提供的图表向导可以方便、快速地建立图表。创建图表之后，如果对图表不满意还可以对其进行修改，使图表更加符合需求。本节主要介绍创建图表与修改图表等操作。

## 9.1.1 应用创建图表操作

在 Excel 2016 中，可以创建两种形式的图表，一种是嵌入式图表，另一种是图表工作表。创建嵌入式图表，图表将被插入到现有的工作表中，即在一张工作表中同时显示图表及相关的数据；图表工作表是工作簿中具有特定名称的独立工作表。

在 Excel 2016 中，可以用图表将工作表中的数据图形化，使原本枯燥无味的数据信息变得形象生动。下面介绍创建图表的操作方法。

| 素材文件 | 光盘 \ 素材 \ 第 9 章 \9.1.1.xlsx |
|---|---|
| 效果文件 | 光盘 \ 效果 \ 第 9 章 \9.1.1.xlsx |
| 视频文件 | 光盘 \ 视频 \ 第 9 章 \9.1.1 应用创建图表操作 .mp4 |

【操练 + 视频】——应用创建图表操作

**STEP 01** 单击"文件"｜"打开"命令，打开一个 Excel 工作簿，如图 9-1 所示。

**STEP 02** 在工作表中选择数据区域，如图 9-2 所示。

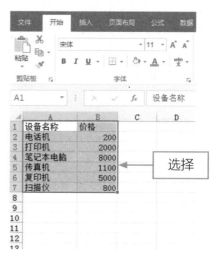

图 9-1 打开工作簿　　　　图 9-2 选择数据区域

专家指点

在 Excel 2016 中创建图表时，如果只选择了一个单元格，则 Excel 会自动将相邻单元格中包含的所有数据显示在图表中。

**STEP 03** 单击"插入"标签，进入"插入"面板，在"图表"选项板中单击右下角的"查看所有图表"按钮，如图 9-3 所示。

**STEP 04** 弹出"插入图表"对话框，如图 9-4 所示。

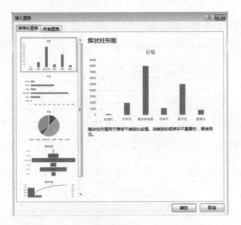

图 9-3 单击"查看所有图表"按钮　　　　图 9-4 "插入图表"对话框

**专家指点**

利用快捷键可以创建各种图表，其方法如下：

* 依次按【Alt】、【N】和【C】键，可创建柱形图。
* 依次按【Alt】、【N】和【N】键，可创建折线图。
* 依次按【Alt】、【N】和【B】键，可创建条形图。
* 依次按【Alt】、【N】和【A】键，可创建面积图。
* 依次按【Alt】、【N】和【D】键，可创建散点图。

**STEP 05** 切换至"所有图表"选项卡，在"柱形图"中选择"三维堆积柱形图"选项，如图 9-5 所示。

**STEP 06** 单击"确定"按钮，即可在工作表中创建所需的图表，如图 9-6 所示。

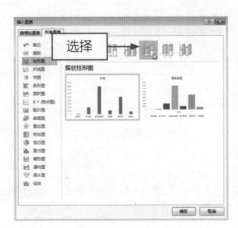

图 9-5 选择"三维堆积柱形图"选项　　　　图 9-6 创建图表

在 Excel 2016 中，可以把图表看作一个图形对象，能够作为工作表的一部分进行保存。在创建图表前，应该对图表的组成有所了解。

图表的基本结构由以下几个部分组成：图表区、绘图区、坐标轴、图表标题以及图例等，如图 9-7 所示。

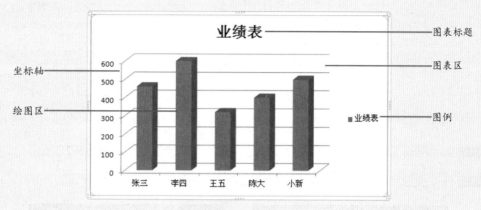

图 9-7 图表的基本结构

* 图表区：图表的空白位置，单击图表区可以选择整个图表。

* 绘图区：图表的整个绘制区域，显示图表中的数据状态。

* 坐标轴：用来标记图表中的数据名称。

* 图表标题：是图表性质的大致概括和内容总结，它相当于一篇文章的标题，并可以根据需要来定义图表的名称，能够自动与坐标轴对齐或居中于图表的顶端，在图表中起到说明性的作用。

* 图例：图例是图表中标识的方框，每个图例左边的标识和图表中相应数据的颜色与图案一致。

## 9.1.2 应用修改图表类型

在实际使用图表的过程中，有时需要将图表转换成另一种类型。在 Excel 2016 中，对于大部分二维图表，既可以修改数据系列的图表类型，也可以修改整个图表的类型；对于大部分三维图表，可以改为圆锥、圆柱等类型的图表。

下面介绍应用修改图表类型的操作方法。

| 素材文件 | 光盘 \ 素材 \ 第 9 章 \9.1.2.xlsx |
| --- | --- |
| 效果文件 | 光盘 \ 效果 \ 第 9 章 \9.1.2.xlsx |
| 视频文件 | 光盘 \ 视频 \ 第 9 章 \9.1.2 应用修改图表类型 .mp4 |

【操练 + 视频】——应用修改图表类型

STEP 01 单击"文件"｜"打开"命令，打开一个 Excel 工作簿，如图 9-8 所示。

STEP 02 在工作表中选择图表，如图 9-9 所示。

图 9-8 打开工作簿

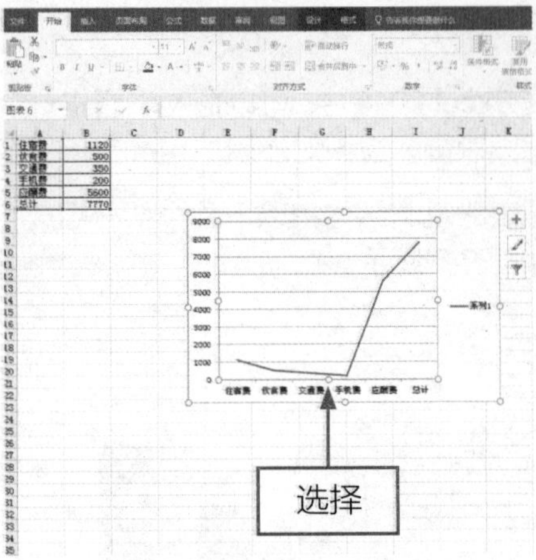

图 9-9 选择图表

**STEP 03** 在"图表工具"中单击"设计"标签,进入"设计"面板,如图 9-10 所示。

**STEP 04** 在"类型"选项板中单击"更改图表类型"按钮 ![], 如图 9-11 所示。

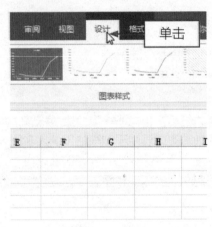

图 9-10 单击"设计"标签

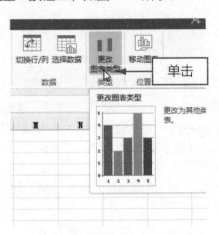

图 9-11 单击"更改图表类型"按钮

**专家指点**

在 Excel 2016 中修改图表类型时,也可以在"插入"面板的"图表"选项板中单击相应的图表类型,如图 9-12 所示,在弹出的下拉列表中选择需要的图表样式即可。

图 9-12 "图表选项区"图表类型

**STEP 05** 弹出"更改图表类型"对话框,在其中选择图表类型,如图 9-13 所示。

**STEP 06** 单击"确定"按钮,即可修改图表类型,效果如图 9-14 所示。

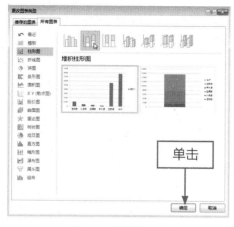

图 9-13 选择图表类型

图 9-14 修改图表类型效果

## 9.1.3 应用移动图表操作

在 Excel 图表中，图表区以及图例等组成部分的位置不是固定的，通过鼠标拖曳可以调整它们的位置。下面介绍移动图表的操作方法。

| 素材文件 | 光盘 \ 素材 \ 第 9 章 \9.1.3.xlsx |
| --- | --- |
| 效果文件 | 光盘 \ 效果 \ 第 9 章 \9.1.3.xlsx |
| 视频文件 | 光盘 \ 视频 \ 第 9 章 \9.1.3 应用移动图表操作 .mp4 |

【操练 + 视频】——应用移动图表操作

**STEP 01** 单击"文件"|"打开"命令，打开一个 Excel 工作簿，选择需要移动的图表，如图 9-15 所示。

**STEP 02** 单击"图表工具"中的"设计"标签，切换至"设计"面板，在"位置"选项板中单击"移动图表"按钮，如图 9-16 所示。

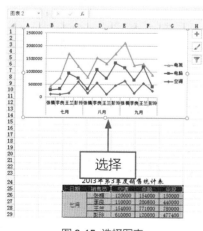

图 9-15 选择图表

图 9-16 单击"移动图表"按钮

**STEP 03** 弹出"移动图表"对话框，选中"对象位于"单选按钮，在右侧下拉列表框中选择

Sheet 2 选项，如图 9-17 所示。

STEP 04 单击"确定"按钮，即可将图表移至 Sheet 2 中，如图 9-18 所示。

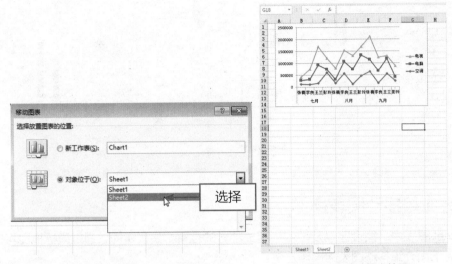

图 9-17 选择 Sheet 2 选项　　　　　图 9-18 移动图表效果

在"移动图表"对话框中，如果选中"新工作表"单选按钮，则系统会自动将图表放置在一张新的工作表中。

## 9.1.4 应用重设数据源操作

在 Excel 2016 中，在数据表格中创建图表后，可以根据需要对所创建图表的源数据区域进行修改或调整。下面介绍应用重设数据源操作的方法。

| 素材文件 | 光盘 \ 素材 \ 第 9 章 \9.1.4.xlsx |
| --- | --- |
| 效果文件 | 光盘 \ 效果 \ 第 9 章 \9.1.4.xlsx |
| 视频文件 | 光盘 \ 视频 \ 第 9 章 \9.1.4 应用重设数据源操作 .mp4 |

【操练 + 视频】——应用重设数据源操作

STEP 01 单击"文件" | "打开"命令，打开一个 Excel 工作簿，如图 9-19 所示。

STEP 02 在工作表中选择相应的图表，如图 9-20 所示。

STEP 03 单击"图表工具"中的"设计"标签，切换至"设计"面板，如图 9-21 所示。

STEP 04 单击"数据"选项板中的"选择数据"按钮，如图 9-22 所示。

STEP 05 弹出"选择数据源"对话框，在"图表数据区域"文本框中重新选择创建图表的数据区域，如图 9-23 所示。

STEP 06 单击"确定"按钮，即可生成新的图表系列，如图 9-24 所示。

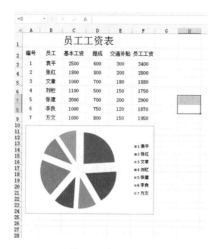

图 9-19 打开工作簿

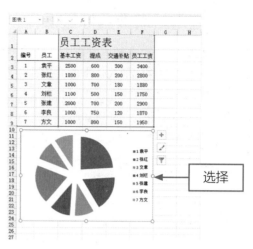

图 9-20 选择图表

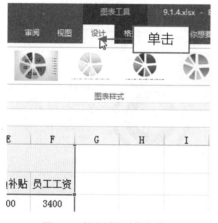

图 9-21 单击"设计"标签

图 9-22 单击"选择数据"按钮

图 9-23 选择新数据区域

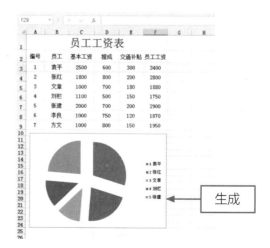

图 9-24 生成新的图表

9.1.5 应用新增数据标签操作

在 Excel 2016 中可在数据图表中添加图表数据标签，数据标签不仅可以增强图表的可读性，还可以增强图表的数据化形式。下面介绍应用新增数据标签操作的方法。

| 素材文件 | 光盘 \ 素材 \ 第 9 章 \9.1.5.xlsx |
|---|---|
| 效果文件 | 光盘 \ 效果 \ 第 9 章 \9.1.5.xlsx |
| 视频文件 | 光盘 \ 视频 \ 第 9 章 \9.1.5 应用新增数据标签操作 .mp4 |

【操练 + 视频】——应用新增数据标签操作

**STEP 01** 单击"文件"｜"打开"命令，打开一个 Excel 工作簿，如图 9-25 所示。

**STEP 02** 在工作表中选择需要添加数据标签的图表，如图 9-26 所示。

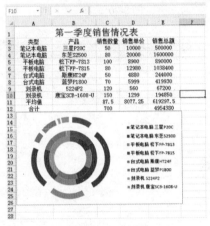
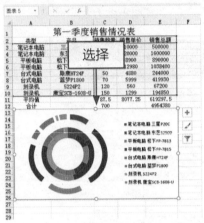

图 9-25 打开工作簿　　　　　图 9-26 选择图表

**STEP 03** 切换至"图表工具"中的"设计"面板，在"图表布局"选项板中单击"添加图表元素"下拉按钮，如图 9-27 所示。

**STEP 04** 在弹出的下拉列表中选择"数据标签"｜"其他数据标签选项"选项，如图 9-28 所示。

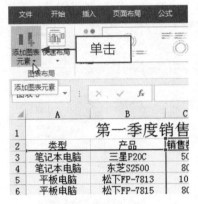
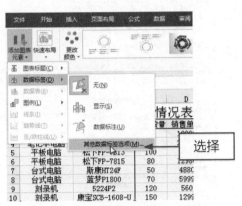

图 9-27 单击"添加图表元素"下拉按钮　图 9-28 选择"其他数据标签选项"选项

**STEP 05** 弹出"设置数据标签格式"窗格，保持各选项为默认设置，如图 9-29 所示。

**STEP 06** 单击面板右侧的"关闭"按钮 ×，关闭"设置数据标签格式"窗格，即可在图表中添加数据标签，效果如图 9-30 所示。

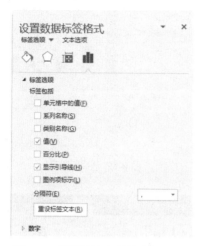

图 9-29 "设置数据标签格式"窗格

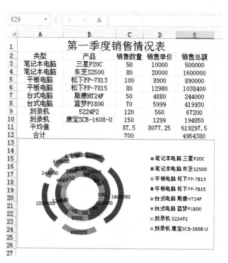

图 9-30 添加数据标签效果

专家指点

在"数据标签"下拉列表中选择"其他数据标签选项"选项，在弹出的"设置数据标签格式"对话框中可设置数据标签的显示方式为百分比显示。

## 9.1.6 创建图表格式操作

为了使图表更加清晰、美观，可以根据需要为图表设置填充效果，包括渐变、纹理、图案和图片填充等。下面介绍创建图表格式操作的方法。

| 素材文件 | 光盘 \ 素材 \ 第 9 章 \9.1.6.xlsx |
| --- | --- |
| 效果文件 | 光盘 \ 效果 \ 第 9 章 \9.1.6.xlsx |
| 视频文件 | 光盘 \ 视频 \ 第 9 章 \9.1.6 创建图表格式操作 .mp4 |

【操练 + 视频】——创建图表格式操作

**STEP 01** 单击"文件"｜"打开"命令，打开一个 Excel 工作簿，如图 9-31 所示。

**STEP 02** 在工作表中选择图表区，如图 9-32 所示。

**STEP 03** 单击"图表工具"中的"格式"标签，切换至"格式"面板，如图 9-33 所示。

**STEP 04** 在"形状样式"选项板中单击"形状填充"下拉按钮 ▾，如图 9-34 所示。

**STEP 05** 在弹出的下拉列表中选择"纹理"｜"蓝色面巾纸"选项，如图 9-35 所示。

**STEP 06** 执行操作后，即可完成对图表区的设置，如图 9-36 所示。

图 9-31 打开工作簿

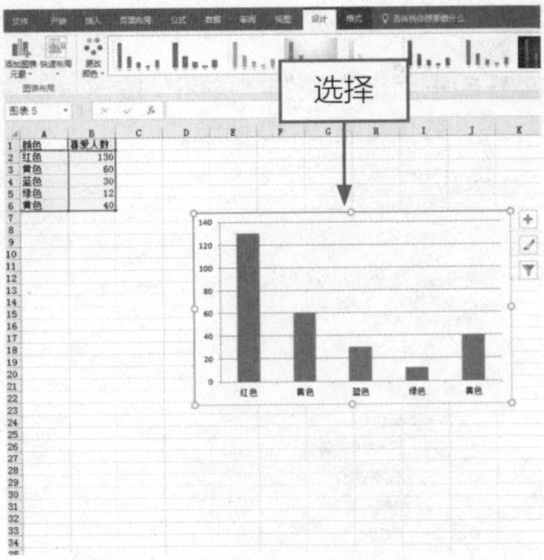

图 9-32 选择图表区

图 9-33 单击"格式"标签

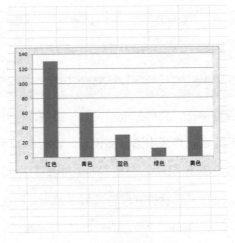

图 9-34 单击"形状填充"下拉按钮

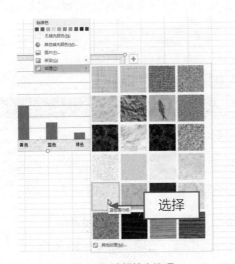

图 9-35 选择填充选项

图 9-36 完成图表区设置

**STEP 07** 在图表中选择绘图区，如图 9-37 所示。

**STEP 08** 单击鼠标右键，在弹出的快捷菜单中选择"设置绘图区格式"选项，如图 9-38 所示。

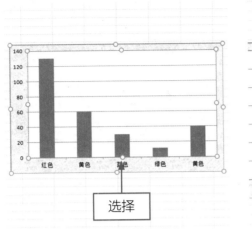

图 9-37 选择绘图区

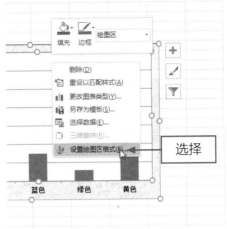

图 9-38 选择"设置绘图区格式"选项

**STEP 09** 弹出"设置绘图区格式"窗格，如图 9-39 所示。

**STEP 10** 在"填充"选项区中选中"无填充"单选按钮，如图 9-40 所示。

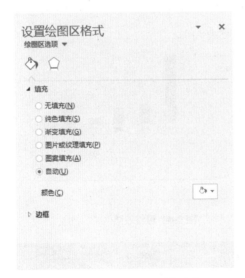

图 9-39 "设置绘图区格式"窗格

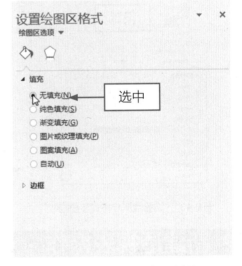

图 9-40 选中"无填充"单选按钮

**STEP 11** 单击面板右侧的"关闭"按钮 ✕，即可完成对绘图区格式的设置，如图 9-41 所示。

**STEP 12** 在图表中双击"系列'喜爱人数'"，如图 9-42 所示。

**STEP 13** 弹出"设置数据点格式"窗格，单击"填充与线条"按钮 🎨，在填充选项区中选中"渐变填充"单选按钮，设置渐变参数，如图 9-43 所示。

**STEP 14** 单击"关闭"按钮，即可完成对图表格式的设置，效果如图 9-44 所示。

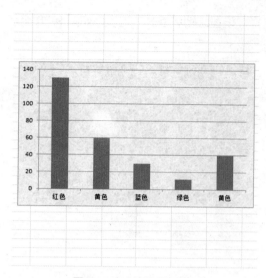

图 9-41 完成绘图区格式设置

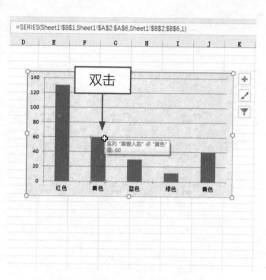

图 9-42 双击"系列'喜爱人数'"

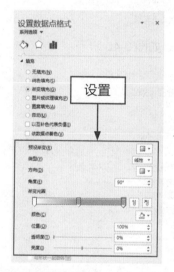

图 9-43 "设置数据点格式"窗格

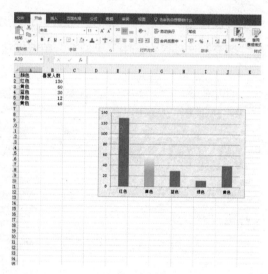

图 9-44 最终效果

# ▶▶ 9.2 新建透视表操作

　　数据透视表是一种交互式的数据报表，可以快速汇总比较大量的数据，同时可以通过筛选其中页、行与列中的不同数据源，以快速查看数据的不同统计结果，并能随时显示和打印相关区域的明细数据。本节主要介绍应用向导和分类筛选这两种方法创建数据透视表的基本操作。

## ◢ 9.2.1 应用向导创建透视表

　　在 Excel 2016 中，利用数据透视表向导功能可以快速、方便地创建数据透视表。下面介绍应用向导创建透视表的操作方法。

| 素材文件 | 光盘 \ 素材 \ 第 9 章 \9.2.1.xlsx |
| --- | --- |
| 效果文件 | 光盘 \ 效果 \ 第 9 章 \9.2.1.xlsx |
| 视频文件 | 光盘 \ 视频 \ 第 9 章 \9.2.1 应用向导创建透视表 .mp4 |

【操练 + 视频】——应用向导创建透视表

STEP 01 单击"文件"丨"打开"命令，打开一个 Excel 工作簿，如图 9-45 所示。

STEP 02 切换至"插入"面板，在"表格"选项板中单击"数据透视表"按钮，如图 9-46 所示。

图 9-45 打开工作簿

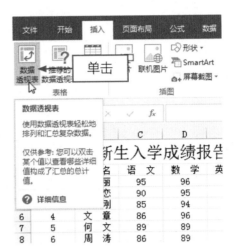

图 9-46 单击"数据透视表"按钮

STEP 03 弹出"创建数据透视表"对话框，如图 9-47 所示。

STEP 04 在"表 / 区域"文本框右侧单击"引用"按钮，如图 9-48 所示。

图 9-47 "创建数据透视表"对话框

图 9-48 单击"引用"按钮

STEP 05 执行操作后，在工作表中选择需要创建数据透视表的单元格区域，如图 9-49 所示。

STEP 06 按【Enter】键确认，单击"确定"按钮，即可创建数据透视表，如图 9-50 所示。

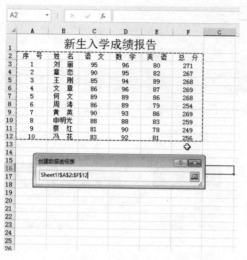

图 9-49 选择数据区域

图 9-50 创建数据透视表

**STEP 07** 在右侧的 "数据透视表字段" 面板中选中相应的复选框, 如图 **9-51** 所示。

**STEP 08** 执行操作后, 即可创建相关数据的透视表。关闭 "数据透视表字段" 面板, 将创建的数据透视表移动至合适的位置, 效果如图 **9-52** 所示。

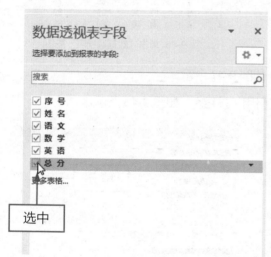

图 9-51 选中相应复选框

图 9-52 最终效果

**专家指点**

除了可以单击 "引用" 按钮 🔳, 在工作表中选择数据区域外, 还可以直接在 "表 / 区域" 文本框中输入数据区域。

## 9.2.2 应用分类筛选创建透视表

在 Excel 2016 中, 有的数据透视表中的数据是不属于同一类别的, 例如, 部门可分销售部、企划部、财务部和生产部, 根据部门类型的不同, 可以创建分类数据透视表。下面介绍应用分类

筛选创建透视表的操作方法。

| 素材文件 | 光盘 \ 素材 \ 第 9 章 \9.2.2.xlsx |
| 效果文件 | 光盘 \ 效果 \ 第 9 章 \9.2.2.xlsx |
| 视频文件 | 光盘 \ 视频 \ 第 9 章 \9.2.2 应用分类筛选创建透视表 .mp4 |

【操练 + 视频】——应用分类筛选创建透视表

STEP 01 单击"文件"|"打开"命令，打开一个 Excel 工作簿，如图 9-53 所示。

STEP 02 单击数据透视表中"行标签"右侧的下拉按钮▼，如图 9-54 所示。

图 9-53 打开工作簿

图 9-54 单击"行标签"按钮

STEP 03 在弹出的下拉列表中取消选择"全选"复选框，并选中"三车间"复选框，如图 9-55 所示。

STEP 04 单击"确定"按钮，即可创建分类筛选数据透视表，如图 9-56 所示。

图 9-55 设置相应参数

图 9-56 创建分类筛选数据透视表

在 Excel 2016 中，可以根据需要同时创建多个分类筛选数据透视表，方法与创建向导数据透视表基本相同。

# ▶9.3 编辑透视表操作

在 Excel 2016 中，创建好数据透视表后，数据透视表有可能不符合工作的需要，则需要对其进行版式的更改、数据字段的添加和删除、数字格式的更改等，还要随着数据的更新及时更新数据透视表中的数据。本节主要介绍调整和修改透视表排序、布局、样式，以及应用复制、删除透视表等的操作方法。

## 9.3.1 调整排序操作

在 Excel 2016 中，数据透视表自动创建的顺序有时并不能满足实际需求，此时可以调整透视表的排序。下面介绍调整数据透视表排序的操作方法。

| | 素材文件 | 光盘 \ 素材 \ 第 9 章 \9.3.1.xlsx |
|---|---|---|
| | 效果文件 | 光盘 \ 效果 \ 第 9 章 \9.3.1.xlsx |
| | 视频文件 | 光盘 \ 视频 \ 第 9 章 \9.3.1 调整排序操作 .mp4 |

【操练 + 视频】——调整排序操作

STEP 01 单击"文件"|"打开"命令，打开一个 Excel 工作簿，如图 9-57 所示。

STEP 02 在工作表中选择数据透视表，如图 9-58 所示。

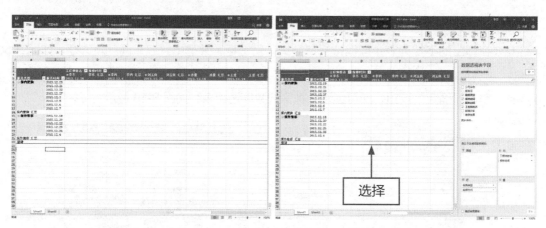

图 9-57 打开工作簿          图 9-58 选择数据透视表

STEP 03 在"数据透视表字段"的"行标签"列表中单击"服务类型"下拉按钮，如图 9-59 所示。

STEP 04 在弹出的下拉列表中选择"下移"选项，如图 9-60 所示。

STEP 05 执行操作后，即可调整透视表的排序，如图 9-61 所示。

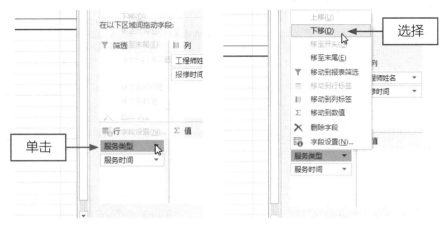

图 9-59 单击"服务类型"下拉按钮 　　　　图 9-60 选择"下移"选项

图 9-61 调整透视表排序效果

## 9.3.2 修改布局操作

在 Excel 2016 中更改数据透视表时，可以通过拖动字段按钮或字段标题直接更改数据透视表的布局，也可以使用数据透视表向导来进行更改。下面介绍修改布局操作的操作方法。

| 素材文件 | 光盘 \ 素材 \ 第 9 章 \9.3.2.xlsx |
|---|---|
| 效果文件 | 光盘 \ 效果 \ 第 9 章 \9.3.2.xlsx |
| 视频文件 | 光盘 \ 视频 \ 第 9 章 \9.3.2 修改布局操作 .mp4 |

**【操练 + 视频】——修改布局操作**

**STEP 01** 单击"文件"｜"打开"命令，打开一个 Excel 工作簿，如图 9-62 所示。

**STEP 02** 在工作表中，将鼠标指针置于数据透视表的某一个单元格中，如图 9-63 所示。

**STEP 03** 单击"设计"标签，进入"数据透视表工具"中的"设计"面板，如图 9-64 所示。

**STEP 04** 在"布局"选项板中单击"报表布局"下拉按钮，如图 9-65 所示。

图 9-62 打开工作簿

图 9-63 选择单元格

图 9-64 单击"设计"标签

图 9-65 单击"报表布局"下拉按钮

**STEP 05** 在弹出的下拉列表中选择"以表格形式显示"选项,如图 9-66 所示。

**STEP 06** 执行操作后,即可更改数据透视表布局,效果如图 9-67 所示。

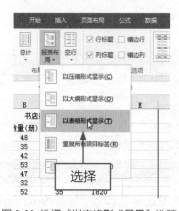

图 9-66 选择"以表格形式显示"选项

图 9-67 更改透视表布局

**专家指点**

在 Excel 2016 中,更改数据透视表的布局可以让数据透视表以不同的方式显示在用户面前。当数据透视表中的分类内容较多时,可以使用压缩形式显示数据表。

## 9.3.3 应用复制操作

对于创建的数据透视表，可以使用自动套用格式功能将 Excel 中内置的数据透视表格式应用于选中的数据透视表中。下面介绍应用复制操作的方法。

| 素材文件 | 光盘\素材\第 9 章\9.3.3.xlsx |
|---|---|
| 效果文件 | 光盘\效果\第 9 章\9.3.3.xlsx |
| 视频文件 | 光盘\视频\第 9 章\9.3.3 应用复制操作 .mp4 |

【操练 + 视频】——应用复制操作

STEP 01 单击"文件"｜"打开"命令，打开一个 Excel 工作簿，如图 9-68 所示。

STEP 02 在工作表中选择整个数据透视表，如图 9-69 所示。

图 9-68 打开工作簿

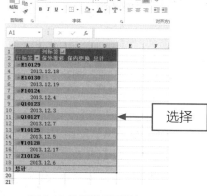

图 9-69 选择数据透视表

STEP 03 单击鼠标右键，在弹出的快捷菜单中选择"复制"选项，如图 9-70 所示。

STEP 04 在工作表中选择需要粘贴的单元格，如图 9-71 所示。

图 9-70 选择"复制"选项

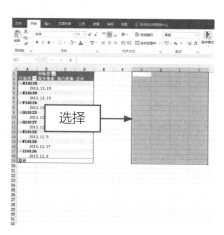

图 9-71 选择黏贴单元格

STEP 05 单击鼠标右键，在弹出的快捷菜单中选择"粘贴选项"｜"粘贴"选项，如图 9-72 所示。

STEP 06 执行操作后，即可完成对数据透视表的复制操作，如图 9-73 所示。

图 9-72 选择"粘贴"选项　　　　　　　图 9-73 完成粘贴操作

专家指点

在 Excel 2016 中，除了使用上述方法复制数据透视表外，还可以选择需要复制的数据透视表，按【Ctrl + C】组合键进行复制，然后选择目标单元格区域，按【Ctrl + V】组合键进行粘贴即可。

## 9.3.4 应用删除操作

在 Excel 2016 中，并不是时刻都需要数据透视表这一元素存在的，因此当不再需要数据透视表时，可以将其进行表删除。下面介绍删除数据透视表的操作方法。

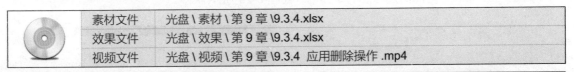

| | 素材文件 | 光盘 \ 素材 \ 第 9 章 \9.3.4.xlsx |
|---|---|---|
| | 效果文件 | 光盘 \ 效果 \ 第 9 章 \9.3.4.xlsx |
| | 视频文件 | 光盘 \ 视频 \ 第 9 章 \9.3.4 应用删除操作 .mp4 |

【操练 + 视频】——应用删除操作

STEP 01 单击"文件"｜"打开"命令，打开一个 Excel 工作簿，如图 9-74 所示。

STEP 02 在工作表中选择数据透视表，如图 9-75 所示。

STEP 03 单击"分析"标签，进入"数据透视表工具"中的"分析"面板，如图 9-76 所示。

STEP 04 单击"操作"选项板中的"清除"下拉按钮，如图 9-77 所示。

STEP 05 在弹出的下拉列表中，选择"全部清除"选项，如图 9-78 所示。

STEP 06 执行操作后，即可删除数据透视表，如图 9-79 所示。

图 9-74 打开工作簿

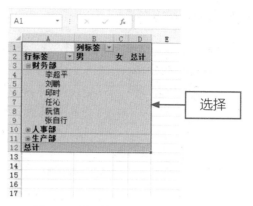

图 9-75 选择数据透视表

图 9-76 单击"分析"标签

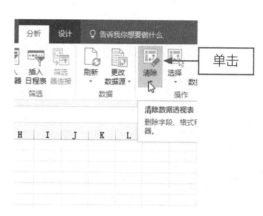

图 9-77 单击"清除"下拉按钮

图 9-78 选择"全部清除"选项

图 9-79 删除数据透视表

专家指点

在 Excel 2016 中，在选择需要删除的数据透视表后按【Delete】键，即可将数据透视表全部删除，结果与单击"清除"按钮不同。单击"清除"按钮后，数据透视表保留初始状态，但按【Delete】键后会将数据透视表彻底删除。

## ▨ 9.3.5 变换样式操作

对于创建的数据透视表，可根据小变换器表格样式，使制作的数据透视表更加美观。下面介绍变换样式操作的操作方法。

| 素材文件 | 光盘 \ 素材 \ 第 9 章 \9.3.5.xlsx |
|---|---|
| 效果文件 | 光盘 \ 效果 \ 第 9 章 \9.3.5.xlsx |
| 视频文件 | 光盘 \ 视频 \ 第 9 章 \9.3.5 变换样式操作 .mp4 |

◥【操练＋视频】——修改样式操作

**STEP 01** 单击"文件"｜"打开"命令，打开一个 Excel 工作簿，如图 9-80 所示。

**STEP 02** 在工作表中选择数据透视表，如图 9-81 所示。

图 9-80 打开工作簿

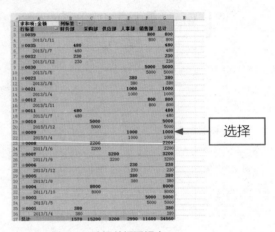

图 9-81 选择数据透视表

**STEP 03** 单击"设计"标签，进入"数据透视表工具"中的"设计"面板，如图 9-82 所示。

**STEP 04** 在"数据透视表样式"选项板中单击"其他"按钮 ，如图 9-83 所示。

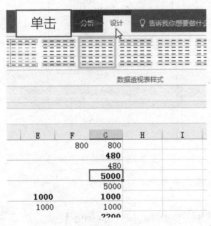

图 9-82 单击"设计"标签

图 9-83 单击"其他"按钮

**STEP 05** 弹出列表框，在"浅色"选项区中选择相应的选项，如图 9-84 所示。

**STEP 06** 执行操作后，即可变换数据透视表样式，如图 9-85 所示。

图 9-84 选择相应选项　　　　　　　图 9-85 变换数据透视表样式

# ▶ 9.4 新建透视图操作

在 Excel 2016 中，数据透视图是数据表格的另外一种统计汇总的表现形式，它是数据透视表和图表的结合，以图形的形式表示数据透视表中的数据。本节主要介绍利用数据表格和透视表这两种方法创建数据透视图的操作方法。

## ▰ 9.4.1 数据表格方法创建

创建数据透视图的操作与创建数据透视表的操作方法基本相同，都是通过数据透视表和数据透视图向导来完成操作。下面介绍利用数据表格方法创建透视图的操作方法。

| 素材文件 | 光盘 \ 素材 \ 第 9 章 \9.4.1.xlsx |
| --- | --- |
| 效果文件 | 光盘 \ 效果 \ 第 9 章 \9.4.1.xlsx |
| 视频文件 | 光盘 \ 视频 \ 第 9 章 \9.4.1 数据表格方法创建 .mp4 |

【操练 + 视频】——数据表格方法创建

**STEP 01** 单击"文件"｜"打开"命令，打开一个 Excel 工作簿，如图 9-86 所示。

**STEP 02** 切换至"插入"面板，单击"图表"选项板中的"数据透视图"下拉按钮■，在弹出的下拉列表中选择"数据透视图"选项，如图 9-87 所示。

**STEP 03** 弹出"创建数据透视图"对话框，如图 9-88 所示。

**STEP 04** 单击"表 / 区域"文本框右侧的"引用"按钮■，如图 9-89 所示。

**STEP 05** 在工作表中选择需要创建数据透视图的单元格区域，如图 9-90 所示。

**STEP 06** 按【Enter】键确认，返回"创建数据透视图"对话框，选中"新工作表"单选按钮，单击"确定"按钮，即可在一个新的工作表中创建数据透视图，如图 9-91 所示。

图 9-86 打开工作簿

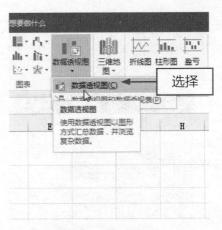

图 9-87 选择"数据透视图"选项

图 9-88 "创建数据透视图"对话框

图 9-89 单击"引用"按钮

图 9-90 选择单元格区域

图 9-91 创建数据透视图

STEP 07 在"数据透视图字段"窗格中选中相应的复选框,如图 9-92 所示。

STEP 08 执行操作后,即可显示相应的数据及图表,如图 9-93 所示。

图 9-92 选中相应的复选框 　　　　　图 9-93 显示数据和图表

专家指点

在 Excel 2016 中，依次按【Alt】、【D】、【P】键可以快速启动数据透视图向导。

## 9.4.2 透视表方法创建

在 Excel 2016 中，可以直接通过数据透视表创建数据透视图。下面介绍利用透视表方法创建数据透视图的操作方法。

| | 素材文件 | 光盘 \ 素材 \ 第 9 章 \9.4.2.xlsx |
| --- | --- | --- |
| | 效果文件 | 光盘 \ 效果 \ 第 9 章 \9.4.2.xlsx |
| | 视频文件 | 光盘 \ 视频 \ 第 9 章 \9.4.2 透视表方法创建 .mp4 |

【操练 + 视频】——透视表方法创建

**STEP 01** 单击"文件"｜"打开"命令，打开一个 Excel 工作簿，如图 9-94 所示。

**STEP 02** 在工作表中选择数据透视表，如图 9-95 所示。

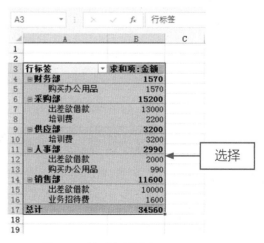

图 9-94 打开工作簿 　　　　　图 9-95 选择数据透视表

**STEP 03** 单击"分析"标签，进入"数据透视表工具"中的"分析"面板，如图 9-96 所示。

**STEP 04** 在"工具"选项板中单击"数据透视图"按钮，如图 9-97 所示。

图 9-96 单击"分析"标签

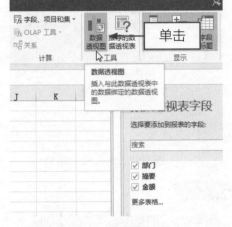

图 9-97 单击"数据透视图"按钮

**STEP 05** 弹出"插入图表"对话框，在左侧列表中单击"柱形图"按钮，在右侧选择"三维簇状柱形图"选项，如图 9-98 所示。

**STEP 06** 单击"确定"按钮，即可通过数据透视表创建数据透视图，如图 9-99 所示。

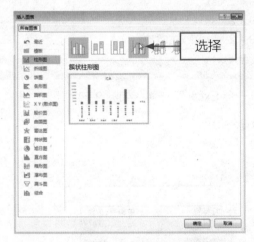

图 9-98 选择柱形图选项

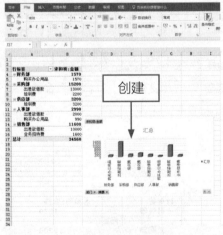

图 9-99 创建数据透视图

# ▶▶9.5 编辑透视图操作

在 Excel 2016 中，数据透视图的编辑与图表的编辑方法类似。本节主要介绍设置数据透视图样式，新增数据透视图标题，修改数据透视图类型，以及移动和删除数据透视图等内容。

## 9.5.1 应用设置样式

在 Excel 2016 中提供了大量的图表样式，用户可以根据需要设置数据透视图的样式。下面介绍设置透视图样式的操作方法。

| | | |
|---|---|---|
| 素材文件 | 光盘 \ 素材 \ 第 9 章 \9.5.1.xlsx | |
| 效果文件 | 光盘 \ 效果 \ 第 9 章 \9.5.1.xlsx | |
| 视频文件 | 光盘 \ 视频 \ 第 9 章 \9.5.1 应用设置样式 .mp4 | |

**【操练＋视频】——应用设置样式**

STEP 01 单击"文件"｜"打开"命令，打开一个 Excel 工作簿，如图 9-100 所示。

STEP 02 在工作表中选择数据透视图，如图 9-101 所示。

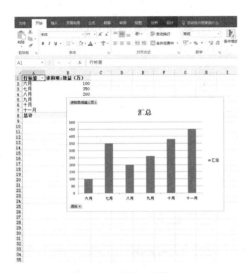

图 9-100 打开工作簿　　　　　　　　　　图 9-101 选择数据透视图

STEP 03 单击"设计"标签，切换至"数据透视图工具"中的"设计"面板，如图 9-102 所示。

STEP 04 在"图表样式"选项板中单击"其他"按钮，如图 9-103 所示。

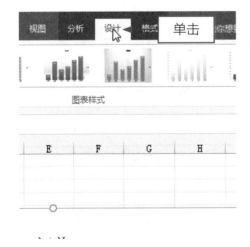
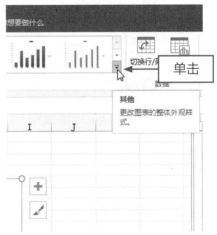

图 9-102 单击"设计"标签　　　　　　　　图 9-103 单击"其他"按钮

STEP 05 弹出列表框，选择"样式 8"选项，如图 9-104 所示。

STEP 06 单击"图表样式"选项板中的"更改颜色"下拉按钮，如图 9-105 所示。

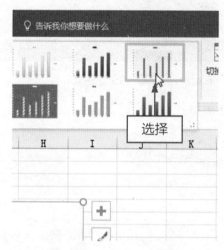

图 9-104 选择样式选项

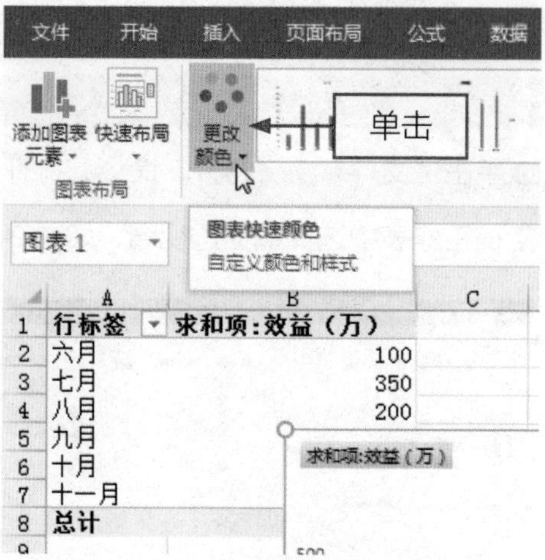

图 9-105 单击"更改颜色"下拉按钮

STEP 07 在弹出的下拉列表中的"彩色"选项区中，选择"彩色调色板 4"选项，如图 9-106 所示。

STEP 08 执行操作后，即可设置数据透视图样式，效果如图 9-107 所示。

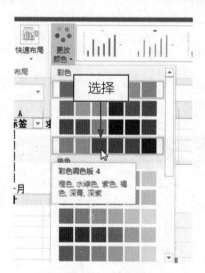

图 9-106 选择颜色选项

图 9-107 设置数据透视图样式

## 9.5.2 重新设置操作

在 Excel 2016 中，当数据透视图所引用的数据源信息被修改时，可以通过刷新数据透视图来更新工作表中的信息。下面介绍重新设置数据的操作方法。

| 素材文件 | 光盘\素材\第9章\9.5.2.xlsx |
|---|---|
| 效果文件 | 光盘\效果\第9章\9.5.2.xlsx |
| 视频文件 | 光盘\视频\第9章\9.5.2 重新设置操作.mp4 |

【操练+视频】——重新设置操作

**STEP 01** 单击"文件"｜"打开"命令，打开一个 Excel 工作簿，如图 9-108 所示。

**STEP 02** 在工作表中选择相应的数据区域，如图 9-109 所示。

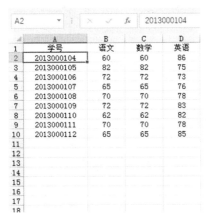

图 9-108 打开工作簿

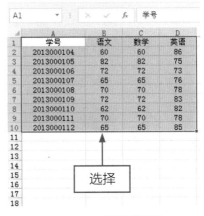

图 9-109 选择数据区域

**STEP 03** 单击"插入"标签，切换至"插入"面板，如图 9-110 所示。

**STEP 04** 单击"图表"选项板中的"推荐的图表"按钮，如图 9-111 所示。

图 9-110 单击"插入"标签

图 9-111 单击"推荐的图表"按钮

**STEP 05** 弹出"插入图表"对话框，保持各选项为默认设置，如图 9-112 所示。

**STEP 06** 单击"确定"按钮，即可为数据区域创建数据透视图，如图 9-113 所示。

**STEP 07** 在工作表中的数据区，更改"语文"列中的数据，如图 9-114 所示。

**STEP 08** 执行操作后，即可重新设置数据透视图，效果如图 9-115 所示。

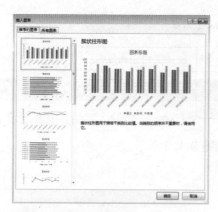

图 9-112 "插入图表"对话框

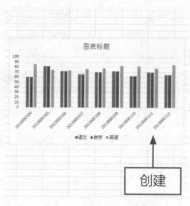

图 9-113 创建数据透视图

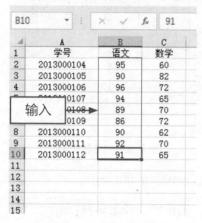

图 9-114 更改数据

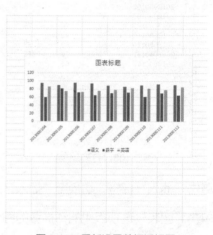

图 9-115 重新设置数据透视图

## 9.5.3 新增标题操作

在 Excel 2016 中会自动为数据透视图添加标题，用户也可以根据需要自行为数据透视图添加标题。下面介绍新增标题的操作方法。

| 素材文件 | 光盘 \ 素材 \ 第 9 章 \9.5.3.xlsx |
| --- | --- |
| 效果文件 | 光盘 \ 效果 \ 第 9 章 \9.5.3.xlsx |
| 视频文件 | 光盘 \ 视频 \ 第 9 章 \9.5.3 新增标题操作 .mp4 |

【操练 + 视频】——新增标题操作

**STEP 01** 单击"文件"｜"打开"命令，打开一个 Excel 工作簿，如图 9-116 所示。

**STEP 02** 在工作表中选择数据透视图，如图 9-117 所示。

**STEP 03** 在"数据透视图工具"中单击"设计"标签，进入"设计"面板，如图 9-118 所示。

**STEP 04** 在"图表布局"选项板中单击"添加图表元素"下拉按钮，在弹出的下拉列表中选择"图表标题"｜"图表上方"选项，如图 9-119 所示。

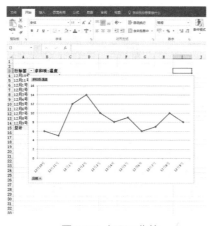

图 9-116 打开工作簿

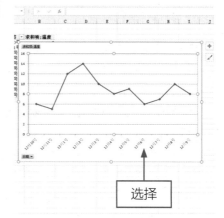

图 9-117 选择数据透视图

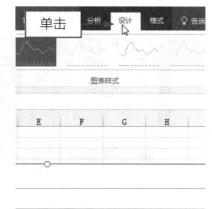

图 9-118 单击"设计"标签

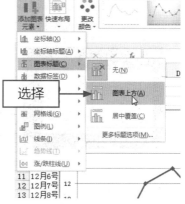

图 9-119 选择"图表上方"选项

STEP 05 执行操作后，即可在数据透视图中添加标题，如图 9-120 所示。

STEP 06 在标题中输入文本，如图 9-121 所示，即可为数据透视图新增标题。

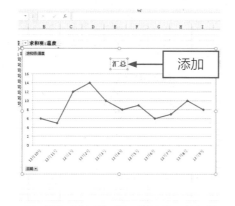

图 9-120 添加标题

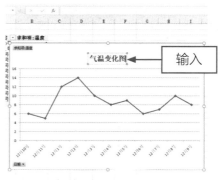

图 9-121 输入新标题

## 9.5.4 修改类型操作

在 Excel 2016 中提供了大量的图表样式，用户可以根据需要套用数据透视图的样式。下面介绍修改数据透视图类型的操作方法。

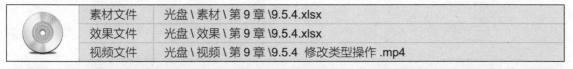

| 素材文件 | 光盘 \ 素材 \ 第 9 章 \9.5.4.xlsx |
| 效果文件 | 光盘 \ 效果 \ 第 9 章 \9.5.4.xlsx |
| 视频文件 | 光盘 \ 视频 \ 第 9 章 \9.5.4 修改类型操作 .mp4 |

【操练+视频】——修改类型操作

**STEP 01** 单击"文件"｜"打开"命令，打开一个 Excel 工作簿，如图 9-122 所示。

**STEP 02** 在工作表中选择数据透视图，如图 9-123 所示。

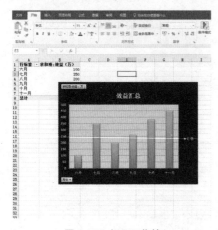

图 9-122 打开工作簿

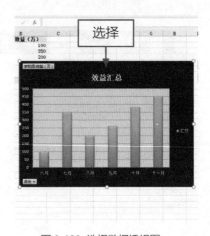

图 9-123 选择数据透视图

**STEP 03** 切换至"数据透视图工具"中的"设计"面板，在"类型"选项板中，单击"更改图表类型"按钮，如图 9-124 所示。

**STEP 04** 弹出"更改图表类型"对话框，如图 9-125 所示。

图 9-124 单击"图表类型"按钮

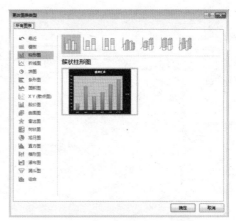

图 9-125 "更改图表类型"对话框

**STEP 05** 在对话框的左侧单击"折线图"按钮，在右侧的折线图选项区中选择"带数据标记的折线图"选项，如图 9-126 所示。

**STEP 06** 单击"确定"按钮，即可更改图表类型，如图 9-127 所示。

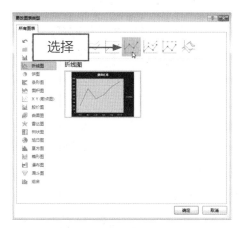

图 9-126 选择相应选项

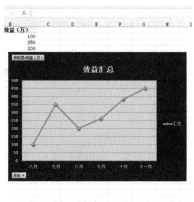

图 9-127 更改图表类型

## 9.5.5 应用删除操作

在 Excel 2016 中，当不再需要数据透视图时可以将其删除。下面介绍删除数据透视图的操作方法。

| | 素材文件 | 光盘 \ 素材 \ 第 9 章 \9.5.5.xlsx |
|---|---|---|
| | 效果文件 | 光盘 \ 效果 \ 第 9 章 \9.5.5.xlsx |
| | 视频文件 | 光盘 \ 视频 \ 第 9 章 \9.5.5 应用删除操作 .mp4 |

【操练+视频】——应用删除操作

**STEP 01** 单击"文件"｜"打开"命令，打开一个 Excel 工作簿，如图 9-128 所示。

**STEP 02** 在工作表中选择数据图表，如图 9-129 所示。

图 9-128 打开工作簿

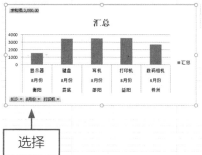

图 9-129 选择数据图表

STEP 03 切换至"数据透视图工具"中的"分析"面板,在"操作"选项板中单击"清除"下拉按钮 ⬚,在弹出的下拉列表中选择"全部清除"选项,如图 9-130 所示。

STEP 04 执行操作后,即可删除数据透视图,效果如图 9-131 所示。

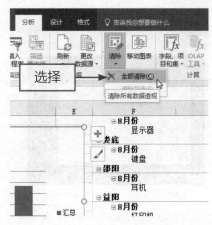

图 9-130 选择"全部清除"选项

图 9-131 删除数据透视图

专家指点

还可以选择需要删除的数据透视图,直接按【Delete】键。

# CHAPTER 10

## 认识 PowerPoint 设计: 文稿基本操作

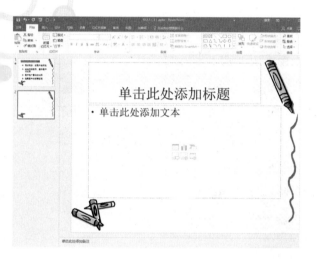

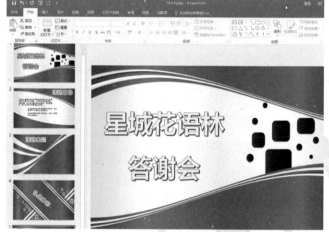

## 章前知识导读

    PowerPoint 2016 是 Office 2016 的重要组成部分之一，使用 PowerPoint 2016 可以制作出集文字、图形、图像、声音和视频等为一体的多媒体演示文稿。本章主要向读者介绍演示文稿、幻灯片以及文稿内容等方面的基本操作。

## 新手重点索引

    演示文稿的基本操作
    编辑幻灯片基本操作
    编辑文稿内容基本操作

# ▶ 10.1 演示文稿的基本操作

演示文稿是用于介绍和说明某个问题和事件的一组多媒体材料，也是 PowerPoint 生成的文稿形式。在学习 PowerPoint 2016 之前，应从演示文稿的创建开始，演示文稿的基本操作包括新建、打开文稿，保存和关闭文稿等。

本节主要向读者介绍新建空白文稿，保存演示文稿和打开、关闭演示文稿等内容。

## ◢ 10.1.1 新建空白文稿

空白演示文稿即没有任何初始设置的演示文稿，它仅显示一张标题幻灯片，并且标题幻灯片中仅有标题占位符，但该演示文稿中仍然包含默认的版式，如标题和内容、节标题等，可以使用这些版式快速添加幻灯片。下面介绍新建空白文稿的操作方法。

| | 素材文件 | 无 |
|---|---|---|
| | 效果文件 | 无 |
| | 视频文件 | 光盘 \ 视频 \ 第 10 章 \10.1.1 新建空白文稿 .mp4 |

【操练 + 视频】——新建空白文稿

**STEP 01** 在 PowerPoint 2016 工作界面中单击"文件"标签，进入相应的界面，如图 10-1 所示。

**STEP 02** 在左侧的橘红色区域中单击"新建"命令，切换至"新建"选项卡，如图 10-2 所示。

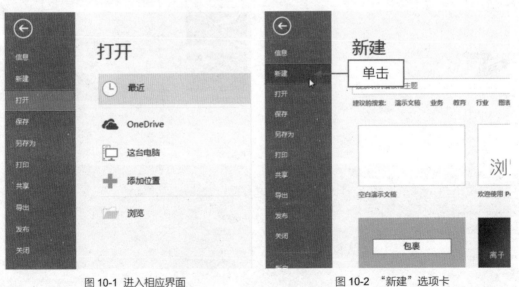

图 10-1 进入相应界面          图 10-2 "新建"选项卡

**STEP 03** 在右侧的"新建"选项区中选择"空白演示文稿"选项，如图 10-3 所示。

**STEP 04** 执行操作后，即可新建一个演示文稿，如图 10-4 所示。

图 10-3 选择"空白演示文稿"选项

图 10-4 新建演示文稿

专家指点

在 PowerPoint 2016 中，还可以利用以下方法创建空白演示文稿：

启动 PowerPoint 2016 程序后，系统将进入一个新的界面，在右侧区域中选择"空白演示文稿"选项，如图 10-5 所示，即可创建空白演示文稿。

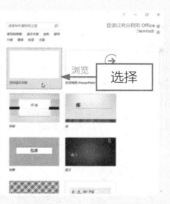

图 10-5 选择"空白演示文稿"选项

在 PowerPoint 2016 中，当遇到一些内容相似的演示文稿时，可以根据已安装的主题进行创建。在"新建"选项区中提供了诸多演示文稿模板，如"平面"、"扇面"、"离子"、"积分"、"回顾"以及"环保"等，如图 10-6 所示，用户可以根据需要利用这些模板来新建演示文稿。

（1）"积分"模板　　　　　　　　　　　　　（2）"带状"模板

图 10-6 演示文稿模板

### 10.1.2 应用保存操作

在实际工作中，一定要养成经常保存文件的习惯。在制作演示文稿的过程中，保存的次数越多，因意外事故造成的损失就越小。

PowerPoint 2016 提供了多种保存演示文稿的方法和格式，用户可以根据演示文稿的用途来进行选择。

* 按钮：单击快速访问工具栏中的"保存"按钮 即可。

* 命令：单击"文件"标签，进入相应的界面，在左侧的橘红色区域单击"保存"命令即可。

* 快捷键1：按【Ctrl + S】组合键。

* 快捷键2：按【Shift + F12】组合键。

* 快捷键3：依次按【Alt】、【F】和【S】键。

### 10.1.3 应用另存为操作

在 PowerPoint 2016 中还可以运用"另存为"命令将演示文稿进行保存。下面介绍应用另存为操作的方法。

| 素材文件 | 光盘 \ 素材 \ 第 10 章 \10.1.3.pptx |
|---|---|
| 效果文件 | 光盘 \ 效果 \ 第 10 章 \10.1.3.pptx |
| 视频文件 | 光盘 \ 视频 \ 第 10 章 \10.1.3 应用另存为操作 .mp4 |

【操练 + 视频】——应用另存为操作

**STEP 01** 在 PowerPoint 2016 工作界面中打开一个素材文件，单击"文件"标签，如图 10-7 所示。

**STEP 02** 进入相应的界面，在左侧区域单击"另存为"命令，如图 10-8 所示。

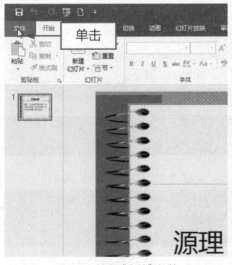
图 10-7 单击"文件"标签

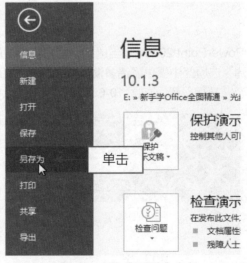
图 10-8 单击"另存为"命令

STEP 03 执行操作后，切换至"另存为"选项卡，在"另存为"选项区中单击"浏览"按钮，如图 10-9 所示。

STEP 04 弹出"另存为"对话框，选择该文件的保存位置，然后在"文件名"文本框中输入相应的标题内容，单击"保存"按钮，如图 10-10 所示。

图 10-9 单击"浏览"按钮

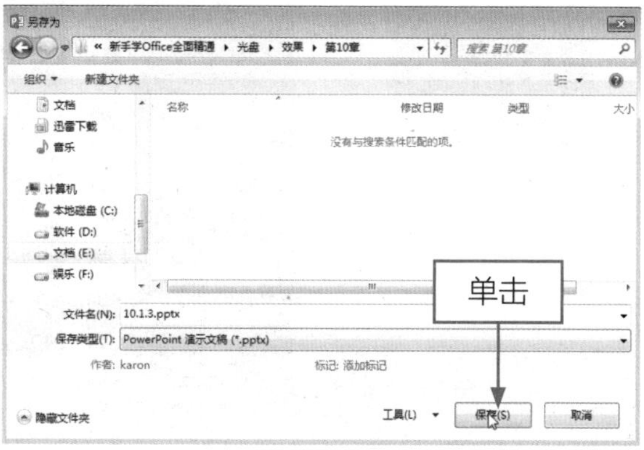

图 10-10 单击"保存"按钮

**专家指点**

如果需要再次保存这个文件时，只需单击快速访问工具栏中的"保存"按钮🖫或按【Ctrl + S】组合键即可，不会再弹出"另存为"对话框。

在 PowerPoint 2016 中，还可以利用以下快捷键来完成"另存为"操作：

* 快捷键 1：依次按【Alt】、【F】和【A】键。
* 快捷键 2：按【F12】键。

## 10.1.4 应用加密保存操作

应用加密的方法保存演示文稿，可以防止其他用户随意打开演示文稿或修改演示文稿内容，一般的操作方法就是在保存演示文稿的时候设置权限密码。当用户要打开加密保存过的演示文稿时，此时 PowerPoint 将弹出"密码"对话框，只有输入正确的密码才能打开该演示文稿。下面介绍应用加密保存操作的操作方法。

| | 素材文件 | 光盘 \ 素材 \ 第 10 章 \10.1.4.pptx |
|---|---|---|
| | 效果文件 | 光盘 \ 效果 \ 第 10 章 \10.1.4.pptx |
| | 视频文件 | 光盘 \ 视频 \ 第 10 章 \10.1.4 应用加密保存操作 .mp4 |

【操练 + 视频】——应用加密保存操作

STEP 01 在 PowerPoint 2016 工作界面中打开一个素材文件，单击"文件"标签，如图 10-11 所示。

STEP 02 进入相应的界面，在左侧区域单击"另存为"命令，在"另存为"选项区中单击"浏览"

按钮，如图 10-12 所示。

图 10-11 单击"文件"标签　　　　　　　　图 10-12 单击"浏览"按钮

STEP 03 弹出"另存为"对话框，单击左下角的"工具"下拉按钮，如图 10-13 所示。

STEP 04 在弹出的下拉列表中选择"常规选项"选项，如图 10-14 所示。

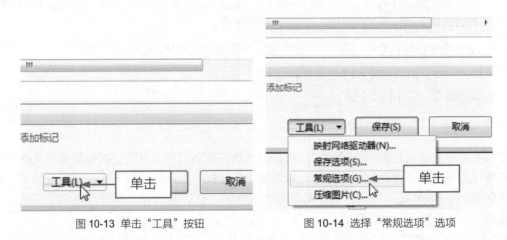

图 10-13 单击"工具"按钮　　　　　　　　图 10-14 选择"常规选项"选项

STEP 05 弹出"常规选项"对话框，在"打开权限密码"和"修改权限密码"文本框中分别输入密码，如图 10-15 所示。

STEP 06 单击"确定"按钮，弹出"确认密码"对话框，如图 10-16 所示。

STEP 07 重新输入打开权限密码，单击"确定"按钮。再次弹出"确认密码"对话框，再次输入修改权限密码，如图 10-17 所示。

STEP 08 单击"确定"按钮，返回"另存为"对话框，单击"保存"按钮，如图 10-18 所示，即可加密保存文件。

图 10-15 输入密码

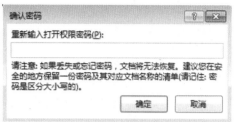

图 10-16 "确认密码"对话框

图 10-17 再次输入密码

图 10-18 单击"保存"按钮

**专家指点**

对演示文稿进行加密后，如果密码丢失或遗忘，则无法将其恢复，所以建议在设置密码时一定要慎重。

"打开权限密码"和"修改权限密码"的功能不同，一个用于修改文档，另一个用于打开文档。这两个密码可以同时设置。在设置时，它们可以设置为相同的密码，也可以设置为不同的密码。

## 10.1.5 应用打开操作

如果需要对电脑中的演示文稿进行编辑，首先需要将文件打开。下面介绍应用打开操作的方法。

| 素材文件 | 光盘 \ 素材 \ 第 10 章 \10.1.5.pptx |
| --- | --- |
| 效果文件 | 无 |
| 视频文件 | 光盘 \ 视频 \ 第 10 章 \10.1.5 应用打开操作 .mp4 |

**【操练 + 视频】——应用打开操作**

**STEP 01** 在 PowerPoint 2016 工作界面中，单击"文件"标签，进入相应的界面，如图 10-19 所示。

**STEP 02** 在左侧的橘红色区域单击"打开"命令，切换至"打开"选项卡，如图 10-20 所示。

图 10-19 进入相应的界面　　　　　　　　　　图 10-20 切换至"打开"选项卡

**STEP 03** 在"打开"选项区中单击"浏览"按钮，弹出"打开"对话框，选择演示文稿，如图 10-21 所示。

**STEP 04** 单击"打开"按钮，即可打开选择的演示文稿，如图 10-22 所示。

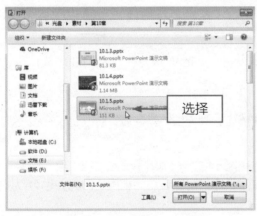

图 10-21 选择演示文稿

图 10-22 打开演示文稿

**专家指点**

　　在 PowerPoint 2016 中，还可以通过以下两种方法打开演示文稿：

＊ 按【Ctrl + O】组合键。

＊ 按【Ctrl + F12】组合键。

在 PowerPoint 2016 中还提供了可以打开最近使用的演示文稿的功能，具体方法如下：

＊ 启动 PowerPoint 2016，进入相应的界面，在"PowerPoint 最近使用的文档"下方选择相应的文档，即可打开。

* 在打开的演示文稿中单击"文件"标签，进入相应界面，单击"打开"命令，切换至"打开"选项卡，在"打开"选项区中单击"最近"按钮，在右侧的"其他"选项区中显示了最近打开或编辑过的演示文稿，可以在其中选择任意演示文稿，即可打开。

## 10.1.6 应用关闭操作

在编辑完演示文稿并保存后，关闭文档可以减小系统内存的占用空间。下面介绍应用关闭操作的操作方法。

| | 素材文件 | 光盘 \ 素材 \ 第 10 章 \10.1.6.pptx |
|---|---|---|
| | 效果文件 | 无 |
| | 视频文件 | 光盘 \ 视频 \ 第 10 章 \10.1.6 应用关闭操作 .mp4 |

【操练 + 视频】——应用关闭操作

**STEP 01** 在上一例打开的演示文稿的编辑窗口中单击"文件"标签，如图 10-23 所示。

**STEP 02** 进入相应的界面，在左侧区域单击"关闭"命令，即可关闭演示文稿，如图 10-24 所示。

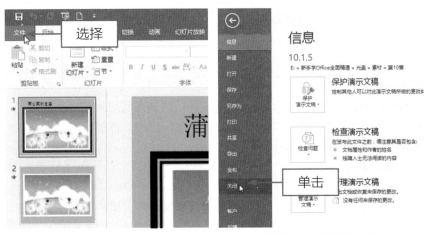

图 10-23 单击"文件"标签　　　　图 10-24 单击"关闭"命令

除了运用上述方法可以关闭演示文稿以外，还可以通过以下方法完成关闭演示文稿的操作：

* 快捷键 1：按【Ctrl + W】组合键，可快速关闭演示文稿。

* 快捷键 2：按【Alt + F4】组合键，可直接退出 PowerPoint 应用程序。

* 快捷键 3：按【Ctrl + F4】组合键。

* 选项：按【Alt + Space】组合键，在弹出的快捷菜单中选择"关闭"选项。

* 按钮：单击标题栏右侧的"关闭"按钮 ✕，关闭演示文稿。

专家指点

　　如果在关闭演示文稿前未对编辑的文稿进行保存，系统将弹出提示信息框询问用户是否保存文稿，如图 10-25 所示。

图 10-25 提示信息框

* 单击"保存"按钮，将保存文稿;
* 单击"不保存"按钮，将不保存文稿;
* 单击"取消"按钮，将不关闭文稿。

# ▶ 10.2 编辑幻灯片基本操作

在 PowerPoint 2016 中，幻灯片的基本操作主要包括插入幻灯片和编辑幻灯片。在对幻灯片的操作过程中，还可以修改幻灯片。本节主要介绍新建幻灯片，选择幻灯片，移动幻灯片，复制幻灯片，以及删除幻灯片等内容的操作方法。

## 10.2.1 应用新建操作

演示文稿是由一张张幻灯片组成的，它的数量是不固定的，用户可以根据需要增加或减少幻灯片数量。如果创建的是空白演示文稿，则只能看到一张幻灯片，其他幻灯片都需自行添加。在 PowerPoint 2016 中，可以运用快捷键、命令和选项等插入幻灯片。

### 1．使用按钮新建幻灯片

在幻灯片浏览视图中，可以方便地运用按钮新建幻灯片。下面介绍使用按钮新建幻灯片的操作方法。

| | | |
|---|---|---|
| 素材文件 | 光盘 \ 素材 \ 第 10 章 \10.2.1（1）.pptx | |
| 效果文件 | 光盘 \ 效果 \ 第 10 章 \10.2.1（1）.pptx | |
| 视频文件 | 光盘 \ 视频 \ 第 10 章 \10.2.1（1） 使用按钮新建幻灯片 .mp4 | |

【操练 + 视频】——使用按钮新建幻灯片

STEP 01 在 PowerPoint 2016 工作界面中打开一个素材文件，如图 10-26 所示。

STEP 02 切换至"视图"面板，在"演示文稿视图"选项班中单击"幻灯片浏览"按钮 ⊞，如图 10-27 所示。

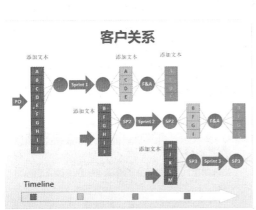

图 10-26 打开素材文件　　　　　　　　　图 10-27 单击"幻灯片浏览"按钮

**STEP 03** 执行操作后，即可切换到幻灯片浏览视图。在第 1 张幻灯片上单击鼠标右键，在弹出的快捷菜单中选择"新建幻灯片"选项，如图 10-28 所示。

**STEP 04** 执行操作后，即可通过按钮新建幻灯片，如图 10-29 所示。

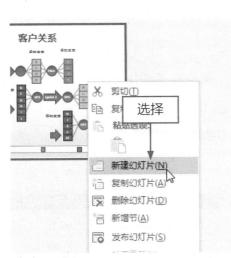

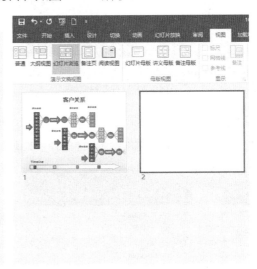

图 10-28 选择"新建幻灯片"选项　　　　　　　图 10-29 新建幻灯片

**专家指点**

　　新建幻灯片后，有的幻灯片只包含标题，有的包含标题和内容，也可以是图形、表格、剪贴画，或是文件的排列。如果不满意软件提供的版式，还可以选择一个相近的版式，然后对其进行修改。

### 2．使用选项新建幻灯片

　　在 PowerPoint 2016 的"新建幻灯片"列表框中，可以新建多种幻灯片。下面介绍使用选项新建幻灯片的操作方法。

| 素材文件 | 光盘 \ 素材 \ 第 10 章 \10.2.1（2）.pptx |
|---|---|
| 效果文件 | 光盘 \ 效果 \ 第 10 章 \10.2.1（2）.pptx |
| 视频文件 | 光盘 \ 视频 \ 第 10 章 \10.2.1（2） 使用选项新建幻灯片 .mp4 |

【操练 + 视频】——使用选项新建幻灯片

STEP 01 在 PowerPoint 2016 工作界面中打开一个素材文件，如图 10-30 所示。

STEP 02 在"开始"面板的"幻灯片"选项板中单击"新建幻灯片"下拉按钮，如图 10-31 所示。

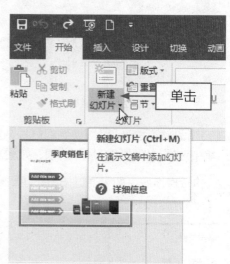

图 10-30 打开素材文件　　　　　　图 10-31 单击"新建幻灯片"下拉按钮

STEP 03 在弹出的下拉列表中选择相应的选项，如图 10-32 所示。

STEP 04 执行操作后，即可通过选项新建幻灯片，如图 10-33 所示。

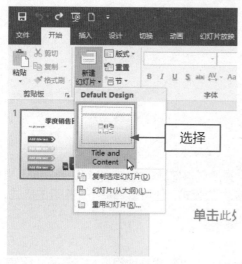

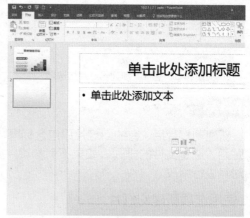

图 10-32 选择相应选项　　　　　　图 10-33 新建幻灯片

在新建的空白演示文稿中单击"新建幻灯片"按钮，在弹出的"新建幻灯片"列表框中还包括"标题幻灯片"、"节标题"、"两栏内容"、"比较"、"仅标题"、"空白"、"内容与标题"、"图片与标题"、"标题和竖排文字"和"竖排标题与文本"等 11 种幻灯片样式。

### 3．使用快捷键新建幻灯片

　　在普通视图中，可以使用键盘上的【Enter】键快速新建幻灯片。下面介绍使用快捷键新建幻灯片的操作方法。

| 素材文件 | 光盘 \ 素材 \ 第 10 章 \10.2.1（3）.pptx |
| --- | --- |
| 效果文件 | 光盘 \ 效果 \ 第 10 章 \10.2.1（3）.pptx |
| 视频文件 | 光盘 \ 视频 \ 第 10 章 \10.2.1（3） 使用快捷键新建幻灯片 .mp4 |

【操练 + 视频】——使用快捷键新建幻灯片

**STEP 01** 在 PowerPoint 2016 工作界面中打开一个素材文件，如图 10-34 所示。

**STEP 02** 在幻灯片窗口左侧选择第 1 张幻灯片的缩略图，如图 10-35 所示。

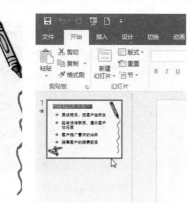

图 10-34　打开素材文件　　　　图 10-35　选择幻灯片缩略图

**STEP 03** 按键盘上的【Enter】键，即可新建幻灯片，如图 10-36 所示。

图 10-36　新建幻灯片

## 10.2.2 应用选择操作

在 PowerPoint 2016 中，可以选择一张或多张幻灯片，然后对选中的幻灯片进行编辑。选择幻灯片一般是在普通视图和幻灯片浏览视图下进行操作的。下面介绍应用选择操作的方法。

| 素材文件 | 光盘 \ 素材 \ 第 10 章 \10.2.2.pptx |
| --- | --- |
| 效果文件 | 无 |
| 视频文件 | 光盘 \ 视频 \ 第 10 章 \10.2.2 应用选择操作 .mp4 |

【操练 + 视频】——应用选择操作

STEP 01 在 PowerPoint 2016 工作界面中打开一个素材文件，如图 10-37 所示。

STEP 02 单击要选择的幻灯片中的第 1 张，如图 10-38 所示。

图 10-37 打开素材文件　　　　　　　图 10-38 选中第 1 张幻灯片

STEP 03 按住【Shift】键的同时单击最后 1 张幻灯片，即可选择中间多张幻灯片，如图 10-39 所示。

图 10-39 选择相连的多张幻灯片

在 PowerPoint 2016 中，还可以根据编辑需要利用快捷键实现对幻灯片的其他选择操作，具体如下：

\* 选择单张幻灯片

只需单击需要的幻灯片，即可选中该张幻灯片，如图 10-40 所示。

\* 选择不相连的多张幻灯片

按【Ctrl】键的同时依次单击演示文稿中需要选择的幻灯片，就可以选中单击过的多张不相连的幻灯片，如图 10-41 所示。按【Ctrl】键再次单击已选中的幻灯片，则可以取消选中的幻灯片。

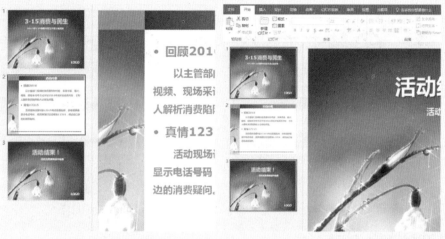

图 10-40 选择单张幻灯片                    图 10-41 选择不相连的多张幻灯片

\* 选择全部幻灯片

按【Ctrl+A】组合键，即可选择当前演示文稿中的全部幻灯片，如图 10-42 所示。

图 10-42 选择全部幻灯片

### 10.2.3 应用移动操作

创建一个包含多张幻灯片的演示文稿后，可以根据需要移动幻灯片在演示文稿中的位置。在 PowerPoint 2016 中，移动幻灯片的方法主要有以下 3 种：

#### 1．使用快捷键移动幻灯片

在 PowerPoint 2016 中，可以将演示文稿中的幻灯片通过快捷键进行移动。

在 PowerPoint 2016 中，打开一个素材文件，选择需要的幻灯片，如图 10-43 所示。按【 Ctrl + X 】组合键进行剪切，按【 Ctrl + V 】组合键将剪切的幻灯片粘贴至合适的位置，如图 10-44 所示。执行操作后，即可移动幻灯片。

图 10-43 选择需要的幻灯片　　　　　图 10-44 移动幻灯片

#### 2．使用按钮移动幻灯片

运用选项板中的"剪切"和"粘贴"按钮，可以快速移动幻灯片。下面介绍使用按钮移动幻灯片的操作方法。

| 素材文件 | 光盘 \ 素材 \ 第 10 章 \10.2.3.pptx |
|---|---|
| 效果文件 | 光盘 \ 效果 \ 第 10 章 \10.2.3.pptx |
| 视频文件 | 光盘 \ 视频 \ 第 10 章 \10.2.3 应用移动操作 .mp4 |

**【操练 + 视频】——应用移动操作**

STEP 01 在 PowerPoint 2016 工作界面中打开一个素材文件，如图 10-45 所示。

STEP 02 在演示文稿中选择需要移动的幻灯片，如图 10-46 所示。

STEP 03 在"开始"面板的"剪贴板"选项板中单击"剪切"按钮，如图 10-47 所示。

STEP 04 执行操作后，将鼠标指针定位在将要进行移动操作的幻灯片的目标位置，在相应的位置将会显示一根红色的线段，如图 10-48 所示。

STEP 05 在"剪贴板"选项板中单击"粘贴"按钮，如图 10-49 所示。

STEP 06 执行操作后，即可移动幻灯片，如图 10-50 所示。

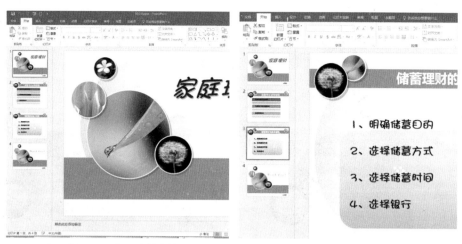

图 10-45 打开素材文件 | 图 10-46 选择幻灯片

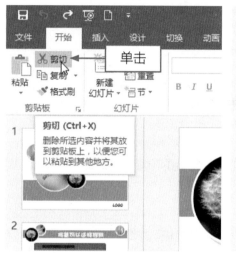

图 10-47 单击"剪切"按钮

图 10-48 定位光标位置

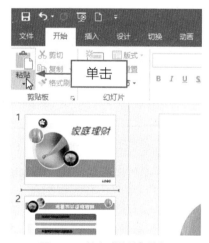

图 10-49 单击"粘贴"按钮

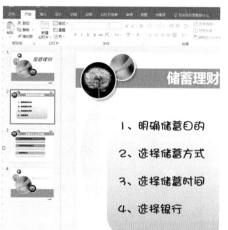

图 10-50 移动幻灯片

### 3．运用鼠标移动幻灯片

选择需要移动的幻灯片，如图 10-51 所示，按住鼠标左键的同时拖曳鼠标，拖至合适位置后释放鼠标左键，即可移动幻灯片，如图 10-52 所示。

图 10-51 选择幻灯片　　　　　　　　　　图 10-52 移动幻灯片

专家指点

移动幻灯片后，PowerPoint 将自动对所有幻灯片重新编号，所以在幻灯片的编号上看不出哪张幻灯片被移动，只能通过内容来进行识别。

## ■ 10.2.4  应用复制操作

在制作演示文稿时，有时会需要两张内容相同或相近的幻灯片，此时可以利用幻灯片的复制功能复制一张相同的幻灯片，以节省工作时间。

### 1．使用按钮复制幻灯片

在 PowerPoint 2016 中，可以运用"开始"面板的"剪贴板"选项板中的"复制"按钮复制幻灯片。下面介绍使用按钮复制幻灯片的操作方法。

| | 素材文件 | 光盘 \ 素材 \ 第 10 章 \10.2.4.pptx |
|---|---|---|
| | 效果文件 | 光盘 \ 效果 \ 第 10 章 \10.2.4（1）.pptx |
| | 视频文件 | 光盘 \ 视频 \ 第 10 章 \10.2.4（1） 使用按钮复制幻灯片 .mp4 |

【操练 + 视频】——使用按钮复制幻灯片

**STEP 01** 在 PowerPoint 2016 工作界面中打开一个素材文件，选择需要复制的幻灯片，如图 10-53 所示。

**STEP 02** 在"开始"面板的"剪贴板"选项板中单击"复制"按钮 ，如图 10-54 所示。

**STEP 03** 在需要复制幻灯片的位置单击鼠标左键，显示一条红色线段，在"剪贴板"选项板中单击"粘贴"按钮，如图 10-55 所示。

**STEP 04** 执行操作后，即可复制幻灯片，如图 10-56 所示。

图 10-53 选择幻灯片

图 10-54 单击"复制"按钮

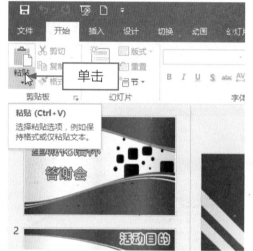

图 10-55 单击"粘贴"按钮

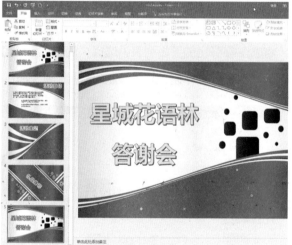

图 10-56 复制幻灯片

专家指点

也可以在演示文稿中选择多张幻灯片进行复制,其方法与复制单张幻灯片的方法是一样的。

### 2．使用选项复制幻灯片

在 PowerPoint 2016 中,可以在"开始"面板的"幻灯片"选项板中单击"新建幻灯片"下拉按钮,在弹出的下拉列表中选择相应的选项,即可复制幻灯片。下面介绍使用选项复制幻灯片的操作方法。

| | 素材文件 | 光盘 \ 素材 \ 第 10 章 \10.2.4.pptx |
| --- | --- | --- |
| | 效果文件 | 光盘 \ 效果 \ 第 10 章 \10.2.4（2）.pptx |
| | 视频文件 | 光盘 \ 视频 \ 第 10 章 \10.2.4（2） 使用选项复制幻灯片 .mp4 |

STEP 01 在 PowerPoint 2016 工作界面中打开一个素材文件，选择需要复制的幻灯片，如图 10-57 所示。

STEP 02 在"开始"面板的"幻灯片"选项板中单击"新建幻灯片"下拉按钮，如图 10-58 所示。

图 10-57 选择幻灯片　　　　　　　　　　图 10-58 单击"新建幻灯片"下拉按钮

STEP 03 在弹出的下拉列表中选择"复制选定幻灯片"选项，如图 10-59 所示。

STEP 04 执行操作后，即可复制幻灯片，如图 10-60 所示。

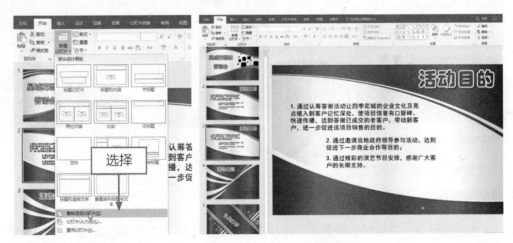

图 10-59 选择"复制选定幻灯片"选项　　　　　图 10-60 复制幻灯片

### 3．使用快捷键复制幻灯片

在 PowerPoint 2016 中，可以运用快捷键快速将需要的幻灯片进行复制。下面介绍使用快捷键复制幻灯片的操作方法。

| | 素材文件 | 光盘 \ 素材 \ 第 10 章 \10.2.4.pptx |
| --- | --- | --- |
| | 效果文件 | 光盘 \ 效果 \ 第 10 章 \10.2.4（3）.pptx |
| | 视频文件 | 光盘 \ 视频 \ 第 10 章 \10.2.4（3） 使用快捷键复制幻灯片 .mp4 |

 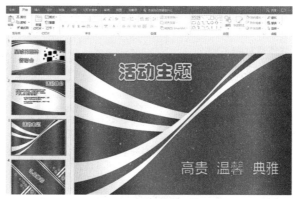

**STEP 01** 在 PowerPoint 2016 工作界面中打开一个素材文件，如图 10-61 所示。

**STEP 02** 在演示文稿中选择需要复制的幻灯片，如图 10-62 所示。

图 10-61 打开素材文件

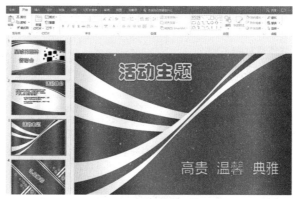

图 10-62 选择幻灯片

**STEP 03** 按【Ctrl + C】组合键复制所选幻灯片，将鼠标指针定位在需要复制幻灯片的目标位置，如图 10-63 所示。

**STEP 04** 按【Ctrl + V】组合键，即可将演示文稿中所选择的幻灯片复制到目标位置，如图 10-64 所示。

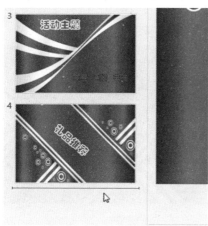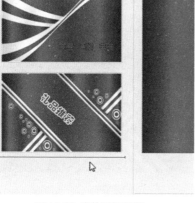

图 10-63 定位目标位置

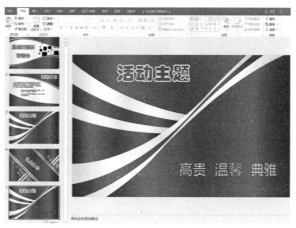

图 10-64 复制幻灯片

### 4．通过拖曳复制幻灯片

除了运用以上几种方法复制幻灯片以外，在 PowerPoint 2016 中还可通过拖曳演示文稿中的幻灯片复制幻灯片。下面介绍通过拖曳复制幻灯片的操作方法。

| 素材文件 | 光盘 \ 素材 \ 第 10 章 \10.2.4.pptx |
|---|---|
| 效果文件 | 光盘 \ 效果 \ 第 10 章 \10.2.4（4）.pptx |
| 视频文件 | 光盘 \ 视频 \ 第 10 章 \10.2.4（4） 通过拖曳复制幻灯片 .mp4 |

**STEP 01** 在 PowerPoint 2016 工作界面中打开一个素材文件，如图 10-65 所示。

**STEP 02** 选择需要复制的幻灯片，如图 10-66 所示。

图 10-65 打开素材文件　　　　　　　　图 10-66 选择幻灯片

**STEP 03** 按住【 Ctrl + Alt 】组合键的同时，单击鼠标左键并拖曳，如图 10-67 所示。

**STEP 04** 拖至合适位置后释放鼠标左键，即可复制幻灯片，如图 10-68 所示。

图 10-67 拖曳鼠标

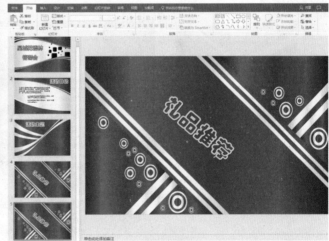

图 10-68 复制幻灯片

## 10.2.5 应用删除操作

在编辑完幻灯片后，如果发现幻灯片张数太多，可以根据需要删除一些不必要的幻灯片。下面介绍应用删除操作的方法。

| | 素材文件 | 光盘 \ 素材 \ 第 10 章 \10.2.5.pptx |
|---|---|---|
| | 效果文件 | 光盘 \ 效果 \ 第 10 章 \10.2.5.pptx |
| | 视频文件 | 光盘 \ 视频 \ 第 10 章 \10.2.5 应用删除操作 .mp4 |

【操练＋视频】——应用删除操作

**STEP 01** 在 PowerPoint 2016 工作界面中打开一个素材文件，如图 10-69 所示。

**STEP 02** 在演示文稿中选择需要删除的幻灯片，如图 10-70 所示。

图 10-69 打开素材文件

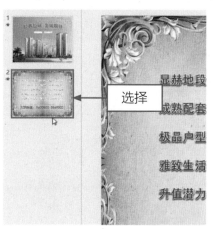

图 10-70 选择幻灯片

**专家指点**

除了以方法外，还可以利用以下两种方法完成删除幻灯片的操作：

\* 选项：打开演示文稿，切换至"视图"面板，在"演示文稿视图"选项板中单击"幻灯片浏览"按钮，如图 10-71 所示。

执行操作后，演示文稿中的幻灯片将以浏览视图显示。选择第 2 张幻灯片，然后在幻灯片中单击鼠标右键，在弹出的快捷菜单中选择"删除幻灯片"选项，如图 10-72 所示，即可删除幻灯片。

图 10-71 单击"幻灯片浏览"按钮

图 10-72 选择"删除幻灯片"选项

\* 快捷键：选择需要删除的幻灯片，直接按【Delete】键即可。

**STEP 03** 单击鼠标右键，在弹出的快捷菜单中选择"删除幻灯片"选项，如图 10-73 所示。

**STEP 04** 执行操作后，即可删除幻灯片，效果如图 10-74 所示。

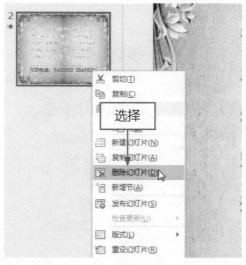

图 10-73 选择"删除幻灯片"选项

图 10-74 删除幻灯片

# ▶ 10.3 编辑文稿内容基本操作

在 PowerPoint 2016 中，为了使演示文稿更加美观、实用，可以在演示文稿中输入文本并对其进行编辑。本节主要介绍输入文本内容，为文本添加批注，设置文本字体和颜色，应用上标和删除线等内容的。

## 10.3.1 应用输入操作

在 PowerPoint 2016 中使用文本框可以使文字按不同的方向进行排列，从而灵活地将文字放置到幻灯片的任何位置。下面介绍应用输入操作的操作方法。

| 素材文件 | 光盘 \ 素材 \ 第 10 章 \10.3.1.pptx |
|---|---|
| 效果文件 | 光盘 \ 效果 \ 第 10 章 \10.3.1.pptx |
| 视频文件 | 光盘 \ 视频 \ 第 10 章 \10.3.1 应用输入操作 .mp4 |

【操练 + 视频】——应用输入操作

**STEP 01** 在 PowerPoint 2016 工作界面中打开一个素材文件，如图 10-75 所示。

**STEP 02** 切换至"插入"面板，在"文本"选项板中单击"文本框"下拉按钮，在弹出的下拉列表中选择"横排文本框"选项，如图 10-76 所示。

**STEP 03** 将光标移至编辑区内，在空白处单击鼠标左键并拖曳，拖至合适位置后释放鼠标左键，绘制一个横排文本框，如图 10-77 所示。

**STEP 04** 在横排文本框中输入相应的文本内容，并对文本进行字形、字号等文本格式的设置和调整，最终效果如图 10-78 所示。

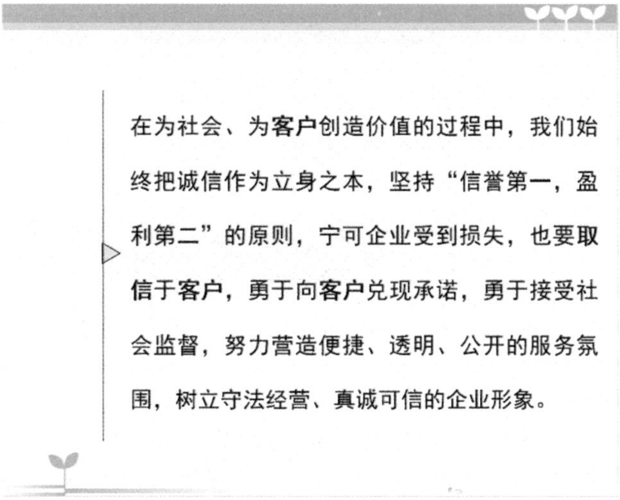

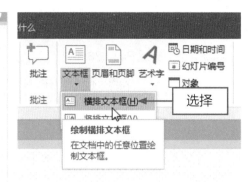

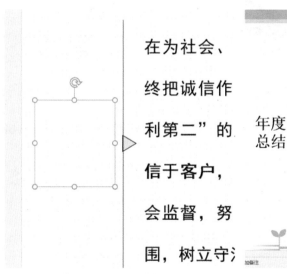

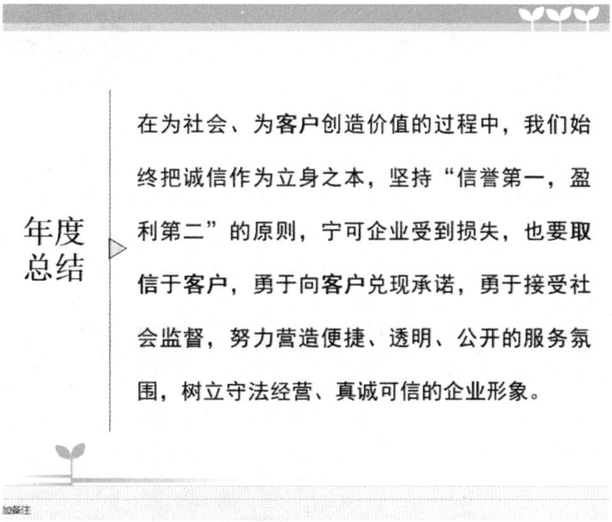

在为社会、为客户创造价值的过程中，我们始终把诚信作为立身之本，坚持“信誉第一，盈利第二”的原则，宁可企业受到损失，也要取信于客户，勇于向客户兑现承诺，勇于接受社会监督，努力营造便捷、透明、公开的服务氛围，树立守法经营、真诚可信的企业形象。

图 10-75 打开素材文件

批注
文本框
页眉和页脚
艺术字
日期和时间
幻灯片编号
对象
批注
横排文本框(H)
选择
绘制横排文本框
在文档中的任意位置绘制文本框。
客户创造价值的过程

图 10-76 选择“横排文本框”选项

在为社会、
终把诚信作
利第二”的
信于客户，
会监督，努
围，树立守

图 10-77 绘制文本框

年度总结
在为社会、为客户创造价值的过程中，我们始终把诚信作为立身之本，坚持“信誉第一，盈利第二”的原则，宁可企业受到损失，也要取信于客户，勇于向客户兑现承诺，勇于接受社会监督，努力营造便捷、透明、公开的服务氛围，树立守法经营、真诚可信的企业形象。

图 10-78 输入并调整文本

**专家指点**

如果在“文本框”下拉列表中选择“竖排文本框”选项，则输入的文本内容会按竖排排列。

## 10.3.2 应用添加批注

在 PowerPoint 2016 中，可以为制作的幻灯片添加批注文本，其他被允许编辑该幻灯片的人员也可对其进行添加批注或回复批注内容等操作。下面介绍应用添加批注的操作方法。

| | | |
|---|---|---|
| | 素材文件 | 光盘 \ 素材 \ 第 10 章 \10.3.2.pptx |
| | 效果文件 | 光盘 \ 效果 \ 第 10 章 \10.3.2.pptx |
| | 视频文件 | 光盘 \ 视频 \ 第 10 章 \10.3.2 应用添加批注 .mp4 |

**STEP 01** 在 PowerPoint 2016 工作界面中打开一个素材文件，如图 10-79 所示。

**STEP 02** 切换至"审阅"面板，在"批注"选项板中单击"显示批注"下拉按钮，如图 10-80 所示。

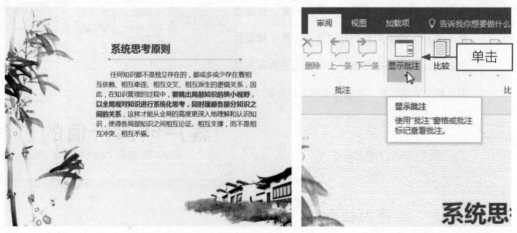

图 10-79 打开素材文件　　　　　　图 10-80 单击"显示批注"下拉按钮

**STEP 03** 在弹出的下拉列表中选择"批注窗格"选项，如图 10-81 所示。

**STEP 04** 执行操作后，在编辑区的右侧将弹出"批注"窗格，单击"新建"按钮，如图 10-82 所示。

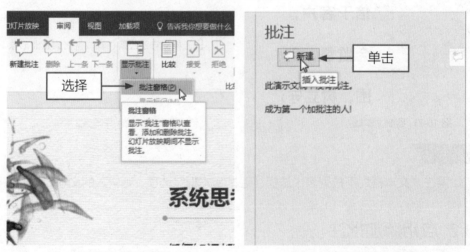

图 10-81 选择"批注窗格"选项　　　　图 10-82 单击"新建"按钮

**STEP 05** 执行操作后，即可新建一个批注文本框，在其中输入相应的批注文本内容，如图 10-83 所示。

**STEP 06** 单击"关闭"按钮，关闭"批注"窗格，在幻灯片中的左上角将显示批注标记，如图 10-84 所示。

图 10-83 输入批注文本 　　　　　　图 10-84 显示批注

## 10.3.3 应用设置字体

设置演示文稿文本的字体是最基本的操作，不同的字体可以展现出不同的文本效果。下面介绍应用设置字体的操作方法。

| 素材文件 | 光盘 \ 素材 \ 第 10 章 \10.3.3.pptx |
| --- | --- |
| 效果文件 | 光盘 \ 效果 \ 第 10 章 \10.3.3.pptx |
| 视频文件 | 光盘 \ 视频 \ 第 10 章 \10.3.3 应用设置字体 .mp4 |

【操练＋视频】——应用设置字体

STEP 01 在 PowerPoint 2016 工作界面中打开一个素材文件，如图 10-85 所示。

STEP 02 在编辑区中选择需要修改字体的文本对象，如图 10-86 所示。

图 10-85 打开素材文件 　　　　　　图 10-86 选择文本对象

STEP 03 在"开始"面板中单击"字体"下拉按钮，在弹出的下拉列表中选择"隶书"选项，如图 10-87 所示。

**STEP 04** 执行操作后，即可设置文本的字体，如图 10-88 所示。

图 10-87 选择"隶书"选项　　　　　图 10-88 设置文本字体

选择需要更改字体的文本对象，在弹出的浮动面板中单击"字体"下拉按钮，在弹出的下拉列表中选择相应的字体选项，也可以进行更改。

## 10.3.4 应用设置颜色

在 PowerPoint 2016 中，也可以根据需要设置字体的颜色，以得到更好的文本效果。下面介绍应用设置颜色的操作方法。

| 素材文件 | 光盘 \ 素材 \ 第 10 章 \10.3.4.pptx |
|---|---|
| 效果文件 | 光盘 \ 效果 \ 第 10 章 \10.3.4.pptx |
| 视频文件 | 光盘 \ 视频 \ 第 10 章 \10.3.4 应用设置颜色 .mp4 |

【操练 + 视频】——应用设置颜色

**STEP 01** 在 PowerPoint 2016 工作界面中打开一个素材文件，如图 10-89 所示。

**STEP 02** 在编辑区中选择需要设置颜色的文本，如图 10-90 所示。

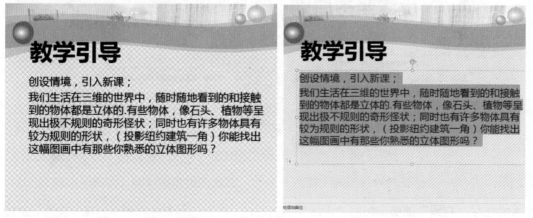

图 10-89 打开素材文件　　　　　图 10-90 选择文本

**STEP 03** 在"开始"面板的"字体"选项板中单击"字体颜色"下拉按钮 **A ·** ，在弹出的下拉列表中的"标准色"选项区中选择"深红"选项，如图 10-91 所示。

**STEP 04** 执行操作后，即可设置文本的颜色，如图 10-92 所示。

图 10-91 选择"深红"选项　　　　　　　　　　图 10-92 设置文本颜色

**专家指点**

> 除了通过上述方法可设置文本的颜色外，还可以通过选择需要更改颜色的文本，在弹出的浮动面板中单击"字体颜色"按钮，然后在弹出的下拉列表中选择相应的颜色来设置文本的颜色。

## ◢ 10.3.5　应用设置上标

在 PowerPoint 2016 中，可以为文本设置上标和下标效果，使制作出来的演示文稿更加专业。下面介绍应用设置上标的操作方法。

| | | |
| --- | --- | --- |
| 素材文件 | 光盘 \ 效果 \ 第 10 章 \10.3.5.pptx |
| 效果文件 | 光盘 \ 效果 \ 第 10 章 \10.3.5.pptx |
| 视频文件 | 光盘 \ 视频 \ 第 10 章 \10.3.5 应用设置上标 .mp4 |

**【操练 + 视频】——应用设置上标**

**STEP 01** 在 PowerPoint 2016 工作界面中打开一个素材文件，如图 10-93 所示。

**STEP 02** 在编辑区中选择需要设置上标的文本，如图 10-94 所示。

**STEP 03** 在"开始"面板的"字体"选项板中的右下角，单击"字体"按钮 ，如图 10-95 所示。

**STEP 04** 弹出"字体"对话框，如图 10-96 所示。

**STEP 05** 在"字体"选项卡中的"效果"选项区中选中"上标"复选框，如图 10-97 所示。

**STEP 06** 单击"确定"按钮，即可设置文本为上标，如图 10-98 所示。

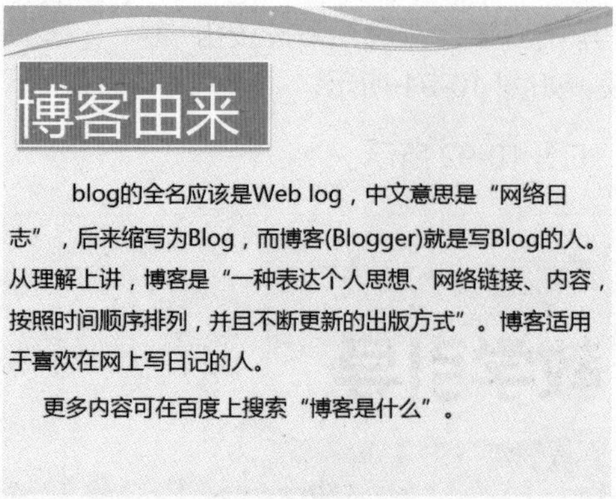

图 10-93 打开素材文件

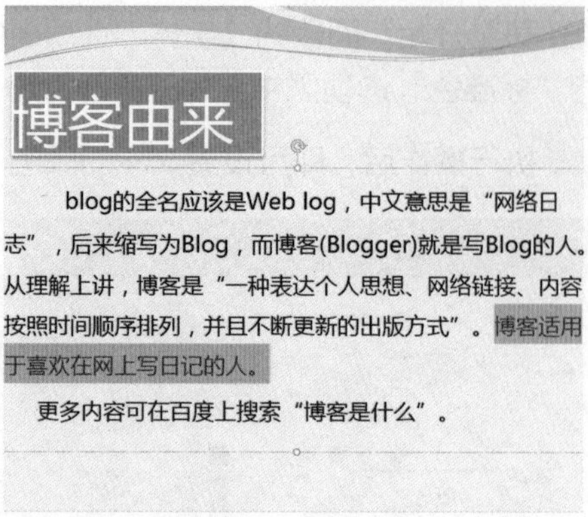

图 10-94 选择文本

图 10-95 单击"字体"按钮

图 10-96 "字体"对话框

图 10-97 选中"上标"复选框

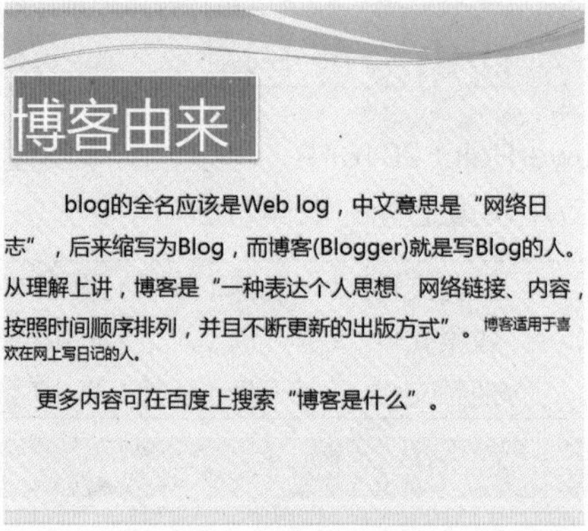

图 10-98 设置文本上标

**专家指点**

如果需要设置文本为下标，只需在"字体"对话框中的"字体"选项卡中的"效果"选项区中选中"下标"复选框即可。

## 10.3.6 应用创建删除线

在 PowerPoint 2016 中，对插入到文稿中的重复内容或是对主体内容没有较多辅助作用的文本，可以采取添加删除线的方式进行编辑。下面介绍应用创建删除线的操作方法。

| | 素材文件 | 光盘 \ 素材 \ 第 10 章 \10.3.6.pptx |
|---|---|---|
| | 效果文件 | 光盘 \ 效果 \ 第 10 章 \10.3.6.pptx |
| | 视频文件 | 光盘 \ 视频 \ 第 10 章 \10.3.6 应用创建删除线 .mp4 |

【操练＋视频】——应用创建删除线

**STEP 01** 在 PowerPoint 2016 工作界面中打开一个素材文件，如图 10-99 所示。

**STEP 02** 在编辑区中选择需要设置删除线的文本，如图 10-100 所示。

图 10-99 打开素材文件　　　　　　　　图 10-100 选择文本

**STEP 03** 在"开始"面板的"字体"选项板中单击右下角的"字体"按钮 ，弹出"字体"对话框，在"字体"选项卡中的"效果"选项区中选中"删除线"复选框，如图 10-101 所示，单击"确定"按钮。

**STEP 04** 执行操作后，即可设置文本删除线，如图 10-102 所示。

图 10-101 选中"删除线"复选框　　　　图 10-102 设置文本删除线

专家指点

　　除了运用上述方法设置文本删除线外，还可以通过在"字体"选项区中单击"删除线"按钮来设置文本删除线。

### ▨ 10.3.7 应用复制与粘贴操作

在 PowerPoint 2016 中，可以将幻灯片中需要的内容进行复制与粘贴。下面介绍应用复制与粘贴操作的方法。

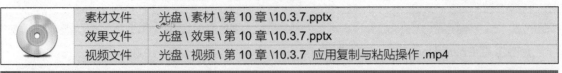

| | | |
|---|---|---|
| 素材文件 | 光盘 \ 素材 \ 第 10 章 \10.3.7.pptx | |
| 效果文件 | 光盘 \ 效果 \ 第 10 章 \10.3.7.pptx | |
| 视频文件 | 光盘 \ 视频 \ 第 10 章 \10.3.7 应用复制与粘贴操作 .mp4 | |

【操练 + 视频】——应用复制与粘贴操作

STEP 01 在 PowerPoint 2016 工作界面中打开一个素材文件，如图 10-103 所示。

STEP 02 在编辑区中选择需要复制的文本，如图 10-104 所示。

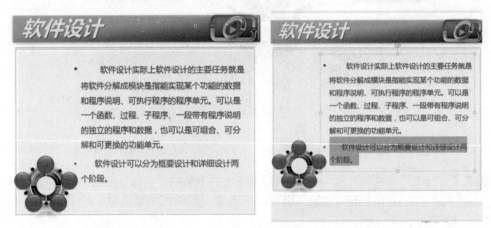

图 10-103 打开素材文件      图 10-104 选择文本

STEP 03 在选择的文本上单击鼠标右键，在弹出的快捷菜单中选择"复制"选项，如图 10-105 所示。

STEP 04 复制文本，将光标移至合适位置，如图 10-106 所示。

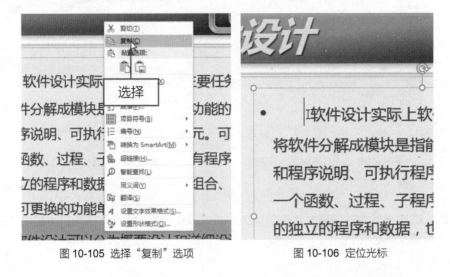

图 10-105 选择"复制"选项      图 10-106 定位光标

**STEP|05** 再次单击鼠标右键，在弹出的快捷菜单中单击"粘贴选项"选项区中的"保留源格式"按钮 📋，如图 10-107 所示。

**STEP|06** 执行操作后，即可粘贴文本对象，如图 10-108 所示。

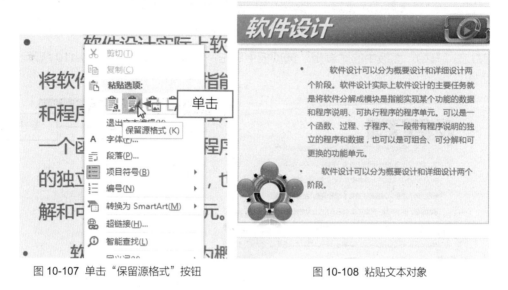

图 10-107 单击"保留源格式"按钮　　　　　图 10-108 粘贴文本对象

## 10.3.8 应用撤销和恢复操作

在进行演示文稿编辑时，难免会出现失误的操作，例如，误删或错误地进行剪切等操作，这时可以通过"撤销"功能来返回到上一步操作或上几步操作。与"撤销"功能相反的是"恢复"功能，可以恢复用户撤销的操作。

在 PowerPoint 2016 中，执行撤销和恢复操作的方法主要有以下两种：

\* 按钮：在快速访问工具栏中单击"撤销"按钮 ↰ 和"恢复"按钮 ↱，即可执行撤销和恢复操作。

\* 快捷键：按【Ctrl + Z】组合键进行"撤销"操作，按【Ctrl + Y】组合键进行"恢复"操作。

**专家指点**

在默认情况下，PowerPoint 2016 可以最多撤销 20 步操作，也可以根据需要在"PowerPoint 2016 选项"对话框中设置撤销的次数。但是，如果将可撤销的数值设置得过大，将会占用较大的系统内存，从而影响 PowerPoint 软件的运行速度。

## 10.3.9 应用查找与替换操作

当需要在较长的演示文稿中查找某个特定的内容，或要将查找到的相关内容替换为其他内容时，可以使用"查找"和"替换"功能。另外，在 PowerPoint 2016 中，如果出现相同错误的文字很多，可以使用"替换"按钮对文字进行批量更改，以提高工作效率。下面介绍应用查找与替换操作的操作方法。

| 素材文件 | 光盘 \ 素材 \ 第 10 章 \10.3.9.pptx |
|---|---|
| 效果文件 | 光盘 \ 效果 \ 第 10 章 \10.3.9.pptx |
| 视频文件 | 光盘 \ 视频 \ 第 10 章 \10.3.9 应用查找与替换操作 .mp4 |

【操练 + 视频】——应用查找与替换操作

**STEP 01** 在 PowerPoint 2016 工作界面中打开一个素材文件，如图 10-109 所示。

**STEP 02** 在"开始"面板中的"编辑"选项板中单击"查找"按钮，如图 10-110 所示，弹出查找"对话框。

图 10-109 打开素材文件　　　　　　　图 10-110 单击"查找"按钮

**STEP 03** 在"查找内容"下拉列表框中输入需要查找的内容，如图 10-111 所示。

**STEP 04** 单击"查找下一个"按钮，即可依次查找出文本中需要的内容，如图 10-112 所示。

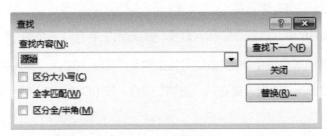

图 10-111 输入查找内容

图 10-112 单击"查找下一个"按钮

**STEP 05** 查找完成后，单击对话框右侧的"替换"按钮，即可切换至"替换"对话框，如图 10-113 所示。

**STEP 06** 在"替换为"下拉列表框中输入相应的内容，如图 10-114 所示。

图 10-113 "替换"对话框                    图 10-114 输入替换内容

**STEP 07** 单击"全部替换"按钮，弹出提示信息框，单击"确定"按钮，如图 10-115 所示。

**STEP 08** 返回"替换"对话框，单击"关闭"按钮，即可替换文本，如图 10-116 所示。

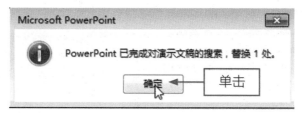

图 10-115 确认替换操作

图 10-116 替换文本

**专家指点**

在 PowerPoint 2016 中，还可以在"编辑"选项区中单击"替换"下拉按钮，在弹出的下拉列表中选择"替换字体"选项，即可替换文本中的字体。

## 10.3.10 应用项目符号

项目符号用于强调一些特别重要的观点或条目，使主题更加美观、突出、有条理。而项目编号则能使主题层次更加分明、有条理。下面介绍应用项目符号的操作方法。

| 素材文件 | 光盘 \ 素材 \ 第 10 章 \10.3.10.pptx |
|---|---|
| 效果文件 | 光盘 \ 效果 \ 第 10 章 \10.3.10.pptx |
| 视频文件 | 光盘 \ 视频 \ 第 10 章 \10.3.10 应用项目符号 .mp4 |

**【操练 + 视频】——应用项目符号**

**STEP 01** 在 PowerPoint 2016 工作界面中打开一个素材文件，如图 10-117 所示。

**STEP 02** 在编辑区中选择需要设置项目符号的文本，如图 10-118 所示。

图 10-117 打开素材文件　　　　　　　　　图 10-118 选择文本

**STEP 03** 在"开始"面板的"段落"选项板中单击"项目符号"下拉按钮，如图 10-119 所示。

**STEP 04** 在弹出的下拉列表中选择"项目符号和编号"选项，如图 10-120 所示。

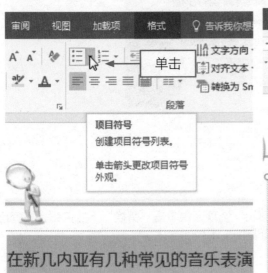
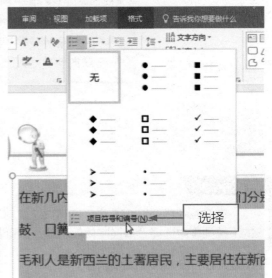

图 10-119 单击"项目符号"下拉按钮　　　　图 10-120 选择"项目符号和编号"选项

STEP 05 弹出"项目符号和编号"对话框，如图 10-121 所示。

STEP 06 在"项目符号"选项卡的列表框中选择"加粗空心方形项目符号"选项，如图 10-122 所示。

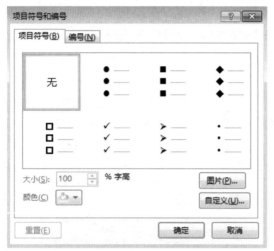

图 10-121 "项目符号和编号"对话框

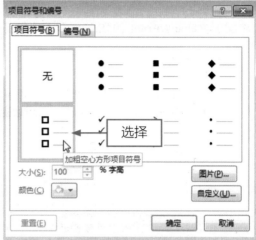

图 10-122 选择项目符号

STEP 07 单击"颜色"下拉按钮 ，在弹出的下拉列表中的"标准色"选项区中选择"浅蓝"选项，如图 10-123 所示。

STEP 08 单击"确定"按钮，即可添加项目符号，如图 10-124 所示。

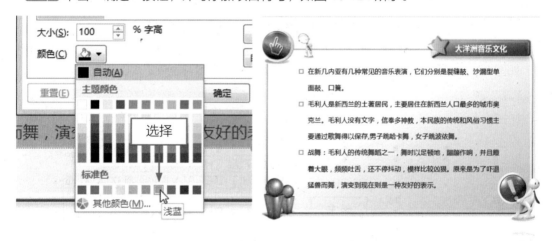

图 10-123 选择"浅蓝"选项

图 10-124 添加项目符号

## 10.3.11 应用自定义项目符号

在 PowerPoint 2016 中，假如对现有的项目符号形式不满意，还可以设置自定义项目符号。下面介绍应用自定义项目符号的操作方法。

| 素材文件 | 光盘 \ 素材 \ 第 10 章 \ 10.3.11.pptx |
|---|---|
| 效果文件 | 光盘 \ 效果 \ 第 10 章 10.3.11.pptx |
| 视频文件 | 光盘 \ 视频 \ 第 10 章 \ 10.3.11 应用自定义项目符号 .mp4 |

【操练 + 视频】——应用自定义项目符号

STEP 01 在 PowerPoint 2016 工作界面中打开一个素材文件，如图 10-125 所示。

STEP 02 在编辑区中选择需要设置项目符号的文本，如图 10-126 所示。

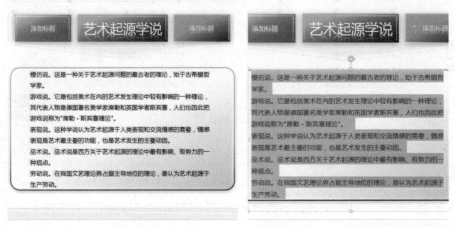

图 10-125 打开素材文件　　　　　　　图 10-126 选择文本

STEP 03 单击鼠标右键，在弹出的快捷菜单中选择"项目符号"|"项目符号和编号"选项，弹出"项目符号和编号"对话框，单击"自定义"按钮，如图 10-127 所示。

STEP 04 弹出"符号"对话框，单击"子集"下拉按钮，在弹出的下拉列表中选择"几何图形符"选项，如图 10-128 所示。

图 10-127 单击"自定义"按钮　　　　图 10-128 选择"几何图形符"选项

STEP 05 在中间的列表框中选择相应的选项，如图 10-129 所示。

STEP 06 依次单击"确定"按钮，即可添加自定义项目符号，如图 10-130 所示。

<table>
<tr><td>图 10-129 选择符号</td><td>图 10-130 添加自定义项目符号</td></tr>
</table>

图 10-129 选择符号          图 10-130 添加自定义项目符号

**CHAPTER 11**

**增强文稿对象效果：**
**图片、图形与多媒体**

## 章前知识导读

　　在幻灯片中添加图片和图形，可以更生动、形象地阐述主题和表达思想。本章主要向读者介绍编辑图片与图形，编辑 SmartArt 图形，编辑幻灯片样式，以及编辑幻灯片的声音和视频等内容的操作。

## 新手重点索引

　　✎ 编辑图片与图形对象　　　　　　✎ 编辑幻灯片声音和视频
　　✎ 编辑 SmartArt 图形
　　✎ 编辑幻灯片样式

## ➤ 11.1 编辑图片与图形对象

在 PowerPoint 2016 中，可以方便地在演示文稿中插入图片和绘制图形，并能对添加的图片和图形对象进行相应的编辑操作。本节主要向读者介绍编辑图片对象，绘制与编辑图形对象等内容。

### ◢ 11.1.1 设置图片大小

在 PowerPoint 2016 中，在编辑窗口中插入图片后，便可以对插入的图片大小进行调整。下面介绍设置图片大小的操作方法。

| | 素材文件 | 光盘 \ 素材 \ 第 11 章 \11.1.1.pptx |
|---|---|---|
| | 效果文件 | 光盘 \ 效果 \ 第 11 章 \11.1.1.pptx |
| | 视频文件 | 光盘 \ 视频 \ 第 11 章 \11.1.1 设置图片大小 .mp4 |

**【操练＋视频】——设置图片大小**

**STEP 01** 在 PowerPoint 2016 工作界面中打开一个素材文件，如图 11-1 所示。

**STEP 02** 在编辑区中选择需要设置大小的图片，切换至"图片工具"中的"格式"面板，如图 11-2 所示。

图 11-1 打开素材文件　　　　　　　　图 11-2 单击"格式"标签

**STEP 03** 在"大小"选项板中单击右下角的"大小和位置"按钮，如图 11-3 所示。

**STEP 04** 执行操作后，弹出"设置图片格式"窗格，如图 11-4 所示。

**专家指点**

在的"设置图片格式"窗格中，在各选项区的上方显示出 4 个按钮，分别是"填充与线条"按钮、"效果"按钮、"大小与属性"按钮以及"图片"按钮。

**STEP 05** 在"大小"选项板中取消选"锁定纵横比"复选框，设置"高度"为"7.04 厘米"、"宽度"为"10.6 厘米"，如图 11-5 所示。

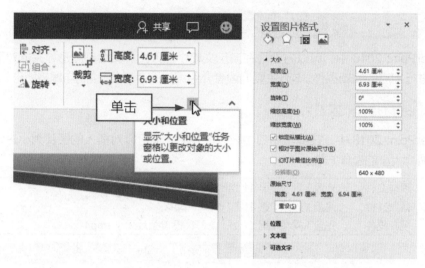

图 11-3 单击"大小和位置"按钮　　　　　图 11-4 "设置图片格式"窗格

**STEP 06** 在"设置图片格式"窗格中的右上角单击"关闭"按钮,即可调整图片大小,适当调整图片的位置,效果如图 11-6 所示。

图 11-5 设置图片大小　　　　　　　　图 11-6 调整图片大小效果

专家指点

　　除了运用以上方法设置图片大小以外,还有以下两种方法:

* 拖曳:打开演示文稿,选择图片,在图片上单击鼠标左键并拖曳控制点即可。

* 选项:打开演示文稿,选择图片,切换至"图片工具"中的"格式"面板,在"大小"选项区中设置"高度"和"宽度"的值,即可设置图片的大小。

## 11.1.2 创建图片边框

　　在设置好图片形状以后,为了使图片、背景和演示文稿中的其他元素区分开来,还可以为图片添加边框。下面介绍创建图片边框的操作方法。

| 素材文件 | 光盘 \ 素材 \ 第 11 章 \11.1.2.pptx |
| 效果文件 | 光盘 \ 效果 \ 第 11 章 \11.1.2.pptx |
| 视频文件 | 光盘 \ 视频 \ 第 11 章 \11.1.2 创建图片边框 .mp4 |

**【操练 + 视频】——创建图片边框**

**STEP 01** 在 PowerPoint 2016 工作界面中打开一个素材文件，如图 11-7 所示。

**STEP 02** 在编辑区中选择需要设置边框效果的图片，如图 11-8 所示。

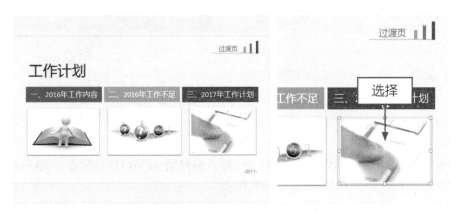

图 11-7 打开素材文件                    图 11-8 选择图片

**STEP 03** 切换至"图片工具"中的"格式"面板，在"图片样式"选项板中单击"图片边框"下拉按钮，如图 11-9 所示。

**STEP 04** 在弹出的下拉列表中的"标准色"选项区中，选择"黄色"选项，如图 11-10 所示。

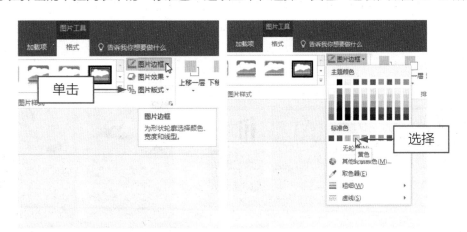

图 11-9 单击"图片边框"下拉按钮          图 11-10 选择"黄色"选项

**STEP 05** 执行操作后，即可设置边框颜色。单击"图片边框"下拉按钮，在弹出的下拉列表中选择"粗细"｜"4.5 磅"选项，如图 11-11 所示。

**STEP 06** 执行操作后，即可创建图片边框效果，如图 11-12 所示。

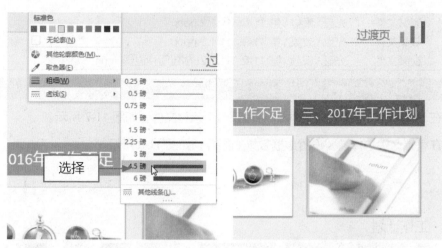

图 11-11 选择粗细选项　　　　　　　　　图 11-12 创建图片边框效果

## ◢ 11.1.3 编辑剪贴画

在 PowerPoint 2016 中，不仅可以在幻灯片中插入剪贴画，还可以根据需要设置剪贴画的颜色、样式以及效果等。下面介绍编辑剪贴画的操作方法。

| | 素材文件 | 光盘 \ 素材 \ 第 11 章 \11.1.3.pptx |
|---|---|---|
| | 效果文件 | 光盘 \ 效果 \ 第 11 章 \11.1.3.pptx |
| | 视频文件 | 光盘 \ 视频 \ 第 11 章 \11.1.3 编辑剪贴画 .mp4 |

【操练 + 视频】——编辑剪贴画

STEP 01 在 PowerPoint 2016 工作界面中打开一个素材文件，如图 11-13 所示。

STEP 02 在编辑区中选择需要进行编辑的剪贴画，如图 11-14 所示。

图 11-13 打开素材文件　　　　　　　　　图 11-14 选择剪贴画对象

STEP 03 切换至"图片工具"中的"格式"面板，在"调整"选项板中单击"颜色"下拉按钮，如图 11-15 所示。

**STEP 04** 弹出列表框，在"颜色饱和度"选项区中选择相应的选项，如图 11-16 所示。

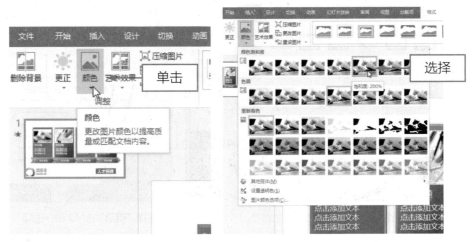

图 11-15 单击"颜色"下拉按钮　　　　图 11-16 选择颜色选项

**STEP 05** 执行操作后，即可设置剪贴画的颜色，如图 11-17 所示。

**STEP 06** 在"图片样式"选项区中单击"其他"下拉按钮 ，如图 11-18 所示。

图 11-17 设置剪贴画颜色　　　　图 11-18 单击"其他"下拉按钮

**STEP 07** 在弹出的列表中，选择"映像右透视"选项，如图 11-19 所示。

**STEP 08** 在"图片样式"选项板中单击"图片边框"下拉按钮，在"标准色"选项区中选择"浅绿"选项，然后选择"粗细"｜"3 磅"选项，如图 11-20 所示。

**STEP 09** 执行操作后，即可设置剪贴画边框，如图 11-21 所示。

**STEP 10** 单击"图片效果"下拉按钮，在弹出的下拉列表中选择"发光"｜"发光: 8pt; 橄榄色，主题色 3"选项，如图 11-22 所示。

**STEP 11** 再次单击"图片效果"下拉按钮，在弹出的下拉列表中选择"棱台"｜"柔圆"选项，如图 11-23 所示。

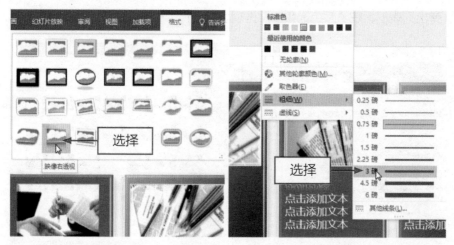

图 11-19 选择"映像右透视"选项 　　　　图 11-20 选择"粗细"|"3 磅"选项

图 11-21 设置剪贴画边框

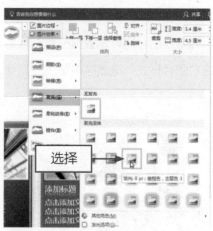

图 11-22 选择效果选项

**STEP 12** 执行操作后，即可完成剪贴画的编辑，如图 11-24 所示。

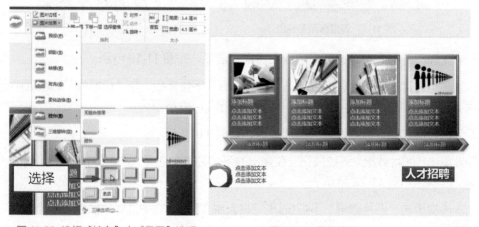

图 11-23 选择"棱台"|"柔圆"选项 　　　　图 11-24 最终效果

## 11.1.4 创建矩形图形对象

在 PowerPoint 2016 中，可以方便地在制作的显示文稿中绘制矩形图形，以丰富演示文稿内容，使演示文稿效果条理更加分明。下面介绍创建矩形图形对象的操作方法。

| | | |
|---|---|---|
| 素材文件 | 光盘 \ 素材 \ 第 11 章 \11.1.4.pptx | |
| 效果文件 | 光盘 \ 效果 \ 第 11 章 \11.1.4.pptx | |
| 视频文件 | 光盘 \ 视频 \ 第 11 章 \11.1.4 创建矩形图形对象 .mp4 | |

【操练 + 视频】——创建矩形图形对象

STEP 01 在 PowerPoint 2016 工作界面中打开一个素材文件，如图 11-25 所示。

STEP 02 切换至"插入"面板，在"插图"选项板中单击"形状"下拉按钮，在弹出的下拉列表中选择"矩形：剪去对角"选项，如图 11-26 所示。

图 11-25 打开素材文件　　　图 11-26 选择"矩形：剪去对角"选项

STEP 03 在幻灯片中的编辑区中鼠标指针呈＋形状，在合适位置绘制相应的矩形图形，如图 11-27 所示。

STEP 04 在绘制的图形上单击鼠标右键，在弹出的快捷菜单中选择"置于底层"｜"置于底层"选项，如图 11-28 所示。

图 11-27 绘制图形　　　图 11-28 选择"置于底层"选项

**STEP 05** 执行操作后，即可将图形调整至底层，如图 **11-29** 所示。

**STEP 06** 设置字体颜色为"橙色"，最终效果如图 **11-30** 所示。

图 11-29 调整图形至底层

图 11-30 最终效果

### 11.1.5 实现图形翻转操作

在 PowerPoint 2016 中，还可以根据需要对图形进行翻转操作。翻转图形不会改变图形的整体形状。翻转图形的方法很简单，选择在幻灯片中选择要进行翻转的图形，然后根据需要进行下列操作之一：

＊ 垂直翻转：切换至"格式"面板，在"排列"选项板中单击"旋转"下拉按钮🔄，在弹出的下拉列表中选择"垂直翻转"选项即可。

＊ 水平翻转：切换至"格式"面板，在"排列"选项板中单击"旋转"下拉按钮🔄，在弹出的下拉列表中选择"水平翻转"选项即可。

### 11.1.6 实现图形旋转操作

在 PowerPoint 2016 中，还可以根据需要对图形进行任意角度的自由旋转操作。下面介绍实现图形旋转操作的方法。

| | 素材文件 | 光盘 \ 素材 \ 第 11 章 \11.1.6.pptx |
|---|---|---|
| | 效果文件 | 光盘 \ 效果 \ 第 11 章 \11.1.6.pptx |
| | 视频文件 | 光盘 \ 视频 \ 第 11 章 \11.1.6 实现图形旋转操作 .mp4 |

【操练 + 视频】——实现图形旋转操作

**STEP 01** 在 PowerPoint 2016 工作界面中打开一个素材文件，如图 **11-31** 所示。

**STEP 02** 在幻灯片中选择需要进行旋转的图形，如图 **11-32** 所示。

**STEP 03** 切换至"绘图工具"中的"格式"面板，在"排列"选项板中单击"旋转"下拉按钮🔄，如图 **11-33** 所示。

**STEP 04** 在弹出的下拉列表中选择"其他旋转选项"选项，如图 **11-34** 所示。

图 11-31 打开素材文件　　　　　　　　　　图 11-32 选择图形对象

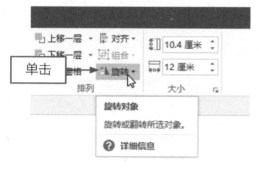

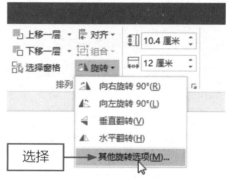

图 11-33 单击"旋转"下拉按钮　　　　　　图 11-34 选择"其他旋转选项"选项

---

**专家指点**

在"旋转"下拉列表中，各选项的含义如下：

* 向右旋转 90°：选择该选项，所选择的图形对象将按顺时针方向旋转 90°。

* 向左旋转 90°：选择该选项，所选择的图形对象将按逆时针方向旋转 90°。

* 垂直翻转：选择该选项，所选择的图形对象将从上向下或从下向上 180° 翻转。

* 水平翻转：选择该选项，所选择的图形对象将从左向右或从右向左 180° 翻转。

* 其他旋转选项：选择该选项，所选择的图形对象能以任意角度和方式来对其实现翻转操作。

---

**STEP 05** 弹出"设置形状格式"窗格，在"大小"选项区中设置"旋转"为 - 30°，如图 11-35 所示。

**STEP 06** 单击"关闭"按钮，即可设置图形的旋转角度，效果如图 11-36 所示。

图 11-35 设置旋转角度　　　　　　　　　　图 11-36 最终效果

　　选择要旋转的对象，切换至"格式"面板，在"排列"选项板中单击"旋转"下拉按钮，在弹出的下拉列表中选择其他相应的选项，可进行相应的旋转和翻转操作。

## 11.1.7　实现次序调整操作

　　在同一区域绘制多个图形时，最后绘制的图形部分或全部自动覆盖前面的图形，即重叠的部分会被遮掩，可以适当调整其顺序。下面介绍实现次序调整操作的方法。

| 素材文件 | 光盘 \ 素材 \ 第 11 章 \11.1.7.pptx |
|---|---|
| 效果文件 | 光盘 \ 效果 \ 第 11 章 \11.1.7.pptx |
| 视频文件 | 光盘 \ 视频 \ 第 11 章 \11.1.7 实现次序调整操作 .mp4 |

【操练 + 视频】——实现次序调整操作

STEP 01 在 PowerPoint 2016 工作界面中打开一个素材文件，如图 11-37 所示。

STEP 02 在幻灯片中选择组合的对象，如图 11-38 所示。

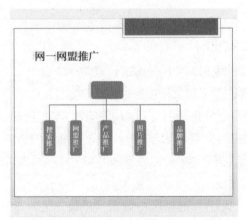

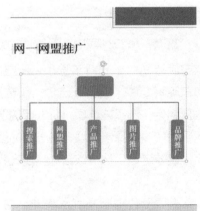

图 11-37　打开素材文件　　　　　　　　　图 11-38　选择组合对象

**STEP 03** 切换至"绘图工具"中的"格式"面板，在"排序"选项板中单击"下移一层"下拉按钮，在弹出的下拉列表中选择"置于底层"选项，如图 11-39 所示。

**STEP 04** 执行操作后，即可调整叠放顺序，如图 11-40 所示。

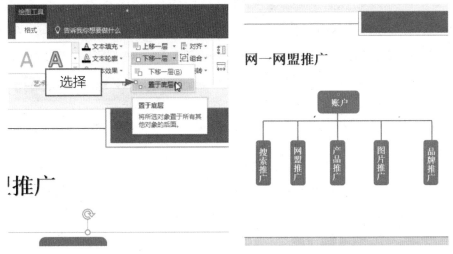

图 11-39 选择"置于底层"选项　　　　　图 11-40 调整叠放顺序

在 PowerPoint 2016 中有 4 种叠放次序，其含义如下：

* 上移一层：将选择的图形对象在整个叠放对象中的位置向上移动一层。

* 置于顶层：将选择的图形对象显示在所有叠放对象的最顶层。

* 下移一层：将选择的图形对象在整个叠放对象中的位置向下移动一层。

* 置于底层：将选择的图形对象显示在所有叠放对象的最底层。

> **专家指点**
>
> 　选择要设置叠放次序的图形，在"开始"面板的"绘图"选项板中单击"排列"下拉按钮，在弹出的下拉列表中选择"置于底层"选项，也可设置图形叠放次序。

## ➤➤ 11.2 编辑 SmartArt 图形

SmartArt 图形是信息和观点的视觉表示形式。创建 SmrartArt 图形可以非常直观地说明层级关系、附属关系、并列关系以及循环关系等各种常见的关系，而且制作出来的图形非常精美，具有很强的立体感和画面感。本节将向读者介绍创建关系图形对象，创建列表图形对象，创建矩阵图形对象，以及修改图形布局操作等内容。

### ◢ 11.2.1 创建关系图形对象

SmartArt 图形中的循环关系图形主要用于显示与中心观点的关系，级别 2 文本以非连续方式添加且限于五项，只能有一个级别 1 项目。下面介绍创建关系图形对象的操作方法。

| 素材文件 | 光盘 \ 素材 \ 第 11 章 \11.2.1.pptx |
|---|---|
| 效果文件 | 光盘 \ 效果 \ 第 11 章 \11.2.1.pptx |
| 视频文件 | 光盘 \ 视频 \ 第 11 章 \11.2.1 创建关系图形对象 .mp4 |

【操练 + 视频】——创建关系图形对象

**STEP 01** 在 PowerPoint 2016 工作界面中打开一个素材文件，如图 11-41 所示。

**STEP 02** 切换至 "插入" 面板，在 "插图" 选项板中单击 SmartArt 按钮，如图 11-42 所示。

图 11-41 打开素材文件 　　　　　　图 11-42 单击 SmartArt 按钮

**STEP 03** 弹出 "选择 SmartArt 图形" 对话框，切换至 "关系" 选项卡，在中间的列表框中选择 "循环关系" 选项，如图 11-43 所示。

**STEP 04** 单击 "确定" 按钮，即可插入循环关系图形，调整图形的大小和位置，如图 11-44 所示。

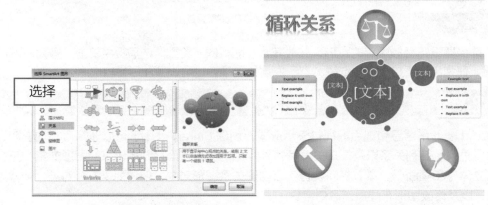

图 11-43 选择 "循环关系" 选项 　　　　　图 11-44 插入循环关系图形

## 11.2.2 创建列表图形对象

在 PowerPoint 2016 中，插入列表图形对象可以将分组信息或相关信息显示出来。下面介绍创建列表图形对象的操作方法。

| 素材文件 | 光盘 \ 素材 \ 第 11 章 \11.2.2.pptx |
|---|---|
| 效果文件 | 光盘 \ 效果 \ 第 11 章 \11.2.2.pptx |
| 视频文件 | 光盘 \ 视频 \ 第 11 章 \11.2.2 创建列表图形对象 .mp4 |

**【操练 + 视频】——创建列表图形对象**

**STEP 01** 在 PowerPoint 2016 工作界面中打开一个素材文件，如图 11-45 所示。

**STEP 02** 切换至"插入"面板，然后在"插图"选项板中单击 SmartArt 按钮，如图 11-46 所示。

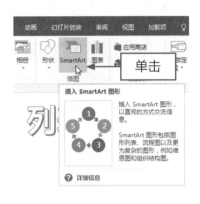

图 11-45 打开素材文件　　　　　　图 11-46 单击 SmartArt 按钮

**STEP 03** 弹出"选择 SmartArt 图形"对话框，在左侧选择"列表"选项，在中间的列表框中选择"垂直框列表"选项，如图 11-47 所示。

**STEP 04** 单击"确定"按钮，即可插入列表图形，如图 11-48 所示。

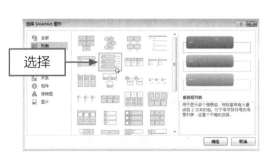

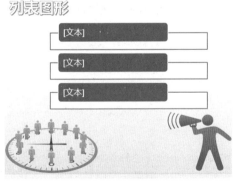

图 11-47 选择"垂直框列表"选项　　　　图 11-48 插入列表图形

专家指点

　　要将 SmartArt 图形保存为图片格式，只需选中图形并单击鼠标右键，在弹出的快捷菜单中选择"另存为图片"选项，在弹出的"另存为"对话框中选择要保存的图片格式，再单击"保存"按钮即可。

### 11.2.3 创建矩阵图形对象

循环矩阵图形主要用于显示循环行进中与中央观点的关系。级别 1 是指文本前四行的每一行均与某一个楔形或饼形相对应，并且每行的级别 2 文本将显示在楔形或饼形旁边的矩形中。未使用的文本不会显示，但如果切换布局，这些文本仍将可用。下面介绍创建矩阵图形对象的操作方法。

| 素材文件 | 光盘 \ 素材 \ 第 11 章 \11.2.3.pptx |
| 效果文件 | 光盘 \ 效果 \ 第 11 章 \11.2.3.pptx |
| 视频文件 | 光盘 \ 视频 \ 第 11 章 \11.2.3 创建矩阵图形对象 .mp4 |

【操练 + 视频】——创建矩阵图形对象

**STEP 01** 在 PowerPoint 2016 工作界面中打开一个素材文件，如图 11-49 所示。

**STEP 02** 打开"选择 SmartArt 图形"对话框，在左侧选择至"矩阵"选项，如图 11-50 所示。

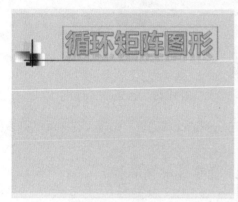

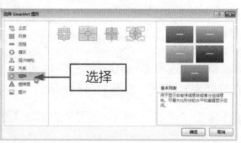

图 11-49 打开素材文件 　　　　　　　图 11-50 选择"矩阵"选项

**STEP 03** 在中间的列表框中选择"循环矩阵"选项，如图 11-51 所示。

**STEP 04** 单击"确定"按钮，即可插入循环矩阵图形，并调整至合适位置，如图 11-52 所示。

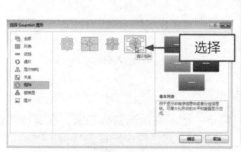

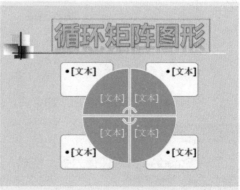

图 11-51 选择"循环矩阵"选项 　　　　　图 11-52 插入循环矩阵图形

**11.2.4 修改图形布局操作**

在 PowerPoint 2016 中，当添加了 SmartArt 图形之后，还可以方便地修改已经创建好的图形布局。下面介绍修改图形布局操作的方法。

| | 素材文件 | 光盘 \ 素材 \ 第 11 章 \11.2.4.pptx |
|---|---|---|
| | 效果文件 | 光盘 \ 效果 \ 第 11 章 \11.2.4.pptx |
| | 视频文件 | 光盘 \ 视频 \ 第 11 章 \11.2.4 修改图形布局操作 .mp4 |

**【操练 + 视频】——修改图形布局操作**

**STEP 01** 在 PowerPoint 2016 工作界面中打开一个素材文件，如图 11-53 所示。

**STEP 02** 在幻灯片中选择 SmartArt 图形，如图 11-54 所示。

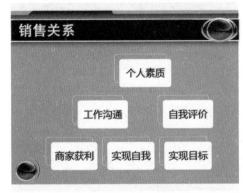

图 11-53 打开素材文件　　　　　　　　图 11-54 选择 SmartArt 图形

**STEP 03** 切换至"SmartArt 工具"中的"设计"面板，在"版式"选项板中单击"其他"下拉按钮，如图 11-55 所示。

**STEP 04** 在弹出的下来列表中，选择"其他布局"选项，如图 11-56 所示。

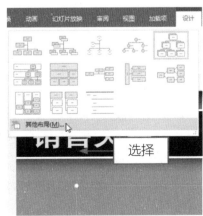

图 11-55 单击"其他"下拉按钮　　　　图 11-56 选择"其他布局"选项

**STEP 05** 弹出"选择 SmartArt 图形"对话框，在中间列表框中的"层次结构"选项区中选择"表层次结构"选项，如图 11-57 所示。

**STEP 06** 单击"确定"按钮，即可更改图形布局，如图 11-58 所示。

图 11-57 选择"表层次结构"选项

图 11-58 更改图形布局

**专家指点**

还可以在图形上单击鼠标右键，在弹出的快捷菜单中选择"更改布局"选项，在弹出的"选择 SmartArt 图形"对话框中选择所需的样式，然后单击"确定"按钮，即可更改图形布局。

# ▶ 11.3 编辑幻灯片样式

主题是一组统一的设计元素，是从文本的颜色、字体和图形等方面来设置文档的外观。通过应用幻灯片主题和编辑幻灯片样式，可以快速而轻松地设置幻灯片的格式，赋予它专业而时尚的外观。本节主要介绍拟定幻灯片主题、创建幻灯片背景以及制作幻灯片母版等幻灯片样式内容。

## ◢ 11.3.1 拟定对象主题

色彩漂亮且与演示文稿内容协调是评判幻灯片成功的标准之一，所以用幻灯片配色来烘托主题是制作演示文稿的一项重要工作。在 PowerPoint 2016 中提供了很多种幻灯片主题，用户可以直接在演示文稿中应用这些主题。

### 1．拟定内置主题模板

在制作演示文稿时，如果需要快速设置幻灯片的主题，可以直接使用 PowerPoint 中自带的主题效果。下面介绍拟定内置主题模板的操作方法。

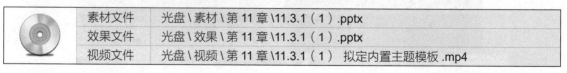

| | 素材文件 | 光盘 \ 素材 \ 第 11 章 \11.3.1（1）.pptx |
|---|---|---|
| | 效果文件 | 光盘 \ 效果 \ 第 11 章 \11.3.1（1）.pptx |
| | 视频文件 | 光盘 \ 视频 \ 第 11 章 \11.3.1（1） 拟定内置主题模板 .mp4 |

**STEP|01** 在 PowerPoint 2016 工作界面中打开一个素材文件，如图 11-59 所示。

**STEP|02** 单击"设计"标签，切换至"设计"面板，单击"主题"选项板中的"其他"下拉按钮 ，如图 11-60 所示。

图 11-59 打开素材文件　　　　　　图 11-60 单击"其他"下拉按钮

**STEP|03** 在弹出的下拉列表中选择"丝状"选项，如图 11-61 所示。

**STEP|04** 执行操作后，即可应用内置主题，如图 11-62 所示。

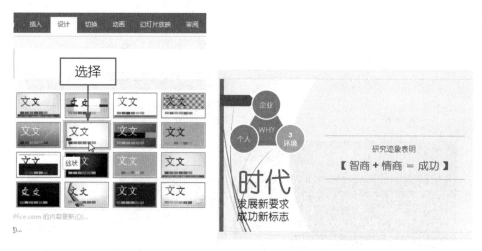

图 11-61 选择"丝状"选项　　　　　图 11-62 应用内置主题

## 2．拟定主题颜色

在 PowerPoint 2016 中，将主题颜色设置为视点，则可以根据需要让主题颜色呈现出不同的风格。下面介绍拟定主题颜色的操作方法。

| 素材文件 | 光盘\素材\第 11 章\11.3.1（2）.pptx |
|---|---|
| 效果文件 | 光盘\效果\第 11 章\11.3.1（2）.pptx |
| 视频文件 | 光盘\视频\第 11 章\11.3.1（2） 拟定主题颜色 .mp4 |

【操练 + 视频】——拟定主题颜色

STEP 01 在 PowerPoint 2016 工作界面中打开一个素材文件，如图 11-63 所示。

STEP 02 切换至"设计"面板，在"主题"选项板中单击"其他"下拉按钮，在弹出的下拉列表中选择"离子"选项，如图 11-64 所示。

图 11-63 打开素材文件

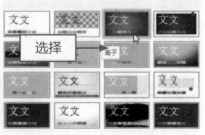

图 11-64 选择"离子"选项

STEP 03 执行操作后，即可将主题设置为"离子"，如图 11-65 所示。

STEP 04 在"变体"选项板中单击"其他"下拉按钮，如图 11-66 所示。

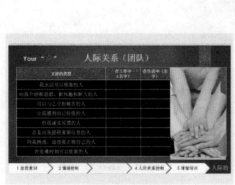

图 11-65 设置幻灯片主题

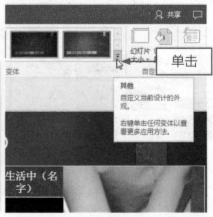

图 11-66 单击"其他"下拉按钮

STEP 05 在弹出的下拉列表中选择"颜色"｜"视点"选项，如图 11-67 所示。

STEP 06 执行操作后，即可将主题颜色设置为"视点"，如图 11-68 所示。

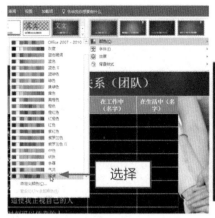

图 11-67 选择"视点"选项

图 11-68 设置主题颜色

## 3．拟定主题字体

在幻灯片中,可以根据需要将主题字体设置为特定的字体。下面介绍拟定主题字体的操作方法。

| 素材文件 | 光盘 \ 素材 \ 第 11 章 \11.3.1（3）.pptx |
|---|---|
| 效果文件 | 光盘 \ 效果 \ 第 11 章 \11.3.1（3）.pptx |
| 视频文件 | 光盘 \ 视频 \ 第 11 章 \11.3.1（3） 拟定主题字体 .mp4 |

【操练 + 视频】——拟定主题字体

STEP 01 在 PowerPoint 2016 工作界面中打开一个素材文件，如图 11-69 所示。

STEP 02 切换至"设计"面板，在"变体"选项板中单击右侧的"其他"下拉按钮，如图 11-70 所示。

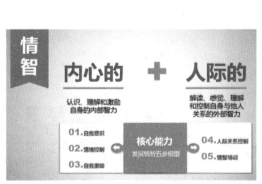

图 11-69 打开素材文件

图 11-70 单击"其他"下拉按钮

STEP 03 在弹出的下拉里表中选择"字体"｜"方正姚体"选项，如图 11-71 所示。

STEP 04 执行操作后，即可设置主题字体为"方正姚体"，如图 11-72 所示。

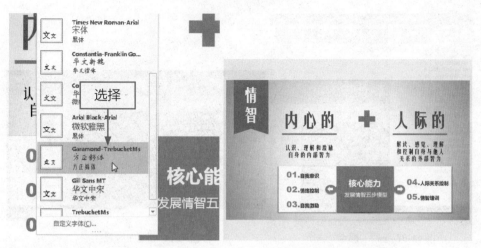

图 11-71 选择"方正姚体"选项　　　　　　　图 11-72 设置主题字体

## 4．创建主题效果

在幻灯片中，可以将设置的主题添加合适的效果。下面介绍创建主题效果的操作方法。

| 素材文件 | 光盘 \ 素材 \ 第 11 章 \11.3.1（4）.pptx |
| 效果文件 | 光盘 \ 效果 \ 第 11 章 \11.3.1（4）.pptx |
| 视频文件 | 光盘 \ 视频 \ 第 11 章 \11.3.1（4） 创建主题效果 .mp4 |

【操练＋视频】——创建主题效果

**STEP 01** 在 PowerPoint 2016 工作界面中，打开一个素材文件，如图 11-73 所示。

**STEP 02** 切换至"设计"面板，在"变体"选项板中单击"其他"下拉按钮▼，如图 11-74 所示。

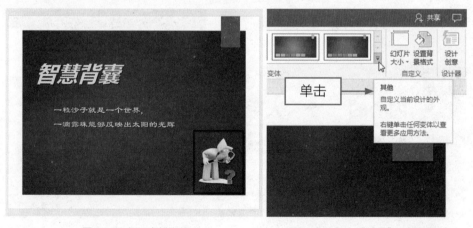

图 11-73 打开素材文件　　　　　　　图 11-74 单击"其他"下拉按钮

**STEP 03** 在弹出的下拉列表中选择"效果"｜"插页"选项，如图 11-75 所示。

**STEP 04** 执行操作后，即可设置主题效果为"插页"，如图 11-76 所示。

图 11-75 选择"插页"选项　　　　　　　　　图 11-76 设置主题效果

## 11.3.2 创建对象背景

在设计演示文稿时，除了通过使用主题来美化演示文稿以外，还可以通过设置演示文稿的背景来制作具有观赏性的演示文稿。

### 1．编辑纯色背景

在幻灯片中，可以根据需要将演示文稿的背景设置为纯色。下面介绍编辑纯色背景的操作方法。

| 素材文件 | 光盘＼素材＼第 11 章＼11.3.2（1）.pptx |
|---|---|
| 效果文件 | 光盘＼效果＼第 11 章＼11.3.2（1）.pptx |
| 视频文件 | 光盘＼视频＼第 11 章＼11.3.2（1）编辑纯色背景.mp4 |

【操练＋视频】——创建纯色背景

STEP|01 在 PowerPoint 2016 工作界面中打开一个素材文件，如图 11-77 所示。

STEP|02 切换至"设计"面板，单击"变体"选项板中的"其他"下拉按钮▾，如图 11-78 所示。

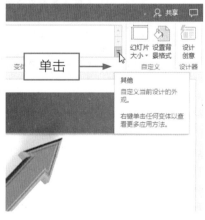

图 11-77 打开素材文件　　　　　　　　　图 11-78 单击"其他"下拉按钮

STEP03 在弹出的下拉列表中选择"背景样式"｜"设置背景格式"选项，如图 11-79 所示。

STEP04 弹出"设置背景格式"窗格，在"填充"选项区中选中"纯色填充"单选按钮，如图 11-80 所示。

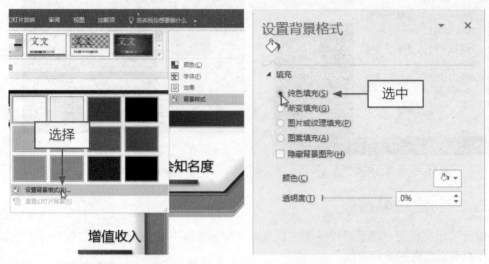

图 11-79 选择"设置背景格式"选项　　　　图 11-80 选中"纯色填充"单选按钮

STEP05 在"填充"选项区的下方单击"颜色"下拉按钮，在弹出的下拉列表中的"标准色"选项区中选择"橙色"选项，如图 11-81 所示。

STEP06 执行操作后，即可设置纯色背景，关闭"设置背景格式"窗格，效果如图 11-82 所示。

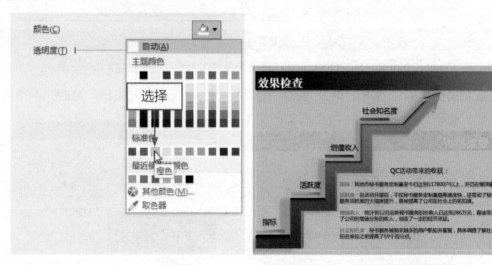

图 11-81 选择"橙色"选项　　　　　　　图 11-82 最终效果

## 2．编辑图案背景

在 PowerPoint 2016 中，可以通过选中"图案填充"单选按钮将背景设置为图案填充。下面介绍编辑图案背景的操作方法。

| 素材文件 | 光盘 \ 素材 \ 第 11 章 \11.3.2（2）.pptx |
|---|---|
| 效果文件 | 光盘 \ 效果 \ 第 11 章 \11.3.2（2）.pptx |
| 视频文件 | 光盘 \ 视频 \ 第 11 章 \11.3.2（2） 编辑图案背景 .mp4 |

**【操练 + 视频】——编辑图案背景**

**STEP 01** 在 PowerPoint 2016 工作界面中打开一个素材文件，如图 11-83 所示。

**STEP 02** 在幻灯片编辑窗口中单击鼠标右键，在弹出的快捷菜单中选择"设置背景格式"选项，如图 11-84 所示。

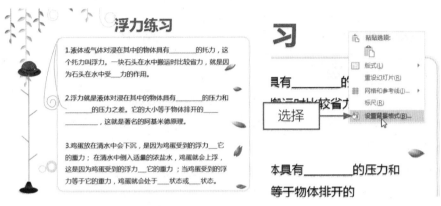

图 11-83 打开素材文件　　　　图 11-84 选择"设置背景格式"选项

**STEP 03** 弹出"设置背景格式"窗格，在"填充"选项区中选中"图案填充"单选按钮，如图 11-85 所示。

**STEP 04** 单击下方"前景"下拉按钮，在弹出下拉列表中的"标准色"选项区中选择"红色"选项，如图 11-86 所示。

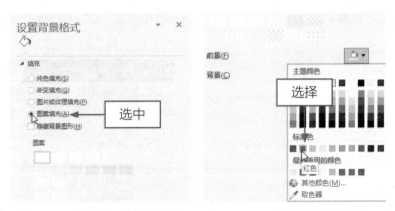

图 11-85 选中"图案填充"单选按钮　　　图 11-86 选择"红色"选项

**STEP 05** 在"图案"选项区中选择相应的选项，如图 11-87 所示。

**STEP 06** 执行操作后，即可设置图案背景，关闭"设置背景格式"窗格，最终效果如图 11-88 所示。

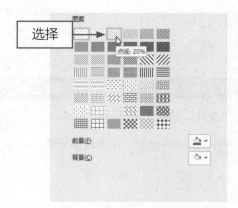

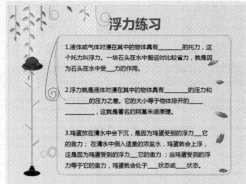

图 11-87 选择图案                     图 11-88 最终效果

### 11.3.3 制作对象母版

幻灯片母版用于设置幻灯片的样式，可供用户设置各种标题文字、背景和属性等。只需更改其中一项内容，就可更改所有幻灯片的对应内容。

#### 1．新建幻灯片母版

进入幻灯片母版编辑面板中，可以根据实际情况插入幻灯片母版。下面介绍新建幻灯片母版的操作方法。

| 素材文件 | 光盘 \ 素材 \ 第 11 章 \11.3.3（1）.pptx |
| --- | --- |
| 效果文件 | 光盘 \ 效果 \ 第 11 章 \11.3.3（1）.pptx |
| 视频文件 | 光盘 \ 视频 \ 第 11 章 \11.3.3（1） 新建幻灯片母版 .mp4 |

【操练 + 视频】——新建幻灯片母版

STEP 01 在 PowerPoint 2016 工作界面中打开一个素材文件，如图 11-89 所示。

STEP 02 切换至"视图"面板，在"母版视图"选项板中单击"幻灯片母版"按钮，如图 11-90 所示。

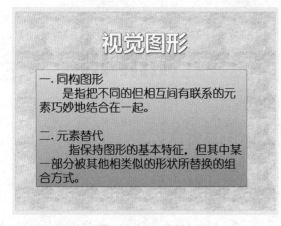

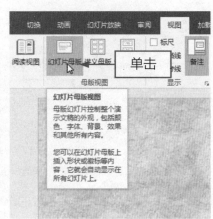

图 11-89 打开素材文件                 图 11-90 单击"幻灯片母版"按钮

**STEP 03** 进入"幻灯片母版"面板，在"编辑母版"选项板中单击"插入幻灯片母版"按钮，如图 11-91 所示。

**STEP 04** 执行操作后，即可插入幻灯片母版，如图 11-92 所示。

图 11-91 单击"插入幻灯片母版"按钮　　　　　图 11-92 插入幻灯片母版

除了运用以上方法插入幻灯片母版外，用户还可以通过载幻灯片上单击鼠标右键，在弹出的快捷菜单中选择"插入幻灯片母版"选项，实现幻灯片母版的插入。

### 2．编辑占位符属性

在 PowerPoint 2016 中，占位符、文本框及自选图形对象具有相似的属性，如大小、填充颜色以及线型等，设置它们的属性操作是相似的。下面介绍编辑占位符属性的操作方法。

| | 素材文件 | 光盘 \ 素材 \ 第 11 章 \11.3.3（2）.pptx |
|---|---|---|
| | 效果文件 | 光盘 \ 效果 \ 第 11 章 \11.3.3（2）.pptx |
| | 视频文件 | 光盘 \ 视频 \ 第 11 章 \11.3.3（2） 编辑占位符属性 .mp4 |

【操练 + 视频】——编辑占位符属性

**STEP 01** 在 PowerPoint 2016 工作界面中打开一个素材文件，如图 11-93 所示。

**STEP 02** 切换至"视图"面板，单击"母版视图"选项板中的"幻灯片母版"按钮，进入"幻灯片母版"面板，选择需要编辑占位符的幻灯片母版，如图 11-94 所示。

**STEP 03** 在标题占位符中单击鼠标右键，在弹出的快捷菜单中选择"设置形状格式"选项，如图 11-95 所示。

**STEP 04** 弹出"设置形状格式"窗格，在"填充"选项区中选中"纯色填充"单选按钮，如图 11-96 所示。

**STEP 05** 单击下方"颜色"下拉按钮，在弹出的下拉列表中选择"红色"选项，如图 11-97 所示。

图 11-93 打开素材文件

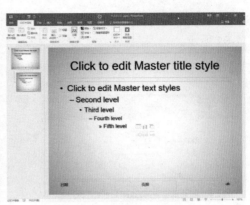

图 11-94 选择幻灯片母版

图 11-95 选择"设置形状格式"选项

图 11-96 选中"纯色填充"单选按钮

**STEP 06** 关闭"设置形状格式"窗格，即可设置占位符属性，如图 11-98 所示。

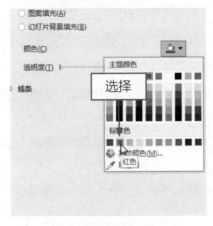

图 11-97 选择"红色"选项

图 11-98 设置占位符属性

### 3. 编辑页眉和页脚

在 PowerPoint 2016 中，页眉和页脚是幻灯片母版编辑的重要部分之一，对其进行编辑可在完善母版的同时增加其美观性。下面介绍编辑页眉和页脚的操作方法。

| | 素材文件 | 光盘 \ 素材 \ 第 11 章 \11.3.3（3）.pptx |
|---|---|---|
| | 效果文件 | 光盘 \ 效果 \ 第 11 章 \11.3.3（3）.pptx |
| | 视频文件 | 光盘 \ 视频 \ 第 11 章 \11.3.3（3） 编辑页眉和页脚 .mp4 |

【操练 + 视频】——编辑页眉和页脚

STEP 01 在 PowerPoint 2016 工作界面中打开一个素材文件，如图 11-99 所示。

STEP 02 切换至"视图"面板，单击"母版视图"选项板中的"幻灯片母版"按钮，进入"幻灯片母版"面板，如图 11-100 所示。

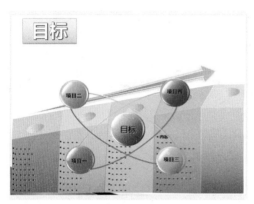

图 11-99 打开素材文件　　　　图 11-100 单击"幻灯片母版"按钮

STEP 03 切换至"插入"面板，单击"文本"选项板中的"页眉和页脚"按钮，如图 11-101 所示。

STEP 04 弹出"页眉和页脚"对话框，选中"日期和时间"复选框，并选中"自动更新"单选按钮，如图 11-102 所示。

图 11-101 单击"页眉和页脚"按钮　　　图 11-102 设置日期参数

STEP 05 选中"幻灯片编号"和"页脚"复选框，并在"页脚"文本框中输入"图表设计"，然后选中"标题幻灯片中不显示"复选框，如图 11-103 所示。

**STEP 06** 单击"全部应用"按钮，演示文稿中所有的幻灯片中都将添加页眉和页脚，效果如图 11-104 所示。

图 11-103 设置页脚参数

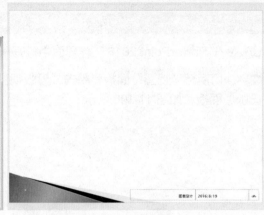

图 11-104 添加页眉和页脚

**STEP 07** 选中页脚，在自动浮出的工具栏中，设置"字体"为"黑体"、"字号"为 24，如图 11-105 所示。

**STEP 08** 切换至"幻灯片母版"面板，单击"关闭"选项区中的"关闭母版视图"按钮，将页眉和页脚调整至合适位置，如图 11-106 所示。

图 11-105 设置文本字体

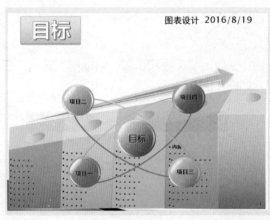

图 11-106 最终效果

## ▶ 11.4 编辑幻灯片声音和视频

在 PowerPoint 2016 中，除了在演示文稿中插入图片、形状以及表格以外，还可以在演示文稿中插入声音和视频。本节主要介绍插入声音文件，制作播放效果，创建播放模式，插入视频文件，编辑视频样式，以及编辑视频选项等内容。

## 11.4.1 插入声音文件

添加声音文件就是将电脑中已存在的声音插入到演示文稿中，也可以从其他的声音文件中添加需要的声音。下面介绍插入声音文件的操作方法。

| 素材文件 | 光盘 \ 素材 \ 第 11 章 \11.4.1.pptx |
|---|---|
| 效果文件 | 光盘 \ 效果 \ 第 11 章 \11.4.1.pptx |
| 视频文件 | 光盘 \ 视频 \ 第 11 章 \11.4.1 插入声音文件 .mp4 |

【操练 + 视频】——插入声音文件

**STEP|01** 在 PowerPoint 2016 工作界面中打开一个素材文件，如图 11-107 所示。

**STEP|02** 切换至"插入"面板，在"媒体"选项板中单击"音频"下拉按钮，在弹出的下拉列表框中选择"PC 上的音频"选项，如图 11-108 所示。

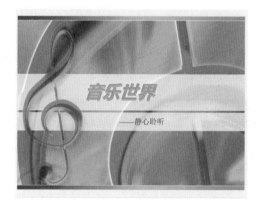

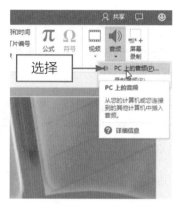

图 11-107 打开素材文件　　　　　　　　图 11-108 选择"PC 上的音频"选项

**STEP|03** 弹出"插入音频"对话框，选择需要插入的声音文件，如图 11-109 所示。

**STEP|04** 单击"插入"按钮，即可插入声音。调整声音图标至合适的位置，如图 11-110 所示，在播放幻灯片时即可听到插入的声音。

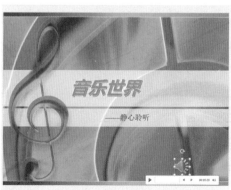

图 11-109 选择声音文件　　　　　　　　图 11-110 插入声音

### 11.4.2 制作播放效果

在 PowerPoint 2016 中，在幻灯片中选中声音图标，切换至"音频工具"中的"播放"面板，选中"音频选项"选项板中的"循环播放，直到停止"复选框，如图 11-111 所示，在放映幻灯片的过程中会自动循环播放，直到放映下一张幻灯片或停止放映为止。

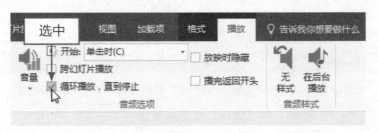

图 11-111 选中"循环播放，直到停止"复选框

### 11.4.3 创建播放模式

在 PowerPoint 2016 中，在幻灯片中选中声音图标，切换至"音频工具"中的"播放"面板，单击"开始"下拉按钮，在弹出的下拉列表中包括"自动"和"单击时"2 个选项，如图 11-112 所示。

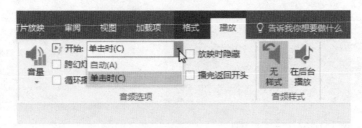

图 11-112 播放模式选项

在"音频选项"选项板中选中"跨幻灯片播放"复选框时，声音文件不仅在插入的幻灯片中有效，而且在演示文稿的所有幻灯片中均有效。

### 11.4.4 插入视频文件

大多数情况下，PowerPoint 剪辑管理器中的视频不能满足用户的需求，此时就可以选择插入来自文件中的视频。下面介绍插入视频文件的操作方法。

| 素材文件 | 光盘 \ 素材 \ 第 11 章 \11.4.4.pptx |
| --- | --- |
| 效果文件 | 光盘 \ 效果 \ 第 11 章 \11.4.4.pptx |
| 视频文件 | 光盘 \ 视频 \ 第 11 章 \11.4.4 插入视频文件 .mp4 |

【操练 + 视频】——插入视频文件

STEP 01 在 PowerPoint 2016 工作界面中打开一个素材文件，如图 11-113 所示。

STEP 02 切换至"插入"面板，单击"媒体"选项板中的"视频"下拉按钮，在弹出的下拉列表中选择"PC 上的视频"选项，如图 11-114 所示。

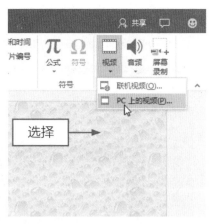

图 11-113 打开素材文件　　　　　　　　　　　　图 11-114 选择"PC 上的视频"选项

STEP 03 弹出"插入视频文件"对话框，在计算机中选择需要的视频文件，如图 11-115 所示。

STEP 04 单击"插入"按钮，即可将视频文件插入到幻灯片中，调整视频窗口大小，效果如图 11-116 所示。

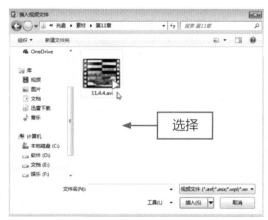

图 11-115 选择视频文件　　　　　　　　　　　　图 11-116 插入视频文件效果

专家指点

　　要播放视频文件，除了单击"预览"选项板中的"播放"按钮以外，还可以单击视频窗口下方播放导航条上的"播放 / 暂停"按钮，也可播放视频。

## 11.4.5 编辑视频样式

　　与图表及其他对象一样，PowerPoint 也为视频提供了视频样式，可以为视频应用不同的视频样式效果、视频形状和视频边框等。下面介绍编辑视频样式的操作方法。

| 素材文件 | 光盘 \ 素材 \ 第 11 章 \11.4.5.pptx |
| 效果文件 | 光盘 \ 效果 \ 第 11 章 \11.4.5.pptx |
| 视频文件 | 光盘 \ 视频 \ 第 11 章 \11.4.5 编辑视频样式 .mp4 |

**STEP 01** 在 PowerPoint 2016 工作界面中打开一个素材文件，如图 11-117 所示。

**STEP 02** 在编辑区中选择需要设置样式的视频，如图 11-118 所示。

图 11-117 打开素材文件

图 11-118 选择视频

**STEP 03** 切换至"视频工具"中的"格式"面板，在"视频样式"选项板中单击"其他"下拉按钮，如图 11-119 所示。

**STEP 04** 在弹出的下拉列表中的"中等"选项区中选择"圆形对角，白色"选项，如图 11-120 所示。

图 11-119 单击"其他"下拉按钮

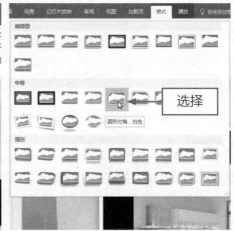

图 11-120 选择"圆形对角，白色"选项

**STEP 05** 执行操作后，即可应用视频样式，如图 11-121 所示。

**STEP 06** 在"视频样式"选项区中单击"视频边框"下拉按钮，如图 11-122 所示。

图 11-121 应用视频样式

图 11-122 单击相应按钮

STEP 07 在弹出下拉列表中的"标准色"选项区中选择"橙色"选项，如图 11-123 所示。

STEP 08 设置完成后，视频将以设置的样式显示，如图 11-124 所示。

图 11-123 选择"橙色"选项

图 11-124 显示视频样式

## 11.4.6 编辑视频选项

选中视频，切换至"播放"面板，在"视频选项"选项板中可以根据自己的需要对插入的视频进行相关的设置操作。

### ＊ 设置播放和暂停效果用于自动或单击时

若要设置播放和暂停效果为自动播放，只需单击"视频选项"选项板中的"开始"下拉按钮，在弹出的下拉列表中选择"自动"选项，如图 11-125 所示，即可设置自动播放视频。

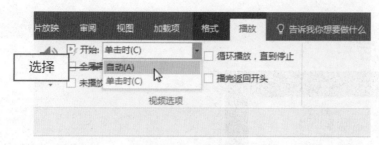

图 11-125 选择"自动"选项

若要设置播放和暂停效果为单击时播放，只需单击"视频选项"选项板中的"开始"下拉按钮，在弹出的下拉列表中选择"单击时"选项即可，如图 11-126 所示。

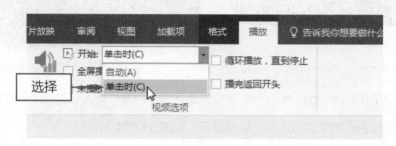

图 11-126 选择"单击时"选项

\* 调整视频尺寸

调整视频尺寸的方法有两种：选中视频，切换至"格式"面板，在"大小"选项板中直接输入宽度和高度的具体数值，即可设置视频的大小，如图 11-127 所示。

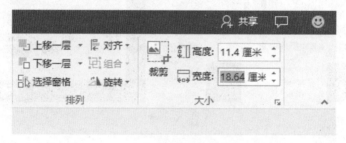

图 11-127 输入大小数值

单击"大小"选项板右下角的扩展按钮，弹出"设置视频格式"对话框，在"大小"选项区中输入宽度和高度的具体数值，即可设置视频的大小。

\* 设置全屏播放视频

在"视频选项"选项板中选中"全屏播放"复选框，如图 11-128 所示，在播放时 PowerPoint 会自动将视频显示为全屏模式。

\* 设置视频音量

在"音量"列表中，可以根据需要选择"低"、"中"、"高"和"静音"4 个选项，对音量进行设置，如图 11-129 所示。

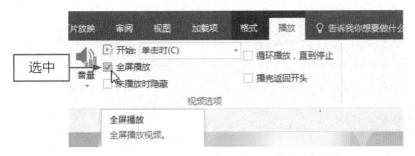

图 11-128 选中"全屏播放"复选框

图 11-129 设置音量

* 设置视频倒带

将视频设置为播放后倒带，视频将自动返回到第一张幻灯片，并在播放一次后停止，只需选中"视频选项"选项板中的"播完返回开头"复选框即可，如图 11-130 所示。

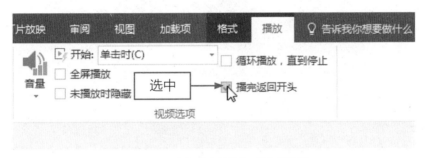

图 11-130 选中"播完返回开头"复选框

* 快速设置视频循环播放

在"视频选项"选项板中选中"循环播放，直到停止"复选框，在放映幻灯片时视频会自动循环播放，直到放映下一张幻灯片时才停止播放。

# CHAPTER

## 轻松呈现演示特效：
## 动画与切换

# 12

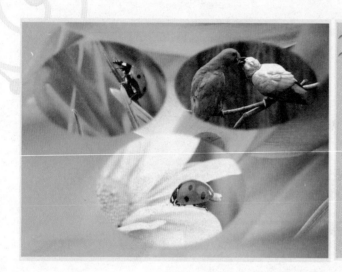

| | 时间 | 空间 | 稳定性 | 描述词语 |
|---|---|---|---|---|
| 天气 | 短 | 小 | 不稳定 | 阴 晴 风 雨 |
| 气候 | 长 | 大 | 稳定 | 气温 降水 |

天气与气候

## 章前知识导读

在幻灯片中添加动画和切换效果不仅可以增强演示文稿的趣味性和观赏性，同时也能带动演讲气氛。本章主要向读者介绍新建和编辑幻灯片动画，应用切换效果，以及设置演示文稿超链接等内容。

## 新手重点索引

新建与编辑演示文稿动画

应用切换效果

设置演示文稿超链接

# ►► 12.1 新建与编辑演示文稿动画

PowerPoint 中动画效果繁多，用户可以运用提供的动画效果将幻灯片中的标题、文本、图表或图片等对象设置以动态的方式进行播放。本节主要向读者介绍新建飞入动画、十字形扩展动画、百叶窗动画效果，以及编辑动画效果选项、计时操作和新增声音操作等的操作方法。

## ◢ 12.1.1 新建飞入动画

动画是演示文稿的精华，在 PowerPoint 中"飞入"动画是最为常用的"进入"动画效果中的一种方式。下面介绍新建飞入动画的操作方法。

| 素材文件 | 光盘 \ 素材 \ 第 12 章 \12.1.1.pptx |
|---|---|
| 效果文件 | 光盘 \ 效果 \ 第 12 章 \12.1.1.pptx |
| 视频文件 | 光盘 \ 视频 \ 第 12 章 \12.1.1 新建飞入动画 .mp4 |

◢◣◥◤ 【操练 + 视频】——新建飞入动画

STEP 01 在 PowerPoint 2016 工作界面中打开一个素材文件，如图 12-1 所示。

STEP 02 切换至第 2 张幻灯片，选择第 1 张图片，如图 12-2 所示。

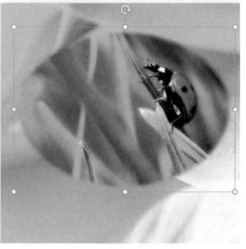

图 12-1 打开素材文件        图 12-2 选择图片

> **专家指点**
>
> 如果对"动画"列表框中的"进入"动画效果不满意，还可以单击"动画"标签，在"动画"选项板中单击"其他"下拉按钮 ▼，在弹出的下拉列表中选择"更多进入效果"选项，弹出"更改进入效果"对话框，在该对话框中选择合适的进入动画效果，即可设置更多满意的动画效果。

STEP 03 切换至"动画"面板，在"动画"选项板中单击"其他"下拉按钮 ▼，如图 12-3 所示。

**STEP 04** 执行操作后，在弹出下拉列表的 "进入" 选项区中选择 "飞入" 动画效果，如图 12-4 所示。

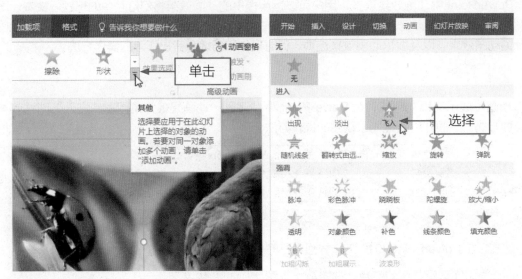

图 12-3 单击 "其他" 下拉按钮    图 12-4 选择 "飞入" 动画效果

**STEP 05** 执行操作后，单击 "预览" 选项板中的 "预览" 按钮，预览动画效果，如图 12-5 所示。

图 12-5 预览动画效果

专家指点

　　除了运用以上方法可以预览幻灯片的动画效果以外，还可以单击 "幻灯片放映" 标签，切换至 "幻灯片放映" 面板，在 "开始放映幻灯片" 选项板中单击 "从头开始" 按钮，也可预览动画效果。

**STEP 06** 采用同样的方法，为第 2 张幻灯片中的另外两张图片添加飞入动画，幻灯片上将显示依次添加 "飞入" 动画的次序，单击 "预览" 按钮，即可预览动画效果，如图 12-6 所示。

（1）

（2）

（3）

（4）

图 12-6 预览最终动画效果

## 12.1.2 新建十字形扩展动画

　　为幻灯片中的对象添加十字形扩展动画，可以让该对象在放映时以十字的形式从四周慢慢向中心显示。下面介绍新建十字形扩展动画的操作方法。

| | 素材文件 | 光盘 \ 素材 \ 第 12 章 \12.1.2.pptx |
|---|---|---|
| | 效果文件 | 光盘 \ 效果 \ 第 12 章 \12.1.2.pptx |
| | 视频文件 | 光盘 \ 视频 \ 第 12 章 \12.1.2 新建十字形扩展动画 .mp4 |

**【操练+视频】——新建十字形扩展动画**

STEP 01 在 PowerPoint 2016 工作界面中打开一个素材文件，如图 12-7 所示。

STEP 02 在编辑区中选择需要添加动画效果的文本对象，如图 12-8 所示。

STEP 03 单击"动画"标签，切换至"动画"面板，单击"动画"选项板中的"其他"下拉按钮，如图 12-9 所示。

STEP 04 在弹出的下拉列表中选择"更多进入效果"选项，如图 12-10 所示。

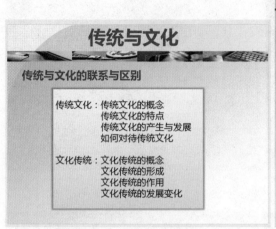

图 12-7 打开素材文件　　　　　　　　　　图 12-8 选择文本对象

图 12-9 单击"其他"下拉按钮　　　　　图 12-10 选择"更多进入效果"选项

**STEP 05** 弹出"更改进入效果"对话框,在"基本型"选项区中选择"十字形扩展"选项,如图 12-11 所示。

在弹出的"更改进入效果"对话框中包括 4 大类型的进入动画,分别是"基本型"、"细微型"、"温和型"以及"华丽型"。

**STEP 06** 单击"确定"按钮,即可添加十字形扩展动画效果。单击"预览"选项板中的"预览"按钮,如图 12-12 所示。

**STEP 07** 执行操作后,即可预览十字形扩展动画效果,如图 12-13 所示。

图 12-11 选择"十字形扩展"选项

图 12-12 单击"预览"按钮

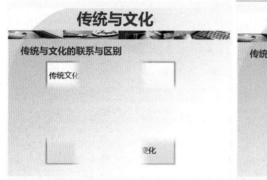

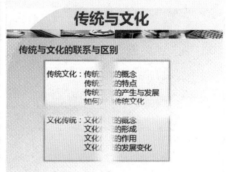

图 12-13 预览动画效果

## ▨ 12.1.3 新建百叶窗动画

在 PowerPoint 2016 中，还可以在"更改退出效果"对话框中将幻灯片中的对象设置以百叶窗的形式退出屏幕。下面介绍新建百叶窗动画的操作方法。

| | 素材文件 | 光盘 \ 素材 \ 第 12 章 \12.1.3.pptx |
|---|---|---|
| | 效果文件 | 光盘 \ 效果 \ 第 12 章 \12.1.3.pptx |
| | 视频文件 | 光盘 \ 视频 \ 第 12 章 \12.1.3 新建百叶窗动画 .mp4 |

◤◢◤ 【操练 + 视频】——新建百叶窗动画

STEP 01 在 PowerPoint 2016 工作界面中打开一个素材文件，如图 12-14 所示。

STEP 02 在编辑区中选择需要添加百叶窗动画效果的文字对象，如图 12-15 所示。

STEP 03 切换至"动画"面板，单击"动画"选项板中的"其他"下拉按钮 ▾，在弹出的下拉列表中选择"更多退出效果"选项，如图 12-16 所示。

STEP 04 弹出"更改退出效果"对话框，在"基本型"选项区中选择"百叶窗"选项，如图 12-17 所示。

图 12-14 打开素材文件　　　　　　　　图 12-15 选择文字对象

图 12-16 选择"更多退出效果"选项

图 12-17 选择"百叶窗"选项

**STEP 05** 单击"确定"按钮，即可添加百叶窗动画效果。单击"预览"选项板中的"预览"按钮，如图 12-18 所示。

**STEP 06** 执行操作后，即可预览百叶窗动画效果，如图 12-19 所示。

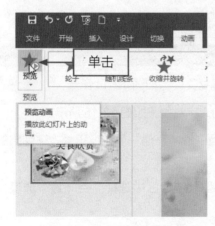

图 12-18 单击"预览"按钮

图 12-19 预览动画效果

**STEP 07** 采用同样的方法，为幻灯片中的其他对象添加百叶窗动画效果。单击"预览"选项版中的"预览"按钮，预览添加的动画效果，如图 12-20 所示。

图 12-20 预览最终动画效果

## 12.1.4 编辑动画效果选项

在 PowerPoint 2016 中，动画效果可以按系列、类别或元素放映，可以对幻灯片中的内容进行设置。下面介绍编辑动画效果选项的操作方法。

| 素材文件 | 光盘 \ 素材 \ 第 12 章 \12.1.4.pptx |
| --- | --- |
| 效果文件 | 光盘 \ 效果 \ 第 12 章 \12.1.4.pptx |
| 视频文件 | 光盘 \ 视频 \ 第 12 章 \12.1.4 编辑动画效果选项 .mp4 |

**【操练 + 视频】——编辑动画效果选项**

**STEP 01** 在 PowerPoint 2016 工作界面中打开一个素材文件，如图 12-21 所示。

**STEP 02** 在编辑区中选择相应的图形，如图 12-22 所示。

图 12-21 打开素材文件          图 12-22 选择图形

**STEP 03** 切换至"动画"面板，在"动画"选项板中单击"效果选项"下拉按钮，如图 12-23 所示。

**STEP 04** 在弹出的下拉列表中选择"自左上部"选项，如图 12-24 所示。

图 12-23 单击"效果选项"下拉按钮

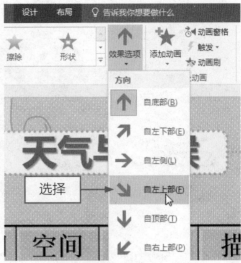

图 12-24 选择"自左上部"选项

**STEP 05** 执行操作后，即可设置动画效果选项。单击"预览"选项板中的"预览"按钮，预览动画效果，如图 12-25 所示。

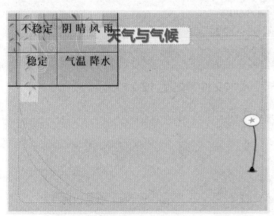

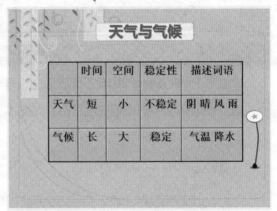

图 12-25 预览动画效果

## 12.1.5 编辑动画计时操作

在 PowerPoint 2016 中，添加相应的切换效果后，用户可以在"计时"选项卡中设置合适的切换时间，下面介绍编辑动画计时操作的操作方法。

| 素材文件 | 光盘 \ 素材 \ 第 12 章 \12.1.5.pptx |
|---|---|
| 效果文件 | 光盘 \ 效果 \ 第 12 章 \12.1.5.pptx |
| 视频文件 | 光盘 \ 视频 \ 第 12 章 \12.1.5 编辑动画计时操作 .mp4 |

**STEP 01** 在 PowerPoint 2016 工作界面中打开一个素材文件，如图 12-26 所示。

**STEP 02** 在编辑区选择相应的图片，如图 12-27 所示。

图 12-26 打开素材文件　　　　　　　　　　图 12-27 选择图片

**STEP 03** 切换至"动画"面板，在"动画"选项板中单击"显示其他效果选项"按钮 ，如图 12-28 所示。

**STEP 04** 执行操作后，弹出"缩放"对话框，如图 12-29 所示。

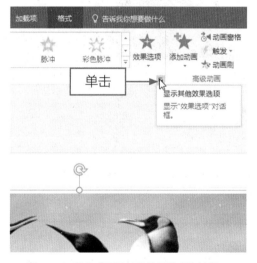

图 12-28 单击"显示其他效果选项"按钮　　　图 12-29 "缩放"对话框

**STEP 05** 切换至"计时"选项卡，设置"开始"为"上一动画之后"、"延迟"为 2 秒、"期间"为"慢速（3 秒）"，如图 12-30 所示。

**STEP 06** 单击"确定"按钮，即可设置动画效果选项。单击"预览"选项板中的"预览"按钮，如图 12-31 所示。

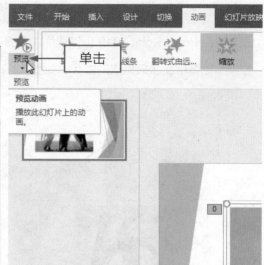

图 12-30 设置计时参数　　　　　　　　　　图 12-31 单击"预览"按钮

**STEP 07** 执行操作后，即可预览动画效果，如图 **12-32** 所示。

图 12-32 预览动画效果

## 12.1.6 新增动画声音操作

在 **PowerPoint 2016** 中，在演示文稿每张幻灯片的动画效果中还可以添加相应的声音。下面介绍新增动画声音操作的方法。

| 素材文件 | 光盘 \ 素材 \ 第 12 章 \12.1.6.pptx |
|---|---|
| 效果文件 | 光盘 \ 效果 \ 第 12 章 \12.1.6.pptx |
| 视频文件 | 光盘 \ 视频 \ 第 12 章 \12.1.6 新增动画声音操作 .mp4 |

【操练 + 视频】——新增动画声音操作

**STEP 01** 在 PowerPoint 2016 工作界面中打开一个素材文件，如图 **12-33** 所示。

**STEP 02** 在编辑区中选择需要添加动画声音的对象，如图 **12-34** 所示。

图 12-33 打开素材文件

图 12-34 选择对象

**STEP 03** 切换至"动画"面板，单击"动画"选项板右下角的"显示其他效果选项"按钮 ，如图 12-35 所示。

**STEP 04** 弹出"轮子"对话框，在"效果"选项卡中的"增强"选项区中单击"声音"下拉按钮，在弹出的下拉列表中选择"风铃"选项，如图 12-36 所示。

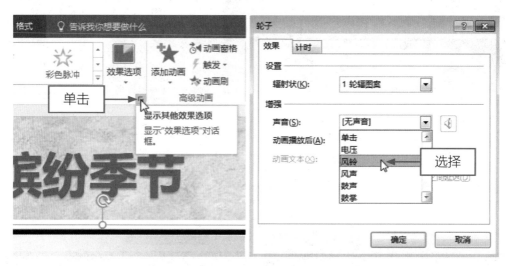

图 12-35 单击"显示其他效果选项"按钮

图 12-36 选择"风铃"选项

**STEP 05** 单击"确定"按钮，即可为相应的对象添加声音动画。

# ▶ 12.2 应用切换效果

在 PowerPoint 2016 中，可以为多张幻灯片设置动画切换效果。幻灯片中自带的切换效果主要包括"细微型"、"华丽型"以及"动态内容"在内的 3 大类型。本节将介绍应用淡出、溶解、摩天轮、蜂巢切换效果，以及编辑切换效果选项等的操作方法。

## 12.2.1 应用淡出切换操作

在 PowerPoint 2016 中，淡出切换是指被选择的幻灯片在放映模式下以平缓的形式显现出来。下面介绍应用淡出切换操作的方法。

| | 素材文件 | 光盘\素材\第 12 章\12.2.1.pptx |
|---|---|---|
| | 效果文件 | 光盘\效果\第 12 章\12.2.1.pptx |
| | 视频文件 | 光盘\视频\第 12 章\12.2.1 应用淡出切换操作.mp4 |

【操练 + 视频】——应用淡出切换操作

STEP 01 在 PowerPoint 2016 工作界面中打开一个素材文件，如图 12-37 所示。

STEP 02 切换至"切换"面板，在"切换到此幻灯片"选项板中单击"其他"下拉按钮 ▼，在弹出下拉列表的"细微型"选项区中，选择"淡出"选项，如图 12-38 所示。

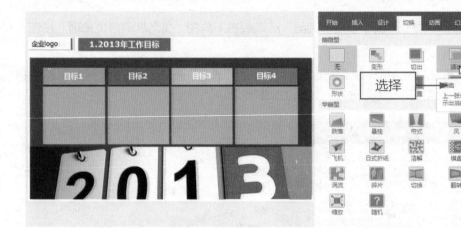

图 12-37 打开素材文件　　　　　　　　　　图 12-38 选择"淡出"选项

STEP 03 执行操作后，即可添加淡出切换效果。在"预览"选项板中单击"预览"按钮，预览淡出切换效果，如图 12-39 所示。

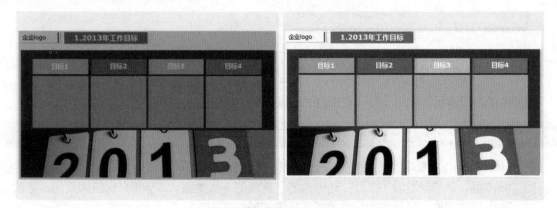

图 12-39 预览淡出切换效果

## 12.2.2 应用溶解切换操作

在 PowerPoint 2016 中，为某一张幻灯片设置溶解切换效果以后，该幻灯片在放映时将以许多小正方形的形式显现出来。下面介绍应用溶解切换操作的方法。

| | 素材文件 | 光盘 \ 素材 \ 第 12 章 \12.2.2.pptx |
|---|---|---|
| | 效果文件 | 光盘 \ 效果 \ 第 12 章 \12.2.2.pptx |
| | 视频文件 | 光盘 \ 视频 \ 第 12 章 \12.2.2 应用溶解切换操作 .mp4 |

**【操练 + 视频】——应用溶解切换操作**

**STEP 01** 在 PowerPoint 2016 工作界面中打开一个素材文件，如图 **12-40** 所示。

**STEP 02** 切换至"切换"面板，在"切换到此幻灯片"选项区中，单击"其他"下拉按钮，在弹出下拉列表的"华丽型"选项区中，选择"溶解"选项，如图 **12-41** 所示。

图 12-40 打开素材文件          图 12-41 选择"溶解"选项

**STEP 03** 执行操作后，即可添加溶解切换效果。在"预览"选项板中单击"预览"按钮，预览溶解切换效果，如图 **12-42** 所示。

图 12-42 预览溶解切换效果

### 12.2.3 应用摩天轮切换操作

摩天轮效果是指幻灯片在放映时整张幻灯片在淡出的同时幻灯片中的其他对象以摩天轮旋转的方式显示出来。下面介绍应用摩天轮切换操作的方法。

| | | |
|---|---|---|
| 素材文件 | 光盘 \ 素材 \ 第 12 章 \12.2.3.pptx | |
| 效果文件 | 光盘 \ 效果 \ 第 12 章 \12.2.3.pptx | |
| 视频文件 | 光盘 \ 视频 \ 第 12 章 \12.2.3 应用摩天轮切换操作 .mp4 | |

【操练 + 视频】——应用摩天轮切换操作

STEP 01 在 PowerPoint 2016 工作界面中打开一个素材文件，如图 12-43 所示。

STEP 02 切换至"切换"面板，单击"切换到此幻灯片"选项板中的"其他"下拉按钮 ，在弹出下拉列表的"动态内容"选项区中选择"摩天轮"选项，如图 12-44 所示。

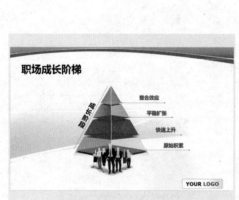

图 12-43 打开素材文件　　　　　　　　　图 12-44 选择"摩天轮"选项

STEP 03 执行操作后，即可添加摩天轮切换效果。在"预览"选项板中单击"预览"按钮，预览摩天轮切换效果，如图 12-45 所示。

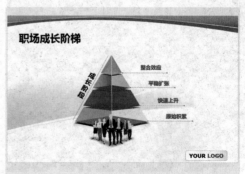

图 12-45 预览摩天轮切换效果

## 12.2.4  应用蜂巢切换操作

在 PowerPoint 2016 中，蜂巢切换效果是指运用该切换效果的幻灯片在放映时以小六边形的样式由少到多逐渐显示整张幻灯片。下面介绍应用蜂巢切换操作的方法。

| 素材文件 | 光盘 \ 素材 \ 第 12 章 \12.2.4.pptx |
|---|---|
| 效果文件 | 光盘 \ 效果 \ 第 12 章 \12.2.4.pptx |
| 视频文件 | 光盘 \ 视频 \ 第 12 章 \12.2.4 应用蜂巢切换操作 .mp4 |

**【操练 + 视频】——应用蜂巢切换操作**

STEP 01 在 PowerPoint 2016 工作界面中打开一个素材文件，如图 12-46 所示。

STEP 02 切换至"切换"面板，单击"切换到此幻灯片"选项板中的"其他"下拉按钮，在弹出下拉列表的"华丽型"选项区中选择"蜂巢"选项，如图 12-47 所示。

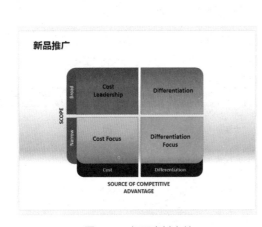

图 12-46 打开素材文件

图 12-47 选择"蜂巢"选项

STEP 03 执行操作后，即可添加蜂巢切换效果。在"预览"选项板中单击"预览"按钮，预览蜂巢切换效果，如图 12-48 所示。

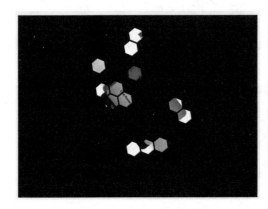
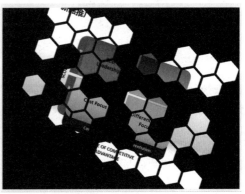

图 12-48 预览蜂巢切换效果

专家指点

　　在 PowerPoint 2016 中，演示文稿中的幻灯片也可运用同一种方式设置其动画切换效果。其操作为：用户单击"计时"选项区中的"全部应用"按钮，即可将所有幻灯片都应用同一种切换方式。

## 12.2.5 编辑切换效果选项

　　在 PowerPoint 2016 中添加相应的切换效果以后，可以在"效果选项"下拉列表中选择合适的切换方向。下面介绍编辑切换效果选项操作的方法。

| 素材文件 | 光盘 \ 素材 \ 第 12 章 \12.2.5.pptx |
| --- | --- |
| 效果文件 | 光盘 \ 效果 \ 第 12 章 \12.2.5.pptx |
| 视频文件 | 光盘 \ 视频 \ 第 12 章 \12.2.5 编辑切换效果选项 .mp4 |

【操练 + 视频】——编辑切换效果选项

STEP 01 在 PowerPoint 2016 工作界面中打开一个素材文件，如图 12-49 所示。

STEP 02 单击"切换"标签，切换至"切换"面板，单击"切换到此幻灯片"选项板中的"其他"下拉按钮，在弹出下拉列表的"华丽型"选项区中选择"库"选项，如图 12-50 所示。

图 12-49 打开素材文件

图 12-50 选择"库"选项

STEP 03 执行操作后，即可添加切换效果，单击"切换到此幻灯片"选项板中的"效果选项"下拉按钮，如图 12-51 所示。

STEP 04 在弹出的下拉列表中选择"自左侧"选项，如图 12-52 所示。

STEP 05 执行操作后，即可设置效果选项。单击"预览"选项板中的"预览"按钮，预览动画效果，如图 12-53 所示。

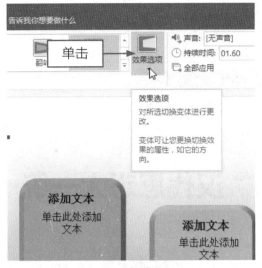

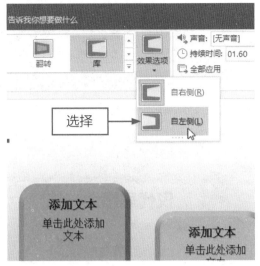

图 12-51 单击"效果选项"下拉按钮　　　　　　图 12-52 选择"自左侧"选项

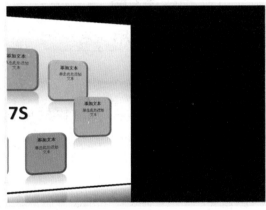

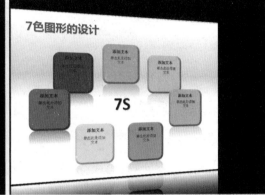

图 12-53 预览动画效果

## ▶ 12.3 设置演示文稿超链接

　　超链接是指向特定位置或文件的一种链接方式。运用超链接可以指定程序的跳转位置，当放映幻灯片时就可以在添加了动作的按钮或者超链接的文本上单击鼠标左键，程序将自动跳至指定的幻灯片页面。本节主要介绍插入、删除、修改超链接，以及演示文稿的超链接格式编辑和跳转等的操作方法。

### ☑ 12.3.1 应用插入超链接操作

　　在 PowerPoint 2016 中放映演示文稿时，为了方便切换到目标幻灯片中，可以在演示文稿中插入超链接。下面介绍应用插入超链接操作的方法。

| 素材文件 | 光盘 \ 素材 \ 第 12 章 \12.3.1.pptx |
| 效果文件 | 光盘 \ 效果 \ 第 12 章 \12.3.1.pptx |
| 视频文件 | 光盘 \ 视频 \ 第 12 章 \12.3.1 应用插入超链接操作 .mp4 |

【操练 + 视频】——应用插入超链接操作

STEP 01 在 PowerPoint 2016 工作界面中打开一个素材文件，如图 12-54 所示。

STEP 02 在编辑区中选择"背景"文本对象，如图 12-55 所示。

图 12-54 打开素材文件　　　　　　　　　图 12-55 选择文本对象

STEP 03 切换至"插入"面板，在"链接"选项板中单击"超链接"按钮，如图 12-56 所示。

STEP 04 弹出"插入超链接"对话框，在"链接到"列表中单击"本文档中的位置"按钮，如图 12-57 所示。

图 12-56 单击"超链接"按钮　　　　　图 12-57 单击"本文档中的位置"按钮

专家指点

　　除了运用以上方法打开"插入超链接"对话框以外，还可以在选中的文本对象上单击鼠标右键，然后在弹出的快捷菜单中选择"超链接"选项，即可弹出"插入超链接"对话框。

**STEP 05** 在"请选择文档中的位置"选项区中的"幻灯片标题"下方选择"幻灯片 2"选项，如图 12-58 所示。

**STEP 06** 执行操作后，单击"确定"按钮，即可在幻灯片中为选择的文本插入超链接，如图 12-59 所示。

图 12-58 选择"幻灯片 2"选项                    图 12-59 插入超链接

**STEP 07** 采用同样的方法，为演示文稿幻灯片中的其他内容添加超链接，如图 12-60 所示。

图 12-60 最终效果

### 12.3.2 应用删除超链接操作

在 PowerPoint 2016 中，可以通过单击"链接"选项板中的"超链接"按钮来达到删除超链接的目的。下面介绍应用删除超链接操作的方法。

| 素材文件 | 光盘 \ 素材 \ 第 12 章 \12.3.2.pptx |
|---|---|
| 效果文件 | 光盘 \ 效果 \ 第 12 章 \12.3.2.pptx |
| 视频文件 | 光盘 \ 视频 \ 第 12 章 \12.3.5 应用删除超链接操作 .mp4 |

**【操练 + 视频】——应用删除超链接操作**

**STEP 01** 在 PowerPoint 2016 工作界面中打开一个素材文件，如图 12-61 所示。

**STEP 02** 在编辑区中选择"自主学习目标"文本对象，如图 12-62 所示。

图 12-61 打开素材文件　　　　　　　　　图 12-62 选择文本对象

**STEP 03** 切换至"插入"面板，在"链接"选项板中单击"超链接"按钮，如图 12-63 所示。

**STEP 04** 弹出"编辑超链接"对话框，单击"删除链接"按钮，如图 12-64 所示。

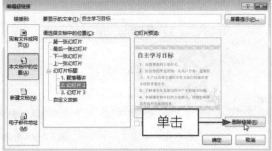

图 12-63 单击"超链接"按钮　　　　　　图 12-64 单击"删除链接"按钮

**STEP 05** 执行操作后，即可删除超链接，如图 12-65 所示。

**STEP 06** 采用同样的方法，为演示文稿幻灯片中的其他内容删除超链接，如图 12-66 所示。

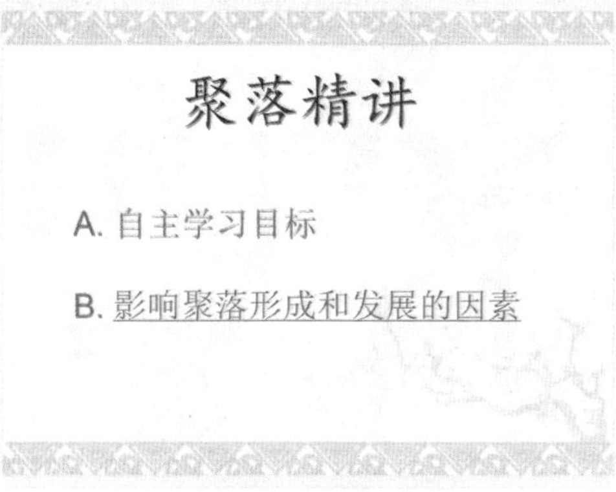

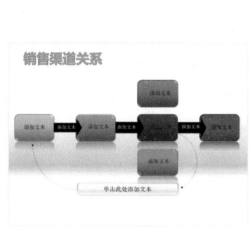

図 12-65　删除超链接 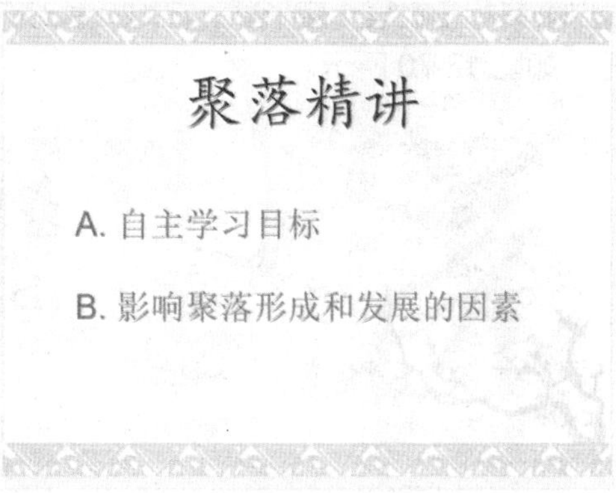　　　　　　　　　图 12-66　最终效果

### 12.3.3　应用插入动作按钮操作

　　动作按钮是一种带有特定动作的图形按钮，应用这些按钮可以快速实现在放映幻灯片时跳转的目的。下面介绍应用插入动作按钮操作的方法。

|  | 素材文件 | 光盘 \ 素材 \ 第 12 章 \12.3.3.pptx |
|---|---|---|
| | 效果文件 | 光盘 \ 效果 \ 第 12 章 \12.3.3.pptx |
| | 视频文件 | 光盘 \ 视频 \ 第 12 章 \12.3.3 应用插入动作按钮操作 .mp4 |

**【操练＋视频】——应用插入动作按钮操作**

**STEP 01** 在 PowerPoint 2016 工作界面中打开一个素材文件，如图 12-67 所示。

**STEP 02** 切换至"插入"面板，在"插图"选项板中单击"形状"下拉按钮，如图 12-68 所示。

图 12-67　打开素材文件 　　　　　　　　　图 12-68　单击"形状"下拉按钮

　　**STEP 03** 在弹出下拉列表的"动作按钮"选项区中选择"动作按钮：前进或下一项"选项，如图 12-69 所示。

**STEP 04** 鼠标指针呈十字形状，在幻灯片的右下角绘制图形后释放鼠标左键，弹出"操作设置"对话框，如图 12-70 所示。

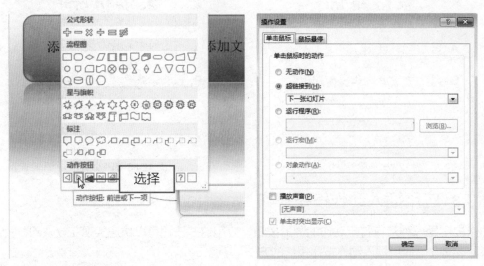

图 12-69 选择"动作按钮：前进或下一项"选项　　　　　图 12-70 "操作设置"对话框

**STEP 05** 采用默认设置，单击"确定"按钮，即可插入形状，并调整形状的大小和位置，如图 12-71 所示。

**STEP 06** 选中添加的动作按钮，单击"切换"标签，切换至"绘图工具"中的"格式"面板，如图 12-72 所示。

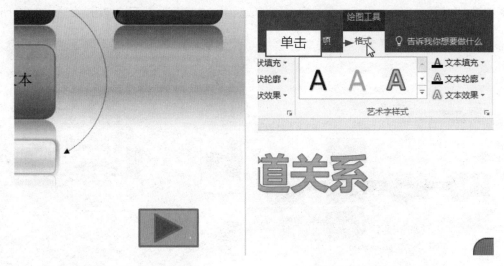

图 12-71 插入和调整形状　　　　　　　　　图 12-72 单击"切换"标签

**STEP 07** 在"形状样式"选项板中单击"其他"下拉按钮 ，在弹出的下拉列表中选择"填充：青绿，着色 1；阴影"选项，如图 12-73 所示。

**STEP 08** 执行操作后，即可设置动作按钮，如图 12-74 所示。

图 12-73 选择相应选项

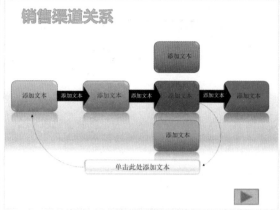

图 12-74 设置动作按钮

动作与超链接的区别：超链接是将幻灯片中的某一部分与另一部分链接起来，它可以与本文档中的幻灯片链接，也可以链接到其他文件；插入动作只能与指定的幻灯片进行链接，它突出的是完成某一个动作。

## 12.3.4 应用修改超链接操作

在选中已设置的超链接对象上单击鼠标右键，即可进入"编辑超链接"对话框，在此对话框中可以进行修改与编辑超链接操作。下面介绍应用修改超链接操作的方法。

| | 素材文件 | 光盘 \ 素材 \ 第 12 章 \12.3.4.pptx |
|---|---|---|
| | 效果文件 | 光盘 \ 效果 \ 第 12 章 \12.3.4.pptx |
| | 视频文件 | 光盘 \ 视频 \ 第 12 章 \12.3.4 应用修改超链接操作 .mp4 |

【操练 + 视频】——应用修改超链接操作

STEP 01 在 PowerPoint 2016 工作界面中打开一个素材文件，如图 12-75 所示。

STEP 02 在演示文稿的幻灯片编辑区中选择需要应用修改超链接操作的文本对象，如图 12-76 所示。

STEP 03 切换至"插入"面板，在"链接"选项板中单击"超链接"按钮，如图 12-77 所示。

STEP 04 弹出"编辑超链接"对话框，在"请选择文档中的位置"选项区中选择"幻灯片 2"选项，如图 12-78 所示。

STEP 05 单击"确定"按钮，即可更改链接目标。在放映演示文稿时，只需单击幻灯片中的动作对象，即可跳转到链接的新幻灯片中，如图 12-79 所示。

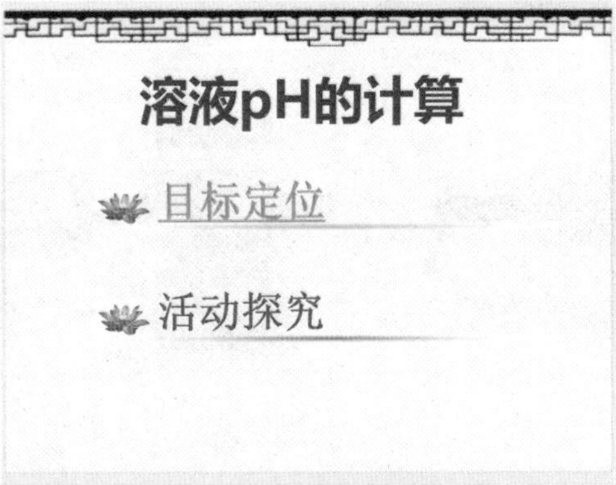

图 12-75 打开素材文件

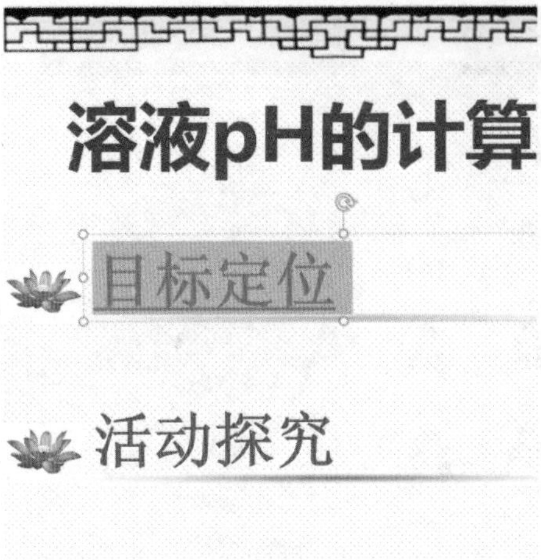

图 12-76 选择文本对象

图 12-77 单击"超链接"按钮

图 12-78 选择"幻灯片 2"选项

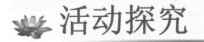

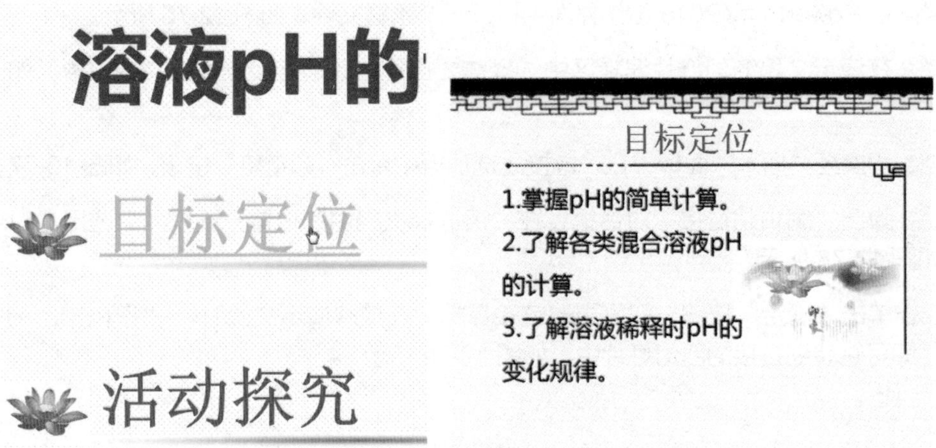

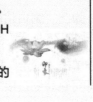

图 12-79 修改超链接效果

在"请选择文档中的位置"列表中选择相应的幻灯片选项以后，在右侧的"幻灯片预览"列表中将出现链接的新对象缩略图，可以在其中进行查看和确认链接对象的正确性。

## 12.3.5 应用新建超链接格式

在 PowerPoint 2016 中，在为幻灯片中的文本设置超链接以后，同样可以为超链接设置格式，以达到美化超链接的目的。下面介绍应用新建超链接格式的操作方法。

| | 素材文件 | 光盘 \ 素材 \ 第 12 章 \12.3.5.pptx |
|---|---|---|
| | 效果文件 | 光盘 \ 效果 \ 第 12 章 \12.3.5.pptx |
| | 视频文件 | 光盘 \ 视频 \ 第 12 章 \12.3.5 应用新建超链接格式 .mp4 |

【操练 + 视频】——应用新建超链接格式

**STEP 01** 在 PowerPoint 2016 工作界面中打开一个素材文件，如图 12-80 所示。

**STEP 02** 在编辑区中选择需要设置超链接格式的文本对象，如图 12-81 所示。

图 12-80 打开素材文件　　　　　　　图 12-81 选择文本对象

**STEP 03** 单击"绘图工具"中的"格式"标签，切换至 "格式"面板，如图 12-82 所示。

**STEP 04** 在"艺术字样式"选项板中单击"其他"下拉按钮，如图 12-83 所示。

**STEP 05** 在弹出的下拉列表框中，选择相应的选项，如图 12-84 所示。

**STEP 06** 在"艺术字样式"选项板中单击"文本效果"下拉按钮，如图 12-85 所示。

**STEP 07** 执行操作后，在弹出的下拉列表中选择"发光" |"发光，5 pt；青绿，主题色 1"选项，如图 12-86 所示。

**STEP 08** 执行操作后，即可设置超链接格式，如图 12-87 所示。

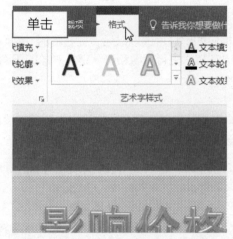

图 12-82 单击"格式"标签

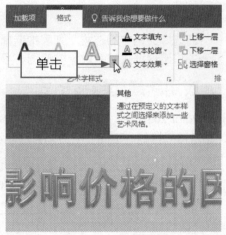

图 12-83 单击"其他"下拉按钮

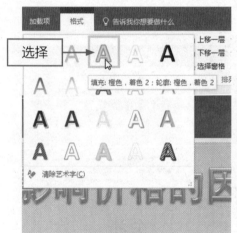

图 12-84 选择相应选项

图 12-85 单击"文本效果"下拉按钮

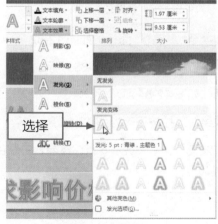

图 12-86 选择相应选项

图 12-87 设置超链接格式

## 12.3.6 应用演示文稿跳转操作

在 PowerPoint 2016 中，可以在选择的幻灯片对象上添加超链接到文件或其他演示文稿中。下面介绍应用演示文稿跳转操作的方法。

| 素材文件 | 光盘 \ 素材 \ 第 12 章 \ 12.3.6（1）.pptx、12.3.6（2）.pptx |
|---|---|
| 效果文件 | 光盘 \ 效果 \ 第 12 章 \12.3.6.pptx |
| 视频文件 | 光盘 \ 视频 \ 第 12 章 \12.3.6 应用演示文稿跳转操作 .mp4 |

**【操练 + 视频】——应用演示文稿跳转操作**

**STEP 01** 在 PowerPoint 2016 工作界面中打开一个素材文件，如图 12-88 所示。

**STEP 02** 在编辑区中选择需要进行超链接的文本对象，如图 12-89 所示。

图 12-88 打开素材文件

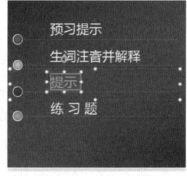

图 12-89 选择文本对象

**STEP 03** 切换至"插入"面板，在"链接"选项板中单击"超链接"按钮，弹出"插入超链接"对话框，如图 12-90 所示。

**STEP 04** 在"链接到"选项区中单击"现有文件或网页"按钮，在"查找范围"下拉列表框中选择需要链接演示文稿的位置，选择相应的演示文稿，如图 12-91 所示。

图 12-90 "插入超链接"对话框

图 12-91 选择链接演示文稿

**STEP 05** 单击"确定"按钮，即可插入超链接。切换至"幻灯片放映"面板，在"开始放映幻灯片"选项板中单击"从头开始"按钮，将鼠标指针移至"提示"文本对象上，如图 12-92 所示指针呈🖑形状。

**STEP 06** 在文本上单击鼠标左键，即可链接到相应的演示文稿，如图 12-93 所示。

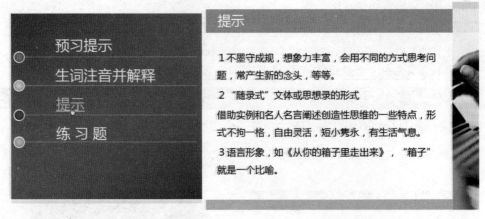

图 12-92 定位鼠标　　　　　　　　　图 12-93 插入超链接

**专家指点**

只有在幻灯片中的对象才能添加超链接，讲义和备注等内容不能添加超链接。添加或修改超链接的操作只有在普通视图中的幻灯片中才能进行编辑。

### 12.3.7 设置跳转到电子邮件

在幻灯片中可以加入电子邮件的链接，在放映幻灯片时可以直接发送到对方的邮箱中。下面介绍链接到电子邮件的操作方法。

在打开的演示文稿中选中需要设置超链接的文本对象，如图 12-94 所示。切换至"插入"面板，在"链接"选项板中单击"超链接"按钮，弹出"插入超链接"对话框。在"插入超链接"对话框中选择"电子邮件地址"选项，在"电子邮件地址"文本框中输入邮件地址，然后在"主题"文本框中输入演示文稿的主题，单击"确定"按钮即可。

图 12-94 选择文本对象

### 12.3.8 应用跳转到网页操作

还可以在幻灯片中加入指向 Internet 的链接，在放映幻灯片时可直接打开网页。下面介绍链接到网页的操作方法。

在打开的演示文稿中选中需要超链接的文本对象，如图 12-95 所示。切换至"插入"面板，单击"超链接"按钮，弹出"插入超链接"对话框，选择"原有文件或网页"链接类型，在"地址"文本框中输入网页地址，单击"确定"按钮即可。

图 12-95 选择文本对象

### 12.3.9 设置跳转到新建文档

还可以添加超链接到新建的文档，在打开的"插入超链接"对话框中单击"新建文档"按钮，如图 12-96 所示，在"新建文档名称"文本框中输入名称，单击"更改"按钮，即可更改文件路径，单击"确定"按钮，即可链接到新建文档。

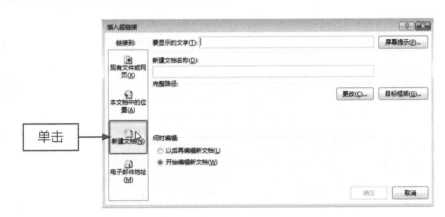

图 12-96 单击"新建文档"按钮

# CHAPTER 13

## 优化成品演示文稿：放映、输出与打印

商务培训

《南部之子》

《南部之子》是一首由路易斯.阿姆斯特朗演奏并演唱的爵士音乐。乐曲速度稍快，表达演奏者愉悦的心情。

## 章前知识导读

在 PowerPoint 2016 中，可以将制作好的演示文稿中的部分幻灯片、讲义、备注页和大纲等打印出来。本章主要向读者介绍编辑演示文稿放映方式，选择幻灯片放映方法，以及输出、编辑和打印演示文稿等内容。

## 新手重点索引

- 编辑文稿放映方式
- 选择文稿放映方法
- 输出演示文稿操作
- 编辑与打印演示文稿

# ▶ 13.1 编辑文稿放映方式

在 PowerPoint 提供了多种演示文稿的放映方式中，最常用的是幻灯片页面的演示控制。制作好演示文稿后，需要查看制作好的成果，或让观众欣赏制作出的演示文稿，此时可以通过放映幻灯片来观看幻灯片的总体效果。本节主要介绍应用演讲者放映，应用观众自行浏览，应用展台浏览放映，应用循环放映，以及设置手动放映换片等操作。

## ▨ 13.1.1 应用演讲者放映方式

演讲者放映方式可全屏显示幻灯片，在演讲者自行播放时都具有完整的控制权，不仅可以采用人工或自动方式放映，还可以将演示文稿暂停，并能添加更多的细节或对其错误之处进行修改。下面介绍应用演讲者放映方式的操作方法。

| | 素材文件 | 光盘 \ 素材 \ 第 13 章 \13.1.1.pptx |
|---|---|---|
| | 效果文件 | 光盘 \ 效果 \ 第 13 章 \13.1.1.pptx |
| | 视频文件 | 光盘 \ 视频 \ 第 13 章 \13.1.1 应用演讲者放映方式 .mp4 |

**【操练 + 视频】——应用演讲者放映方式**

STEP 01 在 PowerPoint 2016 工作界面中打开一个素材文件，如图 13-1 所示。

STEP 02 切换至"幻灯片放映"面板，单击"设置"选项板中的"设置幻灯片放映"按钮，如图 13-2 所示。

图 13-1 打开素材文件

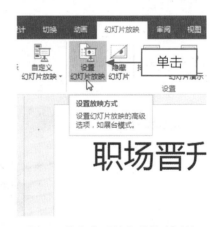

图 13-2 单击"设置幻灯片放映"按钮

**专家指点**

选中"演讲者放映（全屏幕）"单选按钮，可以全屏显示幻灯片，演讲者可以完全掌控幻灯片放映。

STEP 03 弹出"设置放映方式"对话框，在"放映类型"选项区中选中"演讲者放映（全屏幕）"单选按钮，如图 13-3 所示。

STEP 04 单击"确定"按钮，在"开始放映幻灯片"选项板中单击"从头开始"按钮，如图 13-4 所示，即可开始放映幻灯片。

图 13-3 选中相应的单选按钮

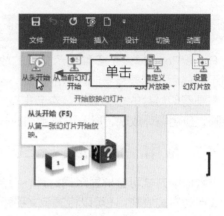

图 13-4 单击"从头开始"按钮

## 13.1.2 应用观众自行浏览方式

观众自行浏览方式是在标准窗口中放映幻灯片,通过底部的"上一张"和"下一张"按钮可选择放映的幻灯片。下面介绍应用观众自行浏览方式的操作方法。

| | 素材文件 | 光盘\素材\第 13 章\13.1.2.pptx |
|---|---|---|
| | 效果文件 | 光盘\效果\第 13 章\13.1.2.pptx |
| | 视频文件 | 光盘\视频\第 13 章\13.1.2 应用观众自行浏览方式.mp4 |

【操练+视频】——应用观众自行浏览方式

STEP 01 在 PowerPoint 2016 工作界面中打开一个素材文件,如图 13-5 所示。

STEP 02 切换至"幻灯片放映"面板,单击"设置"选项板中的"设置幻灯片放映"按钮,如图 13-6 所示。

图 13-5 打开素材文件

图 13-6 单击"设置幻灯片放映"按钮

STEP 03 弹出"设置放映方式"对话框,在"放映类型"选项板中选中"观众自行浏览(窗口)"单选按钮,如图 13-7 所示。

STEP 04 单击"确定"按钮,单击"开始放映幻灯片"选项板中的"从当前幻灯片开始"按钮,即可放映幻灯片,如图 13-8 所示。

图 13-7 "设置放映方式"对话框

图 13-8 单击"从当前幻灯片开始"按钮

## 13.1.3 应用展台浏览放映方式

设置为展台浏览方式后，幻灯片将自动运行全屏幻灯片放映，并且循环放映演示文稿。在放映过程中，除了保留鼠标指针用于选择屏幕对象放映外，其他功能全部失效，按【Esc】键可终止放映。

在 PowerPoint 2016 工作界面中打开一个素材文件，如图 13-9 所示。

单击"幻灯片放映"标签，切换至"幻灯片放映"面板，单击"设置"选项区中的"设置幻灯片放映"按钮，弹出"设置放映方式"对话框。在"放映类型"选项区中选中"在展台浏览（全屏幕）"单选按钮，如图 13-10 所示，单击"确定"按钮，即可对幻灯片放映方式进行更改。

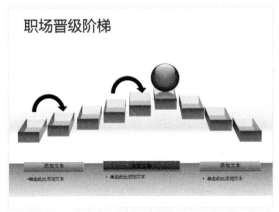

图 13-9 打开素材文件

图 13-10 选中"在展台浏览（全屏幕）"单选按钮

**专家指点**

在运用展台浏览方式放映幻灯片时，是无法通过鼠标手动放映幻灯片的，但可以通过单击超链接和动作按钮来进行切换。在展览会或会议中运行演示文稿时，若无人管理幻灯片放映，适合运用这种方式。

### 13.1.4 应用循环放映方式

设置循环放映幻灯片，只需打开"设置放映方式"对话框，在"放映选项"选项区中选中"循环放映，按 Esc 键终止"复选框，如图 13-11 所示，即可设置循环放映。

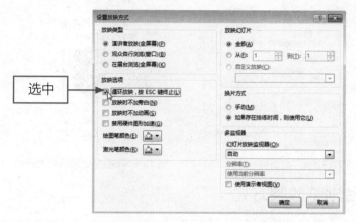

图 13-11 选中"循环放映，按 Esc 键终止"复选框

### 13.1.5 设置手动放映换片方式

在"设置放映方式"对话框中，还可以使用"换片方式"选项区中的选项来指定如何从一张幻灯片移动到另一张幻灯片。只需打开"设置放映方式"对话框，在"换片方式"选项区中设定幻灯片放映时的换片方式，如选中"手动"单选按钮，如图 13-12 所示，单击"确定"按钮即可。

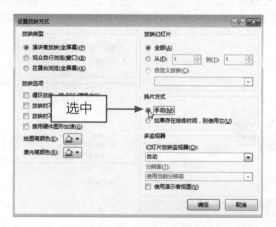

图 13-12 选中"手动"单选按钮

## 13.2 选择文稿放映方法

在 PowerPoint 中启动幻灯片放映就是打开要放映的演示文稿，在"幻灯片放映"面板中执行操作来启动幻灯片的放映。启动放映的方法有 3 种：第 1 种是从头开始放映幻灯片，第 2 种是从当前幻灯片开始播放，第 3 种是自定义幻灯片放映。本节主要介绍从头开始放映，从当前幻灯片开始放映，以及定义幻灯片放映等的操作方法。

## 13.2.1 从头开始放映方法

如果希望在演示文稿中从第 1 张开始依次进行幻灯片放映，可以按【F5】键或单击"开始放映幻灯片"选项板中的"从头开始"按钮。下面介绍从头开始放映幻灯片的操作方法。

| 素材文件 | 光盘 \ 素材 \ 第 13 章 \13.2.1.pptx |
|---|---|
| 效果文件 | 无 |
| 视频文件 | 光盘 \ 视频 \ 第 13 章 \13.2.1 从头开始放映方法 .mp4 |

**【操练+视频】——从头开始放映方法**

STEP 01 在 PowerPoint 2016 工作界面中打开一个素材文件，如图 13-13 所示。

STEP 02 切换至"幻灯片放映"面板，单击"开始放映幻灯片"选项板中的"从头开始"按钮，如图 13-14 所示。

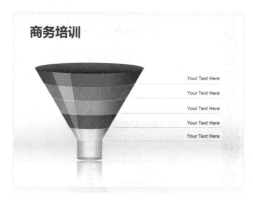

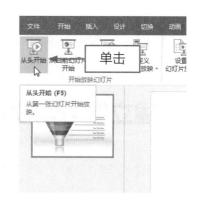

图 13-13 打开素材文件　　　　　图 13-14 单击"从头开始"按钮

STEP 03 执行操作后，即可从头开始放映幻灯片，如图 13-15 所示。

图 13-15 放映幻灯片

**专家指点**

如果是从桌面上打开的放映文件，放映退出时 PowerPoint 会自动关闭并返回桌面上。如果是从 PowerPoint 系统中启动，放映退出时演示文稿仍会保持打开状态，并可对其进行编辑。

## 13.2.2 从当前幻灯片开始放映方法

若需要从当前选择的幻灯片处开始放映，可以按【Shift + F5】组合键，或单击"开始放映幻灯片"选项板中的"从当前幻灯片开始"按钮。下面介绍从当前幻灯片开始放映的操作方法。

| 素材文件 | 光盘 \ 素材 \ 第 13 章 \13.2.2.pptx |
| --- | --- |
| 效果文件 | 无 |
| 视频文件 | 光盘 \ 视频 \ 第 13 章 \13.2.2 从当前幻灯片开始放映方法 .mp4 |

【操练 + 视频】——从当前幻灯片开始放映方法

STEP 01 在 PowerPoint 2016 工作界面中打开一个素材文件，如图 13-16 所示。

STEP 02 进入第 2 张幻灯片，然后切换至"幻灯片放映"面板，单击"开始放映幻灯片"选项板中的"从当前幻灯片开始"按钮，如图 13-17 所示。

图 13-16 打开素材文件

图 13-17 单击"从当前幻灯片开始"按钮

STEP 03 执行操作后，即可从当前幻灯片处开始放映，如图 13-18 所示。

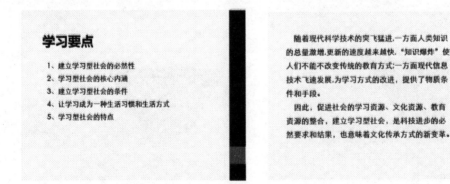

图 13-18 放映幻灯片

## 13.2.3 自定义幻灯片放映方法

自定义幻灯片放映是按设定的顺序进行播放，而不会按顺序依次放映每一种幻灯片。可在"定义自定义放映"对话框中设置幻灯片的放映顺序。下面介绍自定义幻灯片放映的操作方法。

| 素材文件 | 光盘\素材\第13章\13.2.3.pptx |
|---|---|
| 效果文件 | 无 |
| 视频文件 | 光盘\视频\第13章\13.2.3 自定义幻灯片放映方法.mp4 |

**【操练+视频】——自定义幻灯片放映方法**

STEP 01 在 PowerPoint 2016 工作界面中打开一个素材文件，如图 13-19 所示。

STEP 02 切换至"幻灯片放映"面板，单击"开始放映幻灯片"选项板中的"自定义幻灯片放映"下拉按钮，在弹出的下拉列表中选择"自定义放映"选项，如图 13-20 所示。

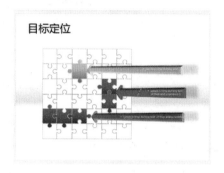

图 13-19 打开素材文件

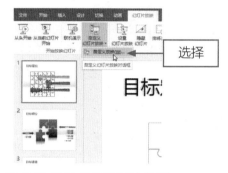

图 13-20 选择"自定义放映"选项

STEP 03 弹出"自定义放映"对话框，单击"新建"按钮，如图 13-21 所示。

STEP 04 弹出"定义自定义放映"对话框，在"在演示文稿中的幻灯片"列表中选中"幻灯片 2"复选框，单击"添加"按钮，如图 13-22 所示。

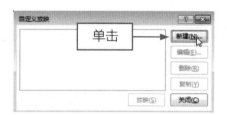

图 13-21 单击"新建"按钮

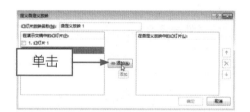

图 13-22 单击"添加"按钮

STEP 05 采用同样的方法，依次选中"幻灯片 3"、"幻灯片 1"复选框，添加相应的幻灯片，如图 13-23 所示。

STEP 06 选择"幻灯片 3"选项，单击右侧的"向上"按钮，如图 13-24 所示，将"幻灯片 3"移至"幻灯片 2"上方。

图 13-23 添加幻灯片

图 13-24 单击"向上"按钮

**STEP 07** 单击"确定"按钮，返回"自定义放映"对话框。单击"放映"按钮，即可按自定义幻灯片顺序进行放映，如图 13-25 所示。

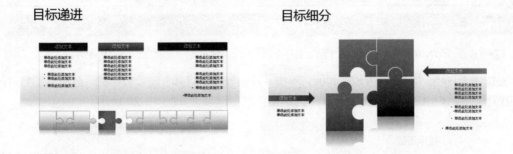

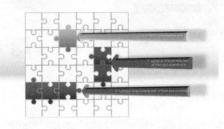

图 13-25 放映幻灯片

**专家指点**

如果需要将添加的幻灯片向后调整位置，可以单击"向下"按钮 ↓ 进行调整。

## ▶ 13.3 输出演示文稿操作

PowerPoint 2016 提供了多种保存与输出演示文稿的方法。用户可以将制作出来的演示文稿输出为多种样式，如将演示文稿打包，以网页、文件的形式输出等。本节主要介绍 CD 打包方式输出，作为图形文件输出，以及作为放映文件输出等操作方法。

### ◢ 13.3.1 CD 打包方式输出

要在没有安装 PowerPoint 的电脑上运行演示文稿，则需要 PowerPoint Viewer 的支持。

在默认情况下，在安装 PowerPoint 时将自动安装 PowerPoint Viewer，因此可以直接使用"将演示文稿打包 CD"功能，从而将演示文稿以特殊的形式复制到可刻录光盘、网络或本地磁盘驱动器中，并在其中集成一个 PowerPoint Viewer，以便在任何电脑上都能进行演示。下面介绍 CD 打包方式输出的操作方法。

| | 素材文件 | 光盘 \ 素材 \ 第 13 章 \13.3.1.pptx |
|---|---|---|
| | 效果文件 | 光盘 \ 效果 \ 第 13 章 \13.3.1 文件夹 |
| | 视频文件 | 光盘 \ 视频 \ 第 13 章 \13.3.1 CD 打包方式输出 .mp4 |

**STEP 01** 在 PowerPoint 2016 工作界面中打开一个素材文件，如图 13-26 所示。

**STEP 02** 单击"文件"|"导出"|"将演示文稿打包成 CD"|"打包成 CD"命令，如图 13-27 所示。

图 13-26 打开素材文件

图 13-27 单击"打包成 CD"命令

**STEP 03** 弹出"打包成 CD"对话框，单击"复制到文件夹"按钮，如图 13-28 所示。

**STEP 04** 弹出"复制到文件夹"对话框，单击"浏览"按钮，如图 13-29 所示。

图 13-28 单击"复制到文件夹"按钮

图 13-29 单击"浏览"按钮

**STEP 05** 弹出"选择位置"对话框，选择需要保存的位置，如图 13-30 所示。

**STEP 06** 单击"选择"按钮，返回"复制到文件夹"对话框，单击"确定"按钮，如图 13-31 所示。

图 13-30 选择保存位置

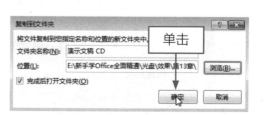

图 13-31 "复制到文件夹"对话框

STEP 07 在弹出的提示信息框中单击"是"按钮，如图 13-32 所示。

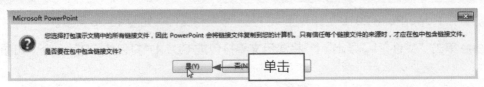

图 13-32 单击"是"按钮

STEP 08 弹出"正在将文件复制到文件夹"对话框，待演示文稿中的文件复制完成后单击"打包成 CD"对话框中的"关闭"按钮，即可完成演示文稿的打包操作。在保存位置可查看打包 CD 的文件，如图 13-33 所示，。

图 13-33 查看演示文稿的打包文件

## 13.3.2 作为图形文件输出

PowerPoint 2016 支持将演示文稿中的幻灯片输出为 GIF、JPG、TIFF、BMP、PNG 以及 WMF 等格式的图形文件。下面介绍作为图形文件输出的操作方法。

| | 素材文件 | 光盘 \ 素材 \ 第 13 章 \13.3.2.pptx |
|---|---|---|
| | 效果文件 | 光盘 \ 效果 \ 第 13 章 \13.3.2 文件夹 |
| | 视频文件 | 光盘 \ 视频 \ 第 13 章 \13.3.2 作为图形文件输出 .mp4 |

【操练 + 视频】——作为图形文件输出

STEP 01 在 PowerPoint 2016 工作界面中打开一个素材文件，如图 13-34 所示。

STEP 02 单击"文件"|"导出"|"更改文件类型"命令，如图 13-35 所示。

图 13-34 打开素材文件

图 13-35 单击"更改文件类型"命令

**STEP 03** 在"更改文件类型"列表框中的"图片文件类型"选项区中双击"JPEG 文件交换格式"选项，如图 13-36 所示。

**STEP 04** 弹出"另存为"对话框，如图 13-37 所示。

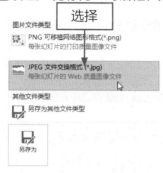

图 13-36 选择"JPEG 文件交换格式"选项　　　　图 13-37　"另存为"对话框

**STEP 05** 选择相应的文件保存类型，如图 13-38 所示。

**STEP 06** 单击"保存"按钮，弹出提示信息框，单击"所有幻灯片"按钮，如图 13-39 所示。

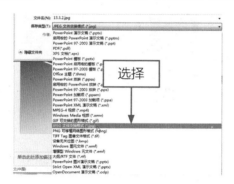

图 13-38 选择文件保存类型　　　　　　　　　　图 13-39 单击"所有幻灯片"按钮

**STEP 07** 弹出提示信息框，单击"确定"按钮，如图 13-40 所示。

**STEP 08** 执行操作后，即可输出演示文稿为图形文件。打开所存储的文件夹，即可查看文件夹中输出的图像文件，如图 13-41 所示。

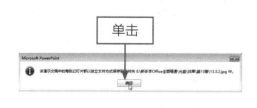

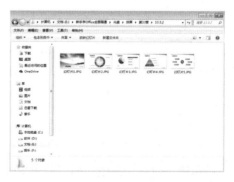

图 13-40 单击"确定"按钮　　　　　　　　　　　图 13-41 查看图像文件

### 13.3.3 作为放映文件输出

在 PowerPoint 中经常用到的输出格式还有幻灯片放映文件格式。幻灯片放映是将演示文稿保存为总是以幻灯片放映的形式打开的演示文稿，每当打开该类型的文件，PowerPoint 2016 将自动切换到幻灯片放映状态，而不会出现 PowerPoint 编辑窗口。下面介绍作为放映文件输出的操作方法。

| 素材文件 | 光盘 \ 素材 \ 第 13 章 \13.3.3.pptx |
|---|---|
| 效果文件 | 光盘 \ 效果 \ 第 13 章 \13.3.3.pptx |
| 视频文件 | 光盘 \ 视频 \ 第 13 章 \13.3.3 作为放映文件输出 .mp4 |

**【操练 + 视频】——作为放映文件输出**

STEP 01 在 PowerPoint 2016 工作界面中打开一个素材文件，如图 13-42 所示。

STEP 02 单击"文件"|"导出"|"更改文件类型"命令，如图 13-43 所示。

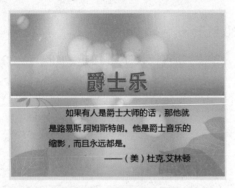

图 13-42 打开素材文件

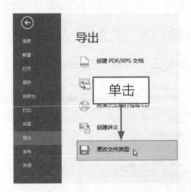

图 13-43 单击"更改文件类型"命令

STEP 03 在"更改文件类型"列表框中的"演示文稿文件类型"选项区中双击"PowerPoint 放映"选项，如图 13-44 所示。

STEP 04 弹出"另存为"对话框，选择需要存储的文件类型，如图 13-45 所示。

图 13-44 选择"PowerPoint 放映"选项

图 13-45 选择存储文件类型

STEP 05 单击"保存"按钮，即可输出文件。打开所存储的文件夹，查看输出的图像文件，如图 13-46 所示。

**STEP 06** 在保存的文件中双击文件，即可放映文件，如图 13-47 所示。

图 13-46 查看输出的图像文件

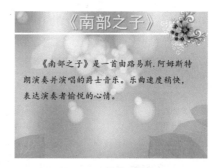

图 13-47 放映文件

# ▶ 13.4 编辑与打印演示文稿

通过"自定义幻灯片大小"对话框可以设置用于打印的幻灯片大小、方向和其他版式。幻灯片每页只打印一张，在打印前应先调整好其大小以适合各种纸张大小，还可以自定义打印的方式和方向。

在 PowerPoint 2016 中，可以将制作好的演示文稿打印出来。在打印时，可以根据不同的目的将演示文稿打印为不同的形式，常用的打印稿形式有幻灯片、讲义、备注和大纲视图。本节将介绍编辑输出页面大小、方向和编号起始值，以及选择和编辑打印范围、选项、边框等操作方法。

## ◼ 13.4.1 编辑输出页面大小

在 PowerPoint 2016 中打印演示文稿前，可以根据自己的需要对打印页面大小进行设置。下面介绍编辑输出页面大小的操作方法。

| 素材文件 | 光盘 \ 素材 \ 第 13 章 \13.4.1.pptx |
|---|---|
| 效果文件 | 无 |
| 视频文件 | 光盘 \ 视频 \ 第 13 章 \13.4.1 编辑输出页面大小 .mp4 |

【操练 + 视频】——编辑输出页面大小

**STEP 01** 在 PowerPoint 2016 工作界面中打开一个素材文件，如图 13-48 所示。

**STEP 02** 切换至"设计"面板，单击"自定义"选项板中的"幻灯片大小"下拉按钮，在弹出的下拉列表中选择"自定义幻灯片大小"选项，如图 13-49 所示。

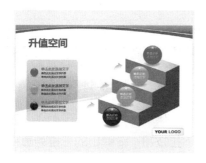

图 13-48 打开素材文件

图 13-49 选择"自定义幻灯片大小"选项

STEP 03 弹出"幻灯片大小"对话框，如图 13-50 所示。

STEP 04 单击"幻灯片大小"下拉按钮，在弹出的下拉列表中选择"A4 纸张（210×297 毫米）"选项，如图 13-51 所示。

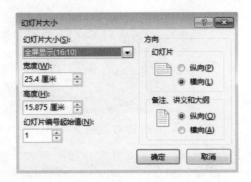

图 13-50 "幻灯片大小"对话框　　　　　　　图 13-51 选择幻灯片大小选项

STEP 05 单击"确定"按钮，弹出提示信息框，单击"确保适合"按钮，如图 13-52 所示。

STEP 06 执行操作后，即可设置幻灯片大小，如图 13-53 所示。

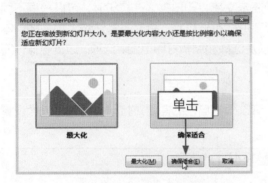

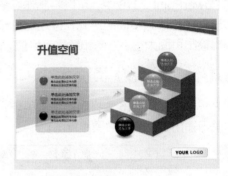

图 13-52 单击"确保适合"按钮　　　　　　　图 13-53 设置幻灯片大小

## 13.4.2 编辑输出页面方向

若要设置演示文稿中幻灯片的方向，只需选中"页面设置"对话框中"方向"选项区中的"横向"或"纵向"单选按钮。下面介绍编辑输出页面方向的操作方法。

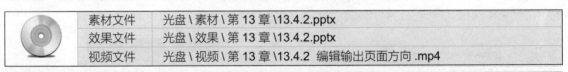

| 素材文件 | 光盘 \ 素材 \ 第 13 章 \13.4.2.pptx |
| --- | --- |
| 效果文件 | 光盘 \ 效果 \ 第 13 章 \13.4.2.pptx |
| 视频文件 | 光盘 \ 视频 \ 第 13 章 \13.4.2 编辑输出页面方向 .mp4 |

【操练 + 视频】——编辑输出页面方向

STEP 01 在 PowerPoint 2016 工作界面中打开一个素材文件，如图 13-54 所示。

STEP 02 单击"设计"标签，切换至"设计"面板，如图 13-55 所示。

STEP 03 单击"自定义"选项板中的"幻灯片大小"下拉按钮，在弹出的下拉列表中选择"自定义幻灯片大小"选项，如图 13-56 所示。

图 13-54 打开素材文件

图 13-55 单击"设计"标签

**STEP 04** 弹出"幻灯片大小"对话框，在"方向"选项区中选中"幻灯片"中的"纵向"单选按钮，如图 13-57 所示。

图 13-56 选择"自定义幻灯片大小"选项

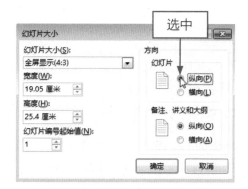

图 13-57 选中"纵向"单选按钮

**STEP 05** 单击"确定"按钮，弹出提示信息框，单击"确保适合"按钮，如图 13-58 所示。

**STEP 06** 执行操作后，即可设置幻灯片方向，如图 13-59 所示。

图 13-58 单击"确保适合"按钮

图 13-59 设置幻灯片方向

### 13.4.3 编辑页面编号起始值

若要设置演示文稿中幻灯片编号起始值，只需打开"幻灯片大小"对话框，在"幻灯片编号起始值"数值框中输入幻灯片的起始编号即可,如图 13-60 所示。

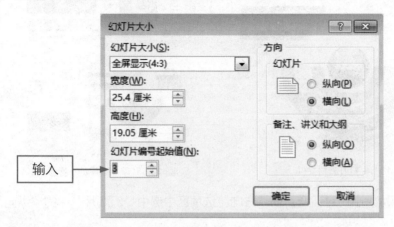

图 13-60 输入起始编号

在"幻灯片大小"对话框中设置的起始编号对整个演示文稿中的所有幻灯片、备注、讲义和大纲均有效。

### 13.4.4 编辑页面宽度和高度

在 PowerPoint 2016 中,还可以在"页面设置"对话框中设置幻灯片的宽度和高度。

在打开的素材文件中,切换至"设计"面板,单击"自定义"选项板中的"幻灯片大小"下拉按钮,在弹出的下拉列表中选择"自定义幻灯片大小"选项,弹出"幻灯片大小"对话框,设置"宽度"为 28 厘米、"高度"为 16 厘米,如图 13-61 所示。

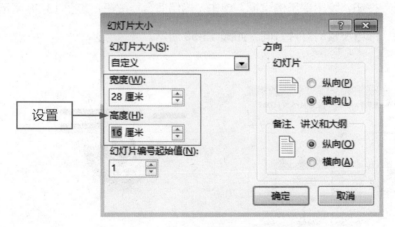

图 13-61 设置幻灯片宽度和高度

单击"确定"按钮,弹出提示信息框,单击"确保适合"按钮,即可设置幻灯片宽度和高度。

### 13.4.5 选择打印范围

设置打印内容是指打印幻灯片、讲义、备注或是大纲视图,单击"页面设置"选项板中的"打印内容"按钮，在弹出的下拉列表中可根据自己的需求选择打印的内容。下面介绍选择打印范围的操作方法。

| | 素材文件 | 光盘 \ 素材 \ 第 13 章 \13.4.5.pptx |
|---|---|---|
| | 效果文件 | 无 |
| | 视频文件 | 光盘 \ 视频 \ 第 13 章 \13.4.5 选择打印范围 .mp4 |

【操练 + 视频】——选择打印范围

STEP 01 在 PowerPoint 2016 工作界面中打开一个素材文件，如图 13-62 所示。

STEP 02 单击"文件"｜"打印"命令，切换至"打印"选项卡，如图 13-63 所示。

图 13-62 打开素材文件

图 13-63 单击"打印"命令

STEP 03 在"设置"选项区中单击"整页幻灯片"下拉按钮，在弹出下拉列表的"讲义"选项区中选择"2 张幻灯片"选项，如图 13-64 所示。

STEP 04 执行操作后，即可显示 2 张竖排放置的幻灯片，如图 13-65 所示。

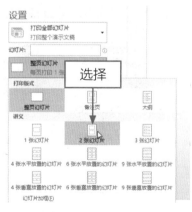

图 13-64 选择"2 张幻灯片"选项

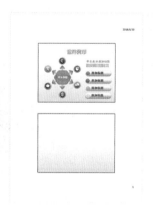

图 13-65 显示预览

专家指点

单击"整页幻灯片"下拉按钮，弹出下拉列表，打印页面会根据用户选择的幻灯片数量自行设置好版式。

## 13.4.6 编辑打印选项

在 PowerPoint 2016 中的"打印预览"面板中,可以根据制作演示文稿的实际需要设置打印选项下面介绍编辑打印选项的操作方法。

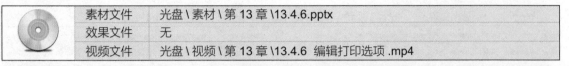

| 素材文件 | 光盘 \ 素材 \ 第 13 章 \13.4.6.pptx |
|---|---|
| 效果文件 | 无 |
| 视频文件 | 光盘 \ 视频 \ 第 13 章 \13.4.6 编辑打印选项 .mp4 |

【操练 + 视频】——编辑打印选项

STEP 01 在 PowerPoint 2016 工作界面中打开一个素材文件,如图 13-66 所示。

STEP 02 单击"文件" | "打印"命令,如图 13-67 所示。

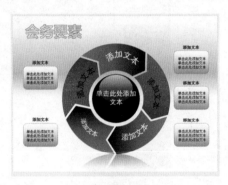

图 13-66 打开素材文件

图 13-67 单击"打印"命令

STEP 03 切换至"打印"选项卡,即可预览打印效果,如图 13-68 所示。

STEP 04 在"设置"选项区中单击"打印全部幻灯片"下拉按钮,在弹出的下拉列表中选择"打印当前幻灯片"选项,如图 13-69 所示。

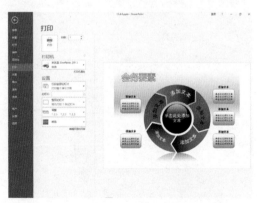

图 13-68 预览打印效果

图 13-69 选择"打印当前幻灯片"选项

专家指点

单击"打印全部幻灯片"下拉按钮,在弹出的下拉列表中还可选择"自定义范围"选项,将需要的特定的幻灯片进行打印。

## 13.4.7 应用边框设置

在 PowerPoint 2016 中，通过"打印"选项卡可以设置打印边框。下面介绍应用边框设置的操作方法。

| 素材文件 | 光盘 \ 素材 \ 第 13 章 \13.4.7.pptx |
|---|---|
| 效果文件 | 无 |
| 视频文件 | 光盘 \ 视频 \ 第 13 章 \13.4.7 应用边框设置 .mp4 |

**【操练 + 视频】——应用边框设置**

STEP 01 在 PowerPoint 2016 工作界面中打开一个素材文件，如图 13-70 所示。

STEP 02 单击"文件"标签，在左侧橘红色区域中单击"打印"命令，切换至"打印"界面，如图 13-71 所示。

图 13-70 打开素材文件

图 13-71 单击"打印"命令

STEP 03 单击"整页幻灯片"下拉按钮，在弹出的下拉列表中选择"幻灯片加框"选项，如图 13-72 所示。

STEP 04 执行操作后，即可为幻灯片添加边框，如图 13-73 所示。

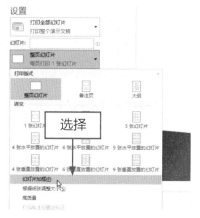

图 13-72 选择"幻灯片加框"选项

图 13-73 添加幻灯片边框

## 13.4.8 完成文稿打印

在 PowerPoint 2016 中，可以根据需要打印当前演示文稿。下面介绍完成文稿打印的操作方法。

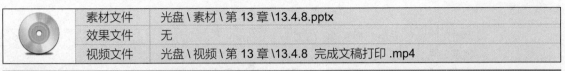

| 素材文件 | 光盘 \ 素材 \ 第 13 章 \13.4.8.pptx |
|---|---|
| 效果文件 | 无 |
| 视频文件 | 光盘 \ 视频 \ 第 13 章 \13.4.8 完成文稿打印 .mp4 |

**【操练 + 视频】——完成文稿打印**

**STEP 01** 在 PowerPoint 2016 工作界面中，打开一个素材文件，如图 13-74 所示。

**STEP 02** 单击"文件"｜"打印"命令，切换至"打印"界面，单击"打印全部幻灯片"下拉按钮，在弹出的下拉列表中选择"打印当前幻灯片"选项，如图 13-75 所示。

图 13-74 打开素材文件 　　　　　图 13-75 选择"打印当前幻灯片"选项

**STEP 03** 执行操作后，在"打印"选项区中单击"打印"按钮，如图 13-76 所示，即可打印演示文稿。

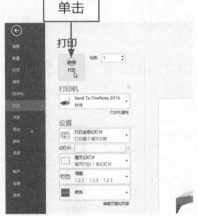

图 13-76 单击"打印"按钮

# CHAPTER 14

## 编排实践：办公文件综合实战案例

### 个人简历

| 姓名 | | 性别 | | |
|---|---|---|---|---|
| 学历 | | 政治面貌 | | |
| 专业 | | 籍贯 | | 照片 |
| 英语水平 | | 身高 | | |
| 计算机水平 | | 出生年月 | | |
| | | 家庭地址 | | |
| 通讯地址 | | | | |
| 联系电话 | | QQ | | |
| E-mail | | | | |
| 求职意向 | | | | |
| 个人能力 | | | | |
| 主干课程 | | | | |
| 主要实践 | | | | |
| 自我评价 | | | | |

## 章前知识导读

本章通过 6 个综合案例，加证明信、日历表、成本表、销售报表、工作计划，以及电子相册等，详细介绍 Word、Exce 和 PowerPoint 这三款软件在工作中的应用技法，希望读者熟练掌握本章内容。

## 新手重点索引

- Word 办公文件编辑
- Excel 办公文件处理
- PowerPoint 办公文件制作

# ▶ 14.1 Word 办公文件编辑

Word 2016 作为一款非常出色的图文排版工具，在实际工作与生活中应用非常广泛，如行政、文秘、商务销售、管理等。本节主要介绍编辑会议通知、编写个人简历的方法。

## 14.1.1 编辑会议通知

会议通知，即通知有关单位或个人参加会议的文档，是一种用于传达信息的应用文体，包括会议时间、地点、讨论的主题、参加人员、准备材料等内容。会议通知中的相关内容一定要交代清楚，不能含糊、笼统。当然，一些具有保密性质的会议通知，可以根据需要适当地调整。下面介绍编辑会议通知的操作方法。

| 素材文件 | 光盘 \ 素材 \ 第 14 章 \14.1.1.txt |
|---|---|
| 效果文件 | 光盘 \ 效果 \ 第 14 章 \14.1.1.docx |
| 视频文件 | 光盘 \ 视频 \ 第 14 章 \14.1.1 编辑会议通知 .mp4 |

### 【操练 + 视频】——编辑会议通知

**STEP 01** 启动 Word 2016 应用程序，新建一个 Word 空白文档，如图 14-1 所示。

**STEP 02** 打开 "14.1.1.txt" 素材文件，在新建的 Word 文档中复制和粘贴 "14.1.1.txt" 中的文本内容，如图 14-2 所示。

图 14-1 新建空白文档                    图 14-2 复制文本内容

**STEP 03** 在编辑区中选择 "会议通知" 文本，如图 14-3 所示。

**STEP 04** 在 "开始" 面板中的 "字体" 选项板中设置 "字体" 为 "黑体"、"字号" 为 "二号"，如图 14-4 所示。

**STEP 05** 在 "段落" 选项板中单击 "居中" 按钮，如图 14-5 所示。

**STEP 06** 单击 "段落" 选项板中的 "中文版式" 下拉按钮，在弹出的下拉列表中选择 "调整宽度" 选项，如图 14-6 所示。

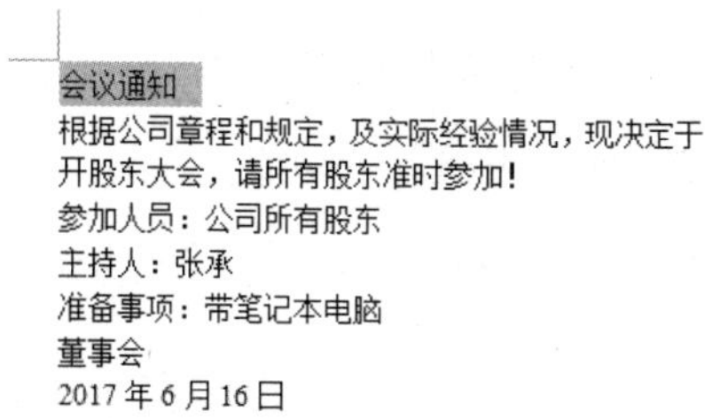

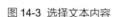

会议通知
根据公司章程和规定，及实际经验情况，现决定于
开股东大会，请所有股东准时参加！
参加人员：公司所有股东
主持人：张承
准备事项：带笔记本电脑
董事会
2017年6月16日

图 14-3 选择文本内容

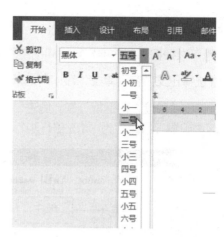

开始
插入
设计
布局
引用
剪切
复制
格式刷
黑体
五号
初号
小初
一号
小一
二号
小二
三号
小三
四号
小四
五号
小五
六号

图 14-4 设置字体格式

邮件
审阅
视图
加载项
单击
段落
居中 (Ctrl+E)
使内容在页面上居中对齐。
居中对齐为文档提供正式的外观，通常用于封面、引言，有时用于标题。
会议通知
根据公司章程和规定，及实际经验情况，现决定

图 14-5 单击“居中”按钮

加载项
告诉我你想要做什么
AaBbC
AaBl
标题 1
纵横混排(T)...
合并字符(M)...
双行合一(W)...
调整宽度(I)...
字符缩放(C)
段落
选择
会议通知
，及实际经验情况，现决定于2017年6月18日下午4:
股东准时参加！

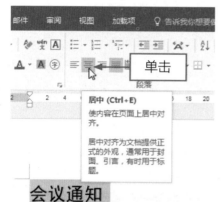

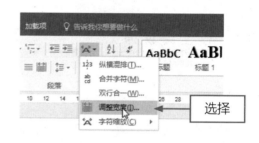

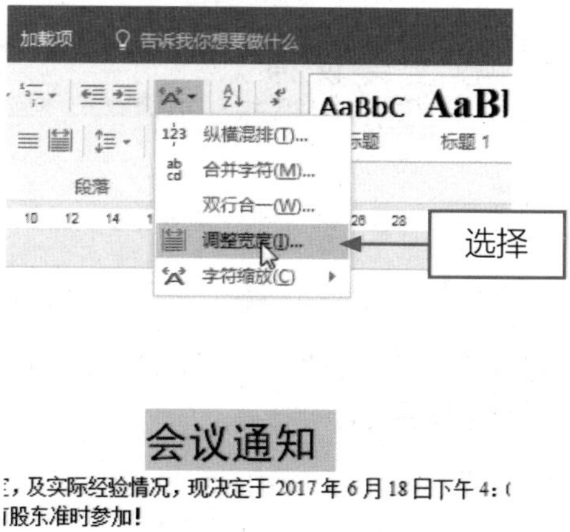

图 14-6 选择“调整宽度”选项

**STEP 07** 弹出“调整宽度”对话框，设置“新文字宽度”为“5字符”，如图14-7所示。

**STEP 08** 单击“确定”按钮，即可设置文字的宽度，如图14-8所示。

会议通知
定，及实际经验情况，现决定于2017年6月18日下
有股东准时参加！
有股东
调整宽度
当前文字宽度：4字符 (3.1厘米)
新文字宽度(T)：5字符
设置
删除(R)
确定
取消

图 14-7 设置宽度各选项

会 议 通 知
规定，及实际经验情况，现决定于2017年6月18日下午
所有股东准时参加！
所有股东
记本电脑

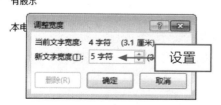

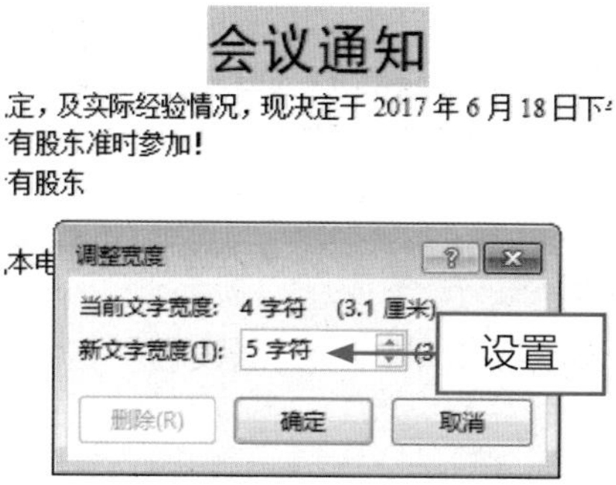

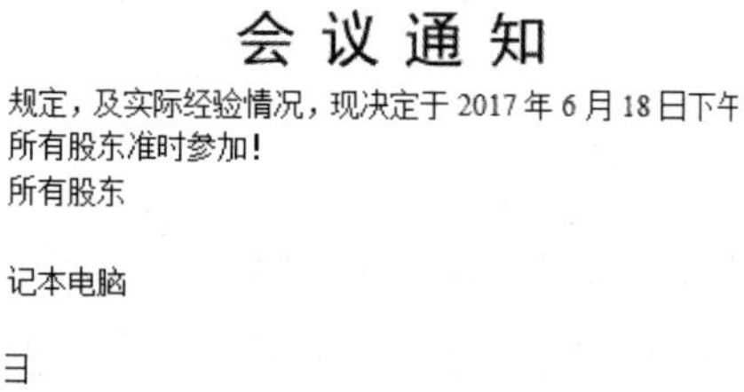

图 14-8 设置文字的宽度

也可以根据需要在字与字之间按空格键来调整文字之间的宽度。

STEP 09 选择正文内容，单击"段落"选项区右侧的"段落设置"按钮，如图 14-9 所示。

STEP 10 弹出"段落"对话框，在"缩进"选项区中设置"特殊格式"为"首行缩进"，在"间距"选项区中设置"行距"为"1.5 倍行距"，如图 14-10 所示。

图 14-9 单击"段落设置"按钮　　　　　　　　　　图 14-10 设置段落选项

STEP 11 单击"确定"按钮，即可设置文本的特殊格式和行距，如图 14-11 所示。

STEP 12 选择"董事会"和"2017 年 6 月 16 日"，单击"段落"选项板中的"右对齐"按钮，如图 14-12 所示。

图 14-11 设置文本的特殊格式和行距　　　　　　　图 14-12 单击"右对齐"按钮

STEP 13 执行操作后，即可设置文本右对齐，如图 14-13 所示。

STEP 14 切换至"布局"面板，在"页面设置"选项板中单击"页面设置"按钮，如图 14-14 所示。

STEP 15 弹出"页面设置"对话框，在"页边距"选项卡中设置上、下、左、右页边距的值均为 3 厘米，设置"纸张方向"为"纵向"，如图 14-15 所示。

STEP 16 单击"确定"按钮，即可完成页面设置操作，如图 14-16 所示。

## 会 议 通 知

际经验情况,现决定于 2017 年 6 月 18 日下午 4:00 在会议
时参加!

董事会

2017 年 6 月 16 日

图 14-13 设置文本右对齐

图 14-14 单击"页面设置"按钮

图 14-15 设置页边距选项

图 14-16 完成页面设置操作

### 14.1.2 编写个人简历

在编写简历之前,应先确定谁是阅读者,然后根据界定的阅读者编写简历。个人简历包括简介、
工作经历、教育背景和其他杂项等。下面介绍编写个人简历的方法。

| | | |
|---|---|---|
| 素材文件 | 光盘 \ 素材 \ 第 14 章 \14.1.2.png | |
| 效果文件 | 光盘 \ 效果 \ 第 14 章 \14.1.2.docx | |
| 视频文件 | 光盘 \ 视频 \ 第 14 章 \14.1.2 编写个人简历 .mp4 | |

【操练 + 视频】——编写个人简历

STEP 01 新建一个 Word 文档,在文档中输入"个人简历"文字,按【Enter】键切换至下一行,
如图 14-17 所示。

STEP 02 切换至"插入"面板,在"表格"选项板中单击"表格"下拉按钮,如图 14-18 所示。

个人简历

图 14-17 切换至下一行

图 14-18 单击"表格"下拉按钮

STEP 03 在弹出的下拉列表中选择"插入表格"选项，如图 14-19 所示。

STEP 04 弹出"插入表格"对话框，在其中设置"列数"为 5、"行数"为 14，如图 14-20 所示。

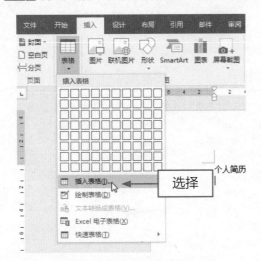

图 14-19 选择"插入表格"选项

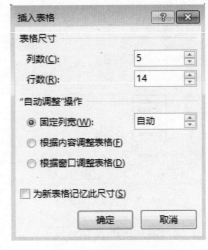

图 14-20 设置列数与行数

STEP 05 单击"确定"按钮，即可插入表格，如图 14-21 所示。

STEP 06 在表格中输入文本内容，如图 14-22 所示。

STEP 07 在编辑区中选择"个人简历"文本，如图 14-23 所示。

STEP 08 在"字体"选项板中设置"字体"为"黑体"、"字号"为"一号"，如图 14-24 所示。

STEP 09 在"段落"选项板中单击"中文版式"下拉按钮，在弹出的下拉列表中选择"调整宽度"选项，如图 14-25 所示。

STEP 10 弹出"调整宽度"对话框，设置"新文字宽度"为"5 字符"，如图 14-26 所示。

个人简历

图 14-21 插入表格

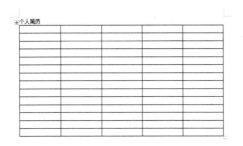

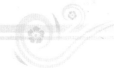

个人简历
姓名
性别
照片
学历
政治面貌
专业
籍贯
英语水平
身高
计算机水平
出生年月
家庭地址
通讯地址
联系电话
QQ
E-mail
求职意向
个人能力
主干课程
主要实践
自我评价

图 14-22 输入文本内容

个人简历
姓名
性别
学历
政治面貌
专业
籍贯
英语水平
身高
计算机水平
出生年月
家庭地址
通讯地址
联系电话
QQ
E-mail
求职意向
个人能力
主干课程
主要实践
自我评价

图 14-23 选择文本内容

开始
插入
设计
布局
引用
剪切
复制
格式刷
黑体
五号
初号
小初
一号
小一
二号
小二
三号
小三
四号
小四
五号
小五

图 14-24 设置字体格式

加载项
告诉我你想要做什么
AaBbC
AaBl
纵横混排(T)...
合并字符(M)...
双行合一(W)...
调整宽度(I)...
字符缩放(C)
段落
标题
标题 1
选择
性别
照片

图 14-25 选择“调整宽度”选项

调整宽度
当前文字宽度: 4 字符 (3.67 厘米)
新文字宽度(T): 5字符 (3.88 厘米)
删除(R)
确定
取消

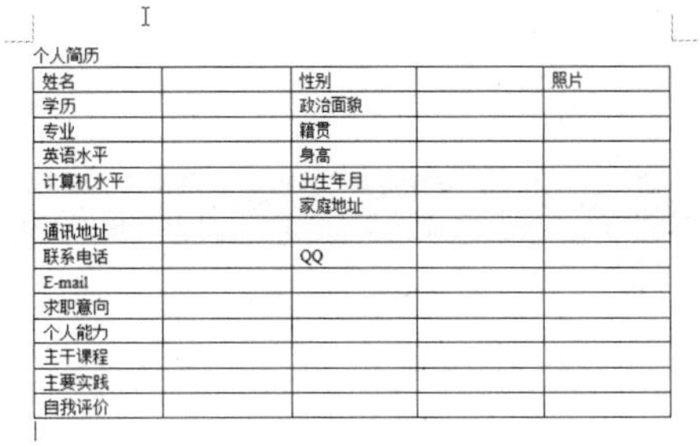

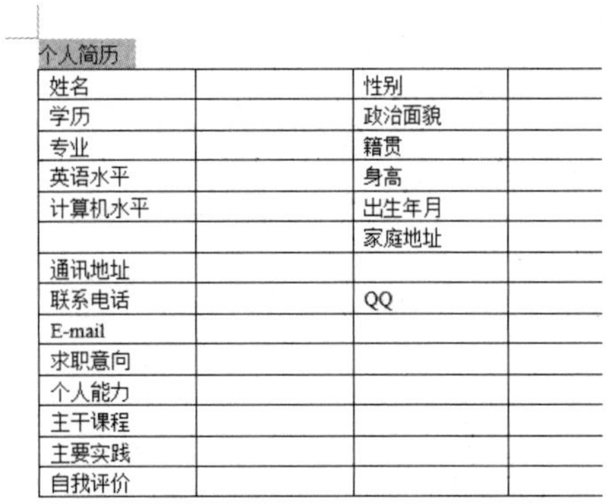

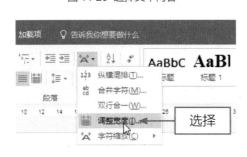

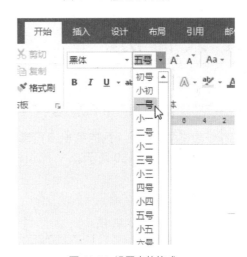

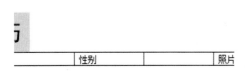

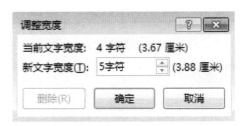

图 14-26 设置文字宽度

STEP 11 单击"确定"按钮，即可调整单元格行高。在"段落"选项区中单击"居中"按钮，如图 14-27 所示。

STEP 12 在编辑区通过拖曳的方式选择整个表格，如图 14-28 所示。

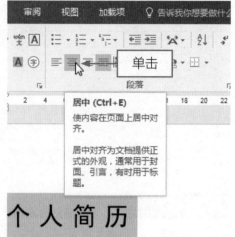

图 14-27 单击"居中"按钮

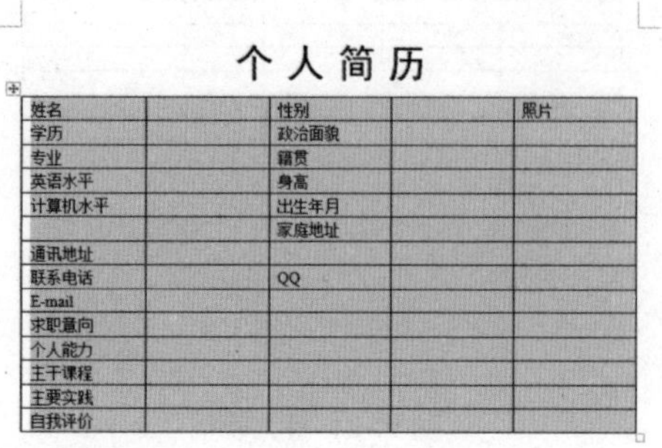

图 14-28 选择整个表格

STEP 13 在"段落"选项区中单击"居中"按钮，即可使表格中的文本居中，如图 14-29 所示。

STEP 14 在表格中选择第 1 列的第 5、6 行单元格并单击鼠标右键，在弹出的快捷菜单中选择"合并单元格"选项，如图 14-30 所示。

图 14-29 设置文本居中

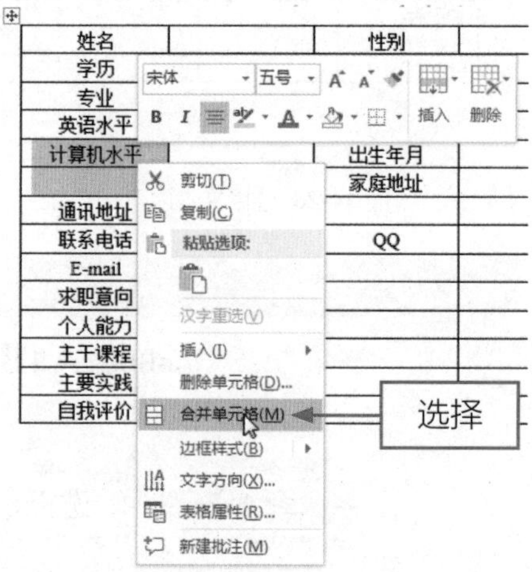

图 14-30 选择"合并单元格"选项

专家指点

在单元格对齐方式中，表面上看两端对齐与左对齐相似，但如果一行末尾处出现一个很长的英文单词无法在该行放置时，左对齐将直接显示在下一行，上一行还有空隙，两端对齐则将增加字间距来填补出现的空隙。

STEP 15 采用同样的方法，合并其他单元格，如图 14-31 所示。

STEP 16 选择整个表格，切换至"表格工具"中的"布局"面板，在"单元格大小"选项板中的"表格行高"文本框中输入"1 厘米"，按【Enter】键，即可设置单元格行高，如图 14-32 所示。

图 14-31 合并其他单元格

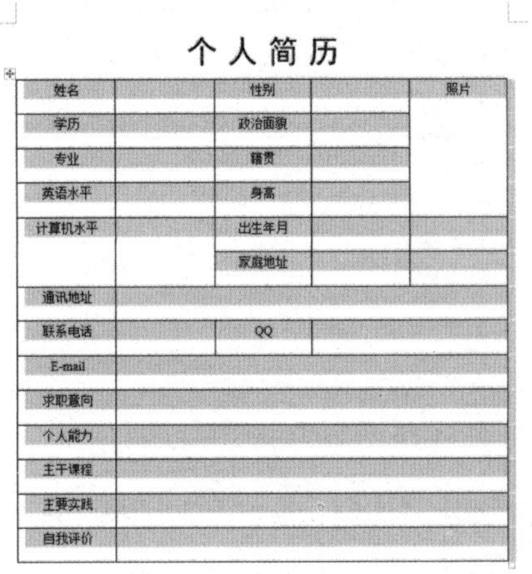

图 14-32 设置单元格行高

STEP 17 单击"对齐方式"选项板中的"水平居中"按钮 ，即可设置水平居中，效果如图 14-33 所示。

STEP 18 将鼠标指针移至"求职意向"单元格的下框线上，当指针呈 ⇵ 形状时向下拖曳鼠标，拖至合适位置后释放鼠标左键，即可调整行高，效果如图 14-34 所示。

图 14-33 设置水平居中

图 14-34 调整行高

STEP 19 采用同样的方法，设置其他单元格的行高和列宽，效果如图 14-35 所示。

STEP 20 选择整个表格，切换至"表格工具"中的"设计"面板，单击"边框"选项板右下角的"边框和底纹"按钮 ，如图 14-36 所示。

个 人 简 历

| | | | | |
|---|---|---|---|---|
| 姓名 | | 性别 | | 照片 |
| 学历 | | 政治面貌 | | |
| 专业 | | 籍贯 | | |
| 英语水平 | | 身高 | | |
| 计算机水平 | | 出生年月 | | |
| | | 家庭地址 | | |
| 通讯地址 | | | | |
| 联系电话 | | QQ | | |
| E-mail | | | | |
| 求职意向 | | | | |
| 个人能力 | | | | |
| 主干课程 | | | | |
| 主要实践 | | | | |
| 自我评价 | | | | |

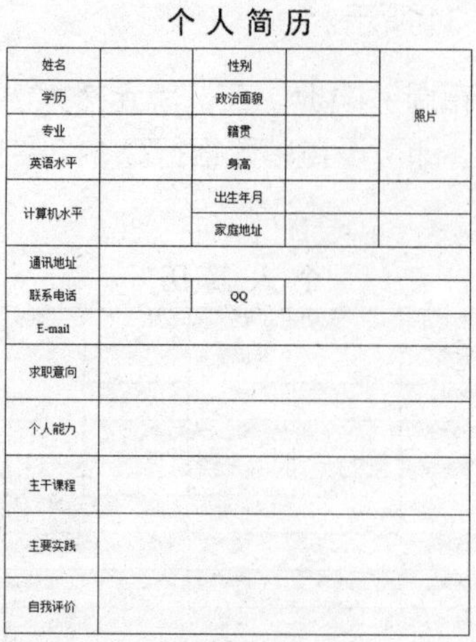

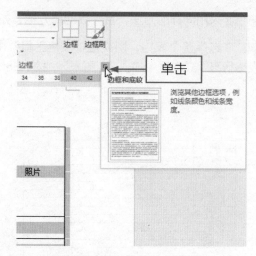

图 14-35 设置其他单元格行高和列宽

图 14-36 单击“边框和底纹”按钮

STEP21 弹出“边框和底纹”对话框，在“边框”选项卡中设置相应的选项，如图 14-37 所示。

STEP22 单击“确定”按钮，即可为表格设置边框，如图 14-38 所示。

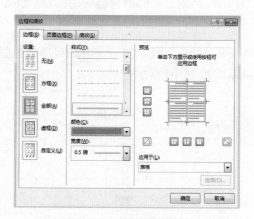

图 14-37 设置边框选项

个 人 简 历

| | | | | |
|---|---|---|---|---|
| 姓名 | | 性别 | | 照片 |
| 学历 | | 政治面貌 | | |
| 专业 | | 籍贯 | | |
| 英语水平 | | 身高 | | |
| 计算机水平 | | 出生年月 | | |
| | | 家庭地址 | | |
| 通讯地址 | | | | |
| 联系电话 | | QQ | | |
| E-mail | | | | |
| 求职意向 | | | | |
| 个人能力 | | | | |
| 主干课程 | | | | |
| 主要实践 | | | | |
| 自我评价 | | | | |

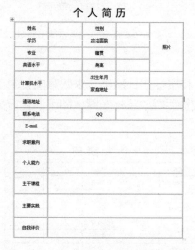

图 14-38 设置边框

STEP23 选择第 1 列单元格，切换至“表格工具”中的“设计”面板，在“表格样式”选项板中单击“底纹”下拉按钮，如图 14-39 所示。

STEP24 在弹出的下拉列表中选择相应的选项，如图 14-40 所示。

STEP25 执行操作后，即可为选择的表格设置底纹，如图 14-41 所示。

STEP26 采用同样的方法，设置其他单元格的底纹，如图 14-42 所示。

STEP27 切换至“插入”面板，在“页眉和页脚”选项板中单击“页眉”下拉按钮，如图 14-43 所示。

STEP28 在弹出的下拉列表中选择“编辑页眉”选项，如图 14-44 所示。

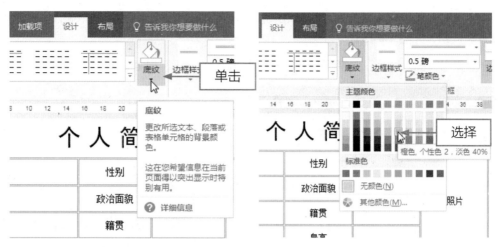

图 14-39 单击"底纹"下拉按钮　　　　　　图 14-40 选择颜色选项

图 14-41 设置表格底纹

图 14-42 设置其他单元格的底纹

图 14-43 单击"页眉"下拉按钮

图 14-44 选择"编辑页眉"选项

STEP 29 进入页眉编辑模式，在"页眉和页脚工具"中的"设计"面板的"插入"选项板中单击"图片"按钮，如图 14-45 所示。

STEP 30 弹出"插入图片"对话框，选择要插入的图片，如图 14-46 所示。

图 14-45 单击"图片"按钮　　　　　　　　　　图 14-46 选择图片

STEP 31 单击"插入"按钮，即可将图片插入至文档中。单击图片右上角的"布局选项"按钮，在弹出的"布局选项"列表中的"文字环绕"选项区中选择"浮于文字上方"选项，如图 14-47 所示。

STEP 32 关闭"布局选项"列表，复制插入的花边，旋转并调整至合适位置，如图 14-48 所示。

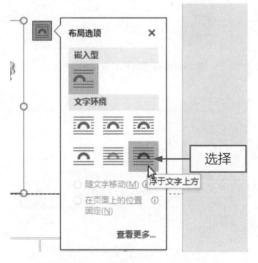

图 14-47 选择"浮于文字上方"选项　　　　　　图 14-48 复制和调整花边

STEP 33 切换至"页眉和页脚工具"中的"设计"面板，在"关闭"选项板中单击"关闭页眉和页脚"按钮，如图 14-49 所示。

STEP 34 执行操作后，即可退出页眉和页脚，完成个人简历的制作，效果如图 14-50 所示。

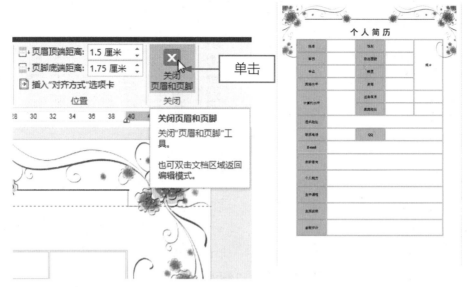

图 14-49 单击"关闭页眉和页脚"按钮　　　　　　图 14-50 完成个人简历制作

# ▶ 14.2 Excel 办公文件处理

　　在行政办公工作中，常常需要制作各种各样的数据表格清单，用来进行数据运算、统计以及结果分析。本节主要介绍销售情况数据处理、员工档案数据处理的操作方法，希望读者通过本节的学习，可以尽快掌握 Excel 办公文件的处理。

## ✍ 14.2.1 销售情况数据处理

　　产品销售情况分析是一种产品在一段时间里的销售情况记录，如果数据繁多是不可能很快得出分析结果的，因此需要借助 Excel 软件来完成。

　　在制作产品销售情况分析表的过程中，可以通过求和函数对数据进行求和，然后创建数据图表，使销售情况一目了然。可见，产品销售情况数据表是 Excel 文件处理的有力应用，是销售情况明晰的媒介。下面介绍销售情况数据处理的操作方法。

| | | |
|---|---|---|
| | 素材文件 | 光盘 \ 素材 \ 第 14 章 \14.2.1.xlsx |
| | 效果文件 | 光盘 \ 效果 \ 第 14 章 \14.2.1.xlsx |
| | 视频文件 | 光盘 \ 视频 \ 第 14 章 \14.2.1 销售情况数据处理 .mp4 |

【操练 + 视频】——销售情况数据处理

STEP 01 打开一个 Excel 素材文件，如图 14-51 所示。

STEP 02 在编辑区中选择 A1：I1 单元格区域，如图 14-52 所示。

STEP 03 在"对齐方式"选项板中单击"合并后居中"下拉按钮，在弹出的下拉列表中选择"合并后居中"选项，如图 14-53 所示。

图 14-51 打开 Excel 工作簿                    图 14-52 选择单元格区域

**STEP 04** 在"字体"选项板中设置"字体"为"方正大黑简体"、"字号"为 22，设置"填充颜色"为"橙色，个性色 2，淡色 40%"，如图 14-54 所示。

图 14-53 选择"合并后居中"选项

图 14-54 设置字体格式

**STEP 05** 采用同样的方法，设置其他单元格字体格式，如图 14-55 所示。

**STEP 06** 在编辑区中选择 A1:I14 单元格区域，在"字体"选项板中单击"下框线"下拉按钮 ，如图 14-56 所示。

**STEP 07** 在弹出的下拉列表中选择"所有框线"选项，如图 14-57 所示。

**STEP 08** 切换至"插入"面板，在"插图"选项板中单击"形状"下拉按钮，如图 14-58 所示。

**STEP 09** 在弹出的下拉列表中选择"直线"选项，在 A2 单元格的合适位置绘制一条直线，如图 14-59 所示。

**STEP 10** 采用同样的方法，在单元格中再次绘制一条直线，如图 14-60 所示。

图 14-55 设置其他单元格字体格式

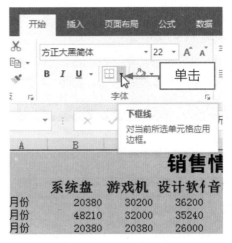

图 14-56 单击"下框线"下拉按钮

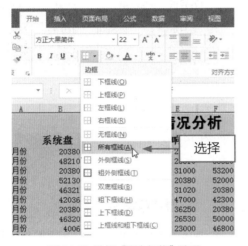

图 14-57 选择"所有框线"选项

图 14-58 单击"形状"下拉按钮

图 14-59 绘制一条直线

图 14-60 再次绘制直线

**STEP 11** 在"文本"选项板中单击"文本框"下拉按钮，在弹出的下拉列表中选择"横排文本框"选项，如图 14-61 所示。

**STEP 12** 对第 1 行和第 2 行的行高进行调整，在 A2 单元格的合适位置创建文本框，并输入相应的文本，设置文本框的格式，如图 14-62 所示。

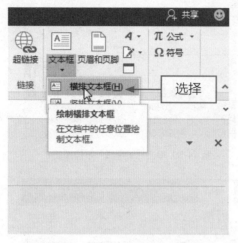

图 14-61 选择"横排文本框"选项

图 14-62 输入文本

**STEP 13** 采用同样的方法，绘制其他文本框，并输入文字，如图 14-63 所示。

**STEP 14** 选择 I3 单元格，在其中输入相应的公式，如图 14-64 所示。

图 14-63 输入文字

图 14-64 输入相应的公式

---

专家指点

在 Excel 中，在按住【Shift】键的同时按方向键，即可旋转文本框。

**STEP 15** 按【Enter】键，即可计算出结果，如图 14-65 所示。

**STEP 16** 选择 I3 单元格，当鼠标指针呈 ✛ 形状时拖曳鼠标，即可计算出其他单元格中的结果，如图 14-66 所示。

| B | C | D | E | F | G | H | I |
|---|---|---|---|---|---|---|---|
| 盘 | 游戏机 | 设计软 | 音响 | 硬盘 | 键盘 | 鼠标垫 | 总计 |
| 20380 | 30200 | 36200 | 28500 | 65230 | 16540 | 54030 | 251080 |
| 48210 | 32000 | 35240 | 25310 | 68520 | 17500 | 36000 | |
| 20380 | 20380 | 26000 | 31000 | 53200 | 18460 | 46200 | |
| 52130 | 25310 | 45000 | 20380 | 52000 | 19420 | 54030 | |
| 46321 | 31000 | 4006 | 31020 | 20380 | 20380 | 49060 | |
| 42036 | 28650 | 41230 | 47000 | 42300 | 21340 | 54030 | |
| 20380 | 31020 | 38520 | 36250 | 20380 | 22300 | 51920 | |
| 46320 | 45230 | 40060 | 26530 | 50000 | 23260 | 53350 | |
| 4006 | 36250 | 26450 | 23000 | 46800 | 24220 | 54030 | |
| 63201 | 26530 | 28450 | 20380 | 42300 | 25180 | 20380 | |
| 45200 | 23000 | 39520 | 32500 | 53000 | 26140 | 54030 | |
| 43200 | 21000 | 42000 | 36540 | 54200 | 27100 | 59070 | |

图 14-65  计算结果

| B | C | D | E | F | G | H | I |
|---|---|---|---|---|---|---|---|
| 盘 | 游戏机 | 设计软 | 音响 | 硬盘 | 键盘 | 鼠标垫 | 总计 |
| 20380 | 30200 | 36200 | 28500 | 65230 | 16540 | 54030 | 251080 |
| 48210 | 32000 | 35240 | 25310 | 68520 | 17500 | 36000 | 262780 |
| 20380 | 20380 | 26000 | 31000 | 53200 | 18460 | 46200 | 215620 |
| 52130 | 25310 | 45000 | 20380 | 52000 | 19420 | 54030 | 268270 |
| 46321 | 31000 | 4006 | 31020 | 20380 | 20380 | 49060 | 202167 |
| 42036 | 28650 | 41230 | 47000 | 42300 | 21340 | 54030 | 276586 |
| 20380 | 31020 | 38520 | 36250 | 20380 | 22300 | 51920 | 220770 |
| 46320 | 45230 | 40060 | 26530 | 50000 | 23260 | 53350 | 284750 |
| 4006 | 36250 | 26450 | 23000 | 46800 | 24220 | 54030 | 214756 |
| 63201 | 26530 | 28450 | 20380 | 42300 | 25180 | 20380 | 226421 |
| 45200 | 23000 | 39520 | 32500 | 53000 | 26140 | 54030 | 273390 |
| 43200 | 21000 | 42000 | 36540 | 54200 | 27100 | 59070 | 283110 |

图 14-66  计算其他单元格结果

STEP 17 选择 B3:I14 单元格区域并单击鼠标右键，在弹出的快捷菜单中选择"设置单元格格式"选项，如图 14-67 所示。

STEP 18 弹出"设置单元格格式"对话框，切换至"数字"选项卡，在"分类"选项区中选择"数值"选项，如图 14-68 所示。

图 14-67  选择"设置单元格格式"选项　　　图 14-68  选择"数值"选项

STEP 19 单击"确定"按钮，即可设置数字的数值格式，调整单元格大小，如图 14-69 所示。

STEP 20 选择 I2:I14 单元格区域，切换至"插入"面板，单击"图表"选项板中的"插入柱形图或条形图"下拉按钮，如图 14-70 所示。

STEP 21 在弹出的下拉列表中选择"簇状柱形图"选项，如图 14-71 所示。

STEP 22 执行操作后，即可在编辑区中插入簇状柱形图，如图 14-72 所示。

STEP 23 选择柱形图，切换至"图表工具"中的"设计"面板，如图 14-73 所示。

STEP 24 单击"图表样式"选项板中的"其他"按钮，在弹出的列表框中选择"样式 5"选项，如图 14-74 所示。

图 14-69 设置数值格式

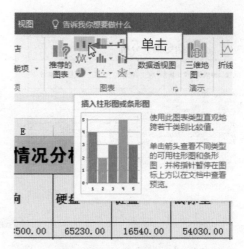

图 14-70 单击"插入柱形图或条形图"下拉按钮

图 14-71 选择"簇状柱形图"选项

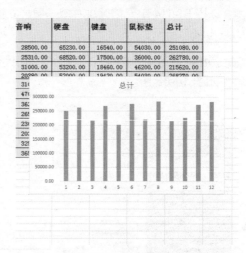

图 14-72 插入簇状柱形图

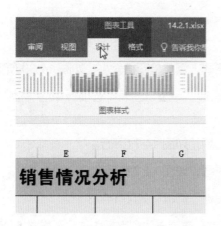

图 14-73 切换至"设计"面板

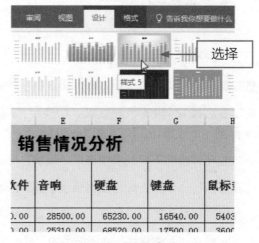

图 14-74 选择"样式 5"选项

STEP 25 单击"图表样式"选项板中的"更改颜色"下拉按钮，在弹出的下拉列表，选择相应的选项，如图 14-75 所示。

STEP 26 执行操作后，即可设置图表颜色，如图 14-76 所示，适当调整各文字表格的样式。

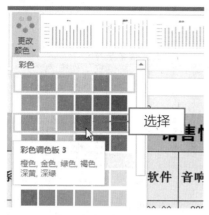

图 14-75 选择颜色选项

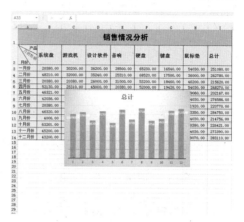

图 14-76 设置图表颜色

## 14.2.2 员工档案数据处理

员工档案管理是指将某一项信息进行分类汇总。分类汇总是对数据进行数据分析的一种方法，可以统计同一类记录的有关数据，也可以对某些数值段求和、求平均值等。下面介绍员工档案数据处理的操作方法。

| 素材文件 | 光盘\素材\第 14 章\14.2.2.xlsx |
| --- | --- |
| 效果文件 | 光盘\效果\第 14 章\14.2.2.xlsx |
| 视频文件 | 光盘\视频\第 14 章\14.2.2 员工档案数据处理.mp4 |

【操练+视频】——员工档案数据处理

STEP 01 打开一个 Excel 工作簿，如图 14-77 所示。

STEP 02 在编辑区中选择 A1:H1 单元格区域，如图 14-78 所示。

图 14-77 打开 Excel 工作簿

图 14-78 选择单元格区域

STEP 03 在"单元格"选项板中单击"格式"下拉按钮，选择"行高"选项，在弹出的对话框中设置行高为 34，如图 14-79 所示，单击"确定"按钮，即可设置行高。

STEP 04 在"字体"选项板中设置"字体"为"华文行楷"、"字号"为 26，设置"对齐方式"为"合并后居中"，效果如图 14-80 所示。

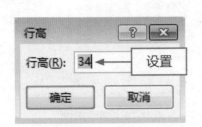

图 14-79 设置行高                图 14-80 设置单元格格式

STEP 05 采用相同的方法，设置其他单元格格式，如图 14-81 所示。

STEP 06 选择 A1:H18 单元格区域，单击"字体"选项板中的"下框线"下拉按钮，在弹出的下拉列表中选择"所有框线"选项，如图 14-82 所示。

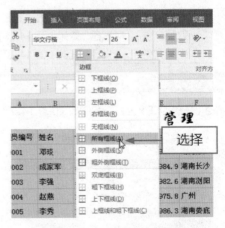

图 14-81 设置其他单元格格式           图 14-82 选择"所有框线"选项

STEP 07 执行操作后，即可为表格设置边框线，如图 14-83 所示。

STEP 08 选择数据区域的任意单元格，切换至"数据"面板，单击"排序和筛选"选项板中的"排序"按钮，如图 14-84 所示。

STEP 09 弹出"排序"对话框，在"主关键字"下拉列表框中选择"政治面貌"选项，单击"确定"按钮，数据将按"政治面貌"进行排序，如图 14-85 所示。

STEP 10 在"数据"选项板中单击"分级显示"选项区中的"分类汇总"按钮，如图 14-86 所示。

图 14-83 设置边框线

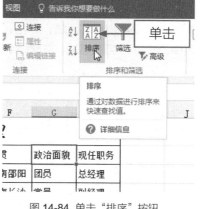

图 14-84 单击"排序"按钮

图 14-85 进行排序

图 14-86 单击"分类汇总"按钮

**STEP 11** 弹出"分类汇总"对话框,在"分类字段"下拉列表框中选择"政治面貌"选项,如图 14-87 所示。

**STEP 12** 在"选定汇总项"列表框中选中"籍贯"和"现任职务"复选框,如图 14-88 所示。

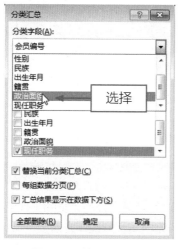

图 14-87 选择分类字段

图 14-88 选中相应的复选框

STEP 13 单击"确定"按钮，即可对数据进行分类汇总，如图 14-89 所示。

STEP 14 选择 A2:H22 单元格区域，单击"样式"选项板中的"单元格样式"下拉按钮，在弹出的下拉列表中，选择相应的选项，如图 14-90 所示。

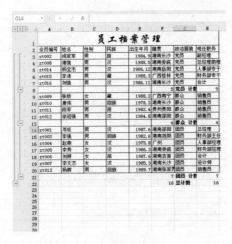

图 14-89 对数据进行分类汇总

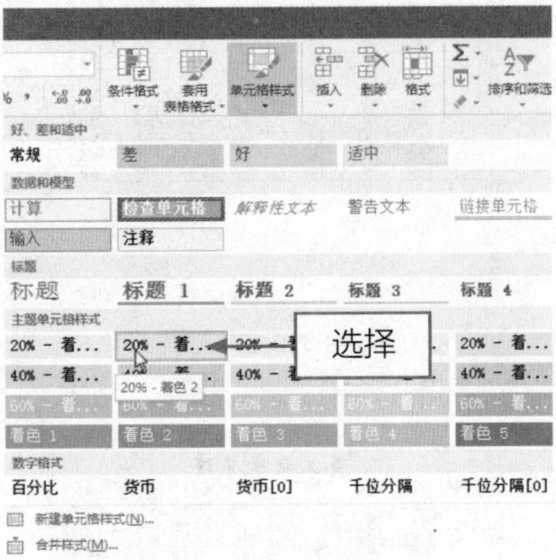

图 14-90 选择样式选项

STEP 15 选择 A21:H22 单元格区域，单击"下框线"下拉按钮，在弹出的下拉列表中选择"所有框线"选项，效果如图 14-91 所示。

STEP 16 选择 A1 单元格，在"字体"选项板中设置填充颜色为橙色，如图 14-92 所示，即可完成员工档案管理的操作。

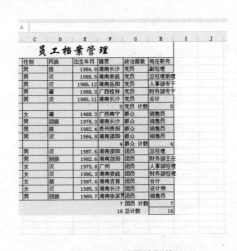

图 14-91 设置边框线

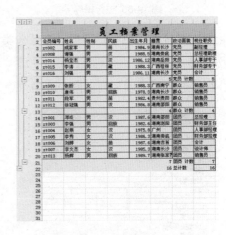

图 14-92 设置填充颜色

# ▶ 14.3 PowerPoint 办公文件制作

目前，PowerPoint 的应用领域越来越广，如公司的财务管理、公司人员的工作汇报和业务流程等。本节主要向读者介绍工作汇报文稿演示、公司业务流程演示的操作方法。

## 14.3.1 工作汇报文稿演示

当年终或者季度总结时，公司相关部门或个人可以通过制作工作汇报演示文稿流畅地展示阶段业绩。下面介绍工作汇报文稿演示的操作方法。

| | | |
|---|---|---|
| 素材文件 | 光盘\素材\第 14 章\14.3.1.pptx、14.3.1（1）.jpg、14.3.1（2）.jpg、14.3.1（3）.jpg、14.3.1（4）.jpg | |
| 效果文件 | 光盘\效果\第 14 章\14.3.1.pptx | |
| 视频文件 | 光盘\视频\第 14 章\14.3.1 工作汇报文稿演示 .mp4 | |

【操练 + 视频】——工作汇报文稿演示。

STEP 01 在 PowerPoint 2016 中打开一个素材文件，如图 14-93 所示。

STEP 02 进入第 1 张幻灯片，切换至"插入"面板，单击"图像"选项板中的"图片"按钮，如图 14-94 所示。

图 14-93 打开素材文件

图 14-94 单击"图片"按钮

STEP 03 弹出"插入图片"对话框，选择需要插入的图片，如图 14-95 所示。

STEP 04 单击"插入"按钮，即可插入图片，调整图片的大小和位置，如图 14-96 所示。

图 14-95 选择图片

图 14-96 插入图片

**STEP 05** 在幻灯片中绘制一条直线,切换至"绘图工具"中的"格式"面板,单击"形状样式"选项板中的"其他"下拉按钮,如图 14-97 所示。

**STEP 06** 在弹出的下拉列表中选择"粗线 - 强调颜色 1"选项,如图 14-98 所示。

图 14-97 单击"其他"下拉按钮　　　　　　　　图 14-98 选择样式选项

**STEP 07** 单击"形状样式"选项板中的"形状轮廓"下拉按钮,在弹出的下拉列表中选择"粗细"|"6 磅"选项,如图 14-99 所示。

**STEP 08** 执行操作后,即可设置线条样式,如图 14-100 所示。

图 14-99 选择"6 磅"选项　　　　　　　　图 14-100 设置线条样式

**STEP 09** 切换至"插入"面板,单击"文本"选项板中的"文本框"下拉按钮,在弹出的下拉列表中选择"横排文本框"选项,如图 14-101 所示。

**STEP 10** 在幻灯片中绘制文本框,输入文本,如图 14-102 所示。

**STEP 11** 在编辑区中选择文本,在"字体"选项板中设置"字体"为"微软雅黑"、"字号"为 36,分别单击"加粗"和"文字阴影"按钮,效果如图 14-103 所示。

图 14-101 选择"横排文本框"选项

图 14-102 输入文本

STEP12 切换至"绘图工具"中的"格式"面板,在"艺术字样式"选项板中设置"文本填充"为"蓝色"、"文本轮廓"为"白色,背景1"、"轮廓粗细"为"1磅",效果如图 14-104 所示。

图 14-103 设置文本属性                    图 14-104 设置文本样式

STEP13 采用同样的方法,在幻灯片中添加其他文本内容,如图 14-105 所示。

STEP14 进入第 2 张幻灯片,在绿色色块和蓝色色块上分别绘制文本框并输入文本,设置相应的属性,如图 14-106 所示。

STEP15 切换至"插入"面板,单击"图像"选项板中的"图片"按钮,弹出"插入图片"对话框,选择需要插入的图片,如图 14-107 所示。

STEP16 单击"插入"按钮,即可插入选择的图片,将两张图片分别调整至合适的位置,如图 14-108 所示。

STEP17 选择其中一张图片以及相应的色块,如图 14-109 所示。

图 14-105 添加其他文本内容

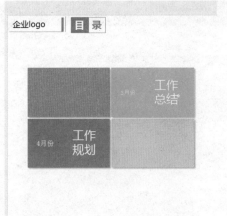

图 14-106 输入文本并设置文本属性

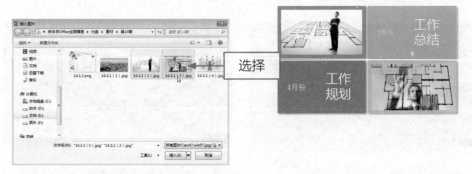

图 14-107 选择图片            图 14-108 插入图片

STEP 18 切换至"图片工具"中的"格式"面板，单击"排列"选项板中的"对齐"下拉按钮，在弹出的下拉列表中选择"水平居中"选项，如图 14-110 所示。

图 14-109 选择图片及色块

图 14-110 选择"水平居中"选项

STEP 19 再次单击"对齐"下拉按钮，在弹出的下拉列表中选择"垂直居中"选项，如图 14-111 所示。

STEP 20 执行操作后，即可设置图片对齐方式，如图 14-112 所示。

图 14-111 选择"垂直居中"选项    图 14-112 设置图片对齐方式

STEP 21 采用同样的方法，为另外一张图片设置相同的对齐方式，效果如图 14-113 所示。

STEP 22 采用同样的方法，在幻灯片中插入另一张图片，并调整至合适的位置，如图 14-114 所示。

图 14-113 设置图片对齐方式    图 14-114 插入图片

STEP 23 选择图片，切换至"图片工具"中的"格式"面板，单击"图片样式"选项板中的"其他"下拉按钮，在弹出的下拉列表中选择"简单框架，白色"选项，如图 14-115 所示。

STEP 24 执行操作后，即可设置图片样式。单击"图片样式"选项板中的"图片边框"下拉按钮，在弹出的下拉列表中，选择"红色"选项，如图 14-116 所示。

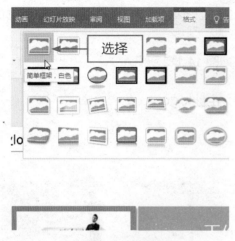

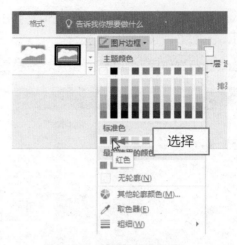

图 14-115 选择样式选项

图 14-116 选择"红色"选项

STEP 25 执行操作后，即可设置图片边框颜色，如图 14-117 所示。

STEP 26 进入第 1 张幻灯片，切换至"切换"面板，如图 14-118 所示。

图 14-117 设置图片边框颜色

图 14-118 切换至"切换"面板

STEP 27 单击"切换到此幻灯片"选项板中的"其他"下拉按钮，在弹出下拉列表的"细微型"选项区中选择"闪光"选项，如图 14-119 所示。

STEP 28 单击"计时"选项板中"声音"下拉按钮，在弹出的下拉列表中选择"风铃"选项，如图 14-120 所示。

STEP 29 执行操作后，即可设置切换效果。单击"预览"选项板中的"预览"按钮，即可预览切换效果，如图 14-121 所示。

STEP 30 进入第 2 张幻灯片，在"切换到此幻灯片"选项板中单击"其他"下拉按钮，在弹出的下拉列表中选择"华丽型"选项区中的"梳理"选项，设置切换效果。单击"预览"选项板中的"预览"按钮，即可预览梳理切换效果，如图 14-122 所示。

图 14-119 选择"闪光"选项　　　　　　　　　　　图 14-120 选择"风铃"选项

图 14-121 预览切换效果

图 14-122 预览梳理切换效果

### ◤ 14.3.2　公司业务流程演示

　　业务流程对于企业的意义不仅仅在于对企业关键业务的一种描述，更在于对企业的业务运营有着指导意义，这种意义体现在对资源的优化，对企业组织机构的优化，以及对管理制度的一系列改变等方面。下面介绍公司业务流程演示的操作方法。

| | | |
|---|---|---|
| 素材文件 | 光盘 \ 素材 \ 第 14 章 \14.3.2.pptx | |
| 效果文件 | 光盘 \ 效果 \ 第 14 章 \14.3.2.pptx | |
| 视频文件 | 光盘 \ 视频 \ 第 14 章 \14.3.2 公司业务流程演示 .mp4 | |

【操练 + 视频】——公司业务流程演示

STEP 01 在 PowerPoint 2016 中打开一个素材文件，如图 14-123 所示。

STEP 02 单击"单击此处添加标题"字样，在其中输入"公司业务流程"文本，如图 14-124 所示。

图 14-123 打开素材文件

图 14-124 输入文本

STEP 03 选中文本，在"字体"选项板中设置"字体"为"方正楷体简体"，"字号"为 48，"字体颜色"为"黄色"，效果如图 14-125 所示。

STEP 04 切换至"插入"面板，单击"插图"选项板中的"形状"下拉按钮，在弹出的下拉列表中选择"椭圆"选项，如图 14-126 所示。

图 14-125 设置文本样式效果

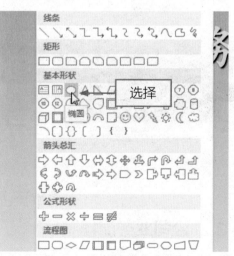

图 14-126 选择"椭圆"选项

STEP 05 在幻灯片中绘制一个椭圆，切换至"格式"面板，在"大小"选项板中设置"高度"为 9 厘米、"宽度"为 13 厘米，效果如图 14-127 所示。

STEP 06 单击"形状样式"选项板中的"其他"下拉按钮，在弹出的下拉列表中选择"细微效果 - 浅蓝，强调颜色 3"选项，如图 14-128 所示。

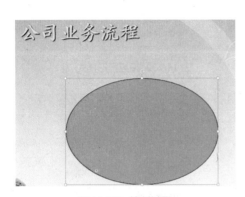

图 14-127 绘制椭圆

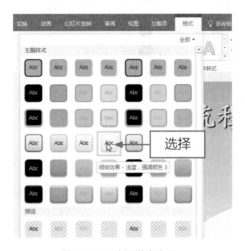

图 14-128 选择样式选项

STEP 07 单击"形状样式"选项板中的"形状效果"下拉按钮，在弹出的下拉列表中选择"预设"|"预设 7"选项，效果如图 14-129 所示。

STEP 08 绘制一个圆角矩形，如图 14-130 所示。

图 14-129 设置形状效果

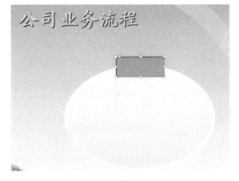

图 14-130 绘制圆角矩形

STEP 09 单击"形状样式"选项板中的"其他"下拉按钮，在弹出的下拉列表中选择"强烈效果 - 浅蓝，强调颜色 3"选项，如图 14-131 所示。

STEP 10 执行上述操作后，即可设置图形样式，如图 14-132 所示。

STEP 11 选择圆角矩形，按住【Ctrl】键的同时拖动鼠标左键至合适位置后释放鼠标，即可复制圆角矩形。采用相同的方法，复制其他几个矩形，并分别放置在合适的位置上，如图 14-133 所示。

STEP 12 在圆角矩形上绘制文本框并添加文本，效果如图 14-134 所示。

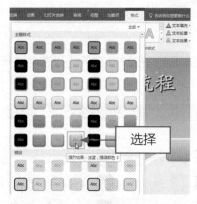

图 14-131 选择样式选项

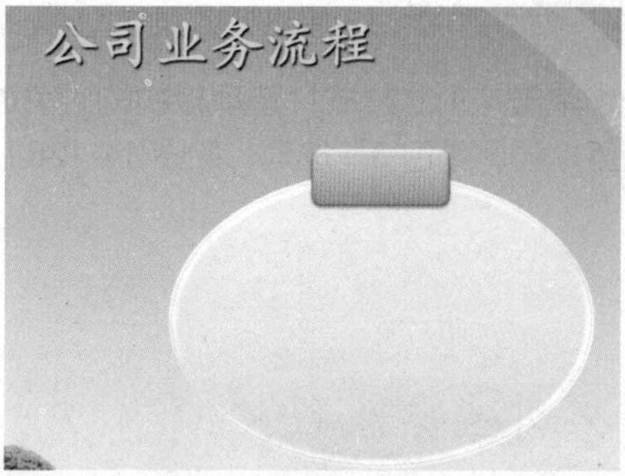

图 14-132 设置图形样式

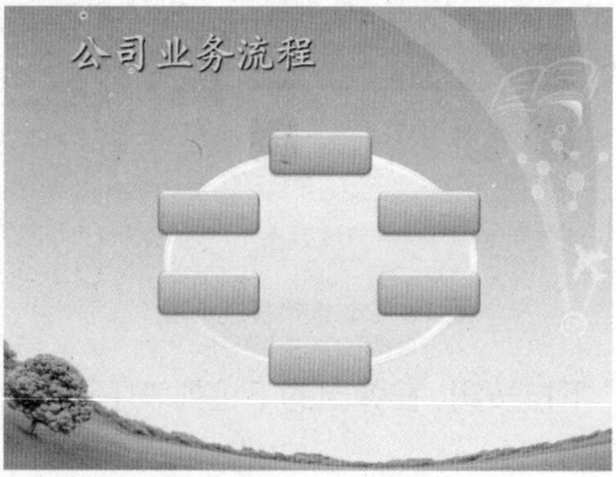

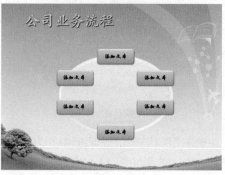

图 14-133 复制圆角矩形

图 14-134 添加文本

# 精品图书 推荐阅读

　　叶圣陶说过："培育能力的事必须继续不断地去做，又必须随时改善学习方法，提高学习效率，才会成功。"北京日报出版社出版的本系列丛书就是一套致力于提高职场人员工作效率的图书。本套图书涉及到图像处理与绘图、办公自动化及电脑维修等多个方面，适合于设计人员、行政管理人员、文秘等多个职业人员使用。

（本系列丛书在各地新华书店、书城及淘宝、天猫、京东商城均有销售）

# 精品图书 推荐阅读

"善于工作讲方法，提高效率有捷径。"办公教程可以帮助人们提高工作效率，节约学习时间，提高自己的竞争力。

以下图书内容全面，功能完备，案例丰富，帮助读者步步精通，读者学习后可以融会贯通、举一反三，致力于让读者在最短时间内掌握最有用的技能，成为办公方面的行家！

 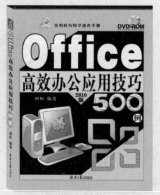 

**（本系列丛书在各地新华书店、书城及淘宝、天猫、京东商城均有销售）**